남조선 해방전쟁 프로젝트 2

남조선 해방전쟁 프로젝트 2
공작의 칼날, 대한민국을 겨누다

펴 낸 곳 투나미스
발 행 인 유지훈
지 은 이 김동식ⓒ
프로듀서 변지원
기   획 이연승 최지은
마 케 팅 전희정 배윤주 고은경
초판발행 2025년 09월 30일
초판인쇄 2025년 09월 01일
주   소 수원시 권선구 금곡로196번길 62 에스제이타워 3층 305호
대표전화 010-4161-8077 | 팩스 031-624-9588
이 메 일 ouilove2@hanmail.net
홈페이지 www.tunamis.co.kr
I S B N: 979-11-94005-41-4(03390) 종이책
I S B N: 979-11-94005-42-1(05390) 전자책

* 잘못된 책은 구입처에서 바꿔 드립니다.
* 책값은 뒤표지에 있습니다.
* 이 책은 저작권법에 따라 보호받는 저작물이므로 무단전재와 무단복제를 금지하며 이 책
  내용의 전부 또는 일부를 이용하려면 반드시 저작권자의 서면 동의를 받아야 합니다.

남조선 해방전쟁 프로젝트

공작의 칼날, 대한민국을 겨누다

김동식

②

투나
미스

주요 인물 | main figures

김일성 북한 최고지도자. 해방 직후 성시백을 포섭해 남로당과 별개로 독자적인 대남공작망을 만들었음. 해방 정국부터 6·25전쟁, 그리고 휴전기에도 직접 대남공작 지휘

성시백 중국공산당원으로 지하공작 임무를 수행하다 해방 직후 김일성에 지시에 따라 남한에 침투해 남로당 감시, 정보수집, 우익 인사 남북연석회의 참가공작 등 주도. 해방 초기 남조선내 간첩망의 원형을 구축한 인물

이현상 6·25전쟁 중 '남조선 인민유격대'를 창설. 지리산과 산악 지대에서 유격전을 전개했으나 점차 세력이 축소

김수임 여간첩 사건의 대표적 인물. 1940년대 후반~1950년대까지 장기간 활동, 정보수집·포섭공작 등으로 악명이 높음

박정호 진보당 사건에 연루된 거물 간첩. 구소련 외교문서에도 이름이 기록될 만큼 대남공작의 중요한 인물

조봉암 진보당 사건으로 사형된 정치인. 북한과의 연계 혐의, 또 양명산과 관련된 이중간첩 사건에 이름이 함께 등장

양명산 이중간첩으로 활동하며 남과 북 모두와 얽혀 복잡한 행적을 남김

조용수 민족일보 발행인. 합법 언론을 가장해 북한과 연계. 결국 간첩 혐의로 사형 선고

최백근 남파공작원, 6·25 후 북한에서 공작 임무를 받고 남파된 후 위장 자수, 혁신정당 창당 공작 중 북한에 들어가 김일성의 환대를 받았으나 남한에 돌아온 후 검거되어 처형됨

황태성 박정희 대통령의 대구사범학교 스승이자 친형인 박상희의 친구, 5·16 군사쿠데타 이후 박정희 대통령을 포섭하라는 김일성 특명을 받고 남파되었다 검거되어 처형된 거물급 간첩

양군옥 제주도 출신 간첩. 대남공작망 사건으로 적발

유위하 거물급 여간첩. 통혁당 공작에 깊숙이 개입

유정숙 통혁당 수습에 성공하면서 북한에서 공로를 인정받아 통일전선부 부부장으로 승진

정태묵 통혁당 사건 핵심. 의심을 받았으나 노동당에 복당, 이후 활동

김종태 통혁당 창건 공작의 중심. 북한에서 '백두1호' 대접을 받으며 공작원 교육을 받음

이효순 숙청된 대남공작원. 북한 내부 불신과 조직 개편 사례

정구영 공화당 의장. 북한은 그를 집요하게 포섭하려 시도

김종오 육군참모차장. 포섭 시도 실패

윤이상 세계적인 작곡가. 독일 체류 중 동백림 사건에 연루. 이후 한국에서 간첩 혐의로 기소됨

조명훈 윤이상과 연결된 동백림 사건 관련 인물

임창술 지도 연락공작원. 검거되어 간첩망이 일망타진됨

강갑영 통혁당 경남 지역 지도부와 연결된 간첩

채수정 거물급 여성 공작원. 북한 비판 발언으로 체포됨

진두현 재일교포 출신 간첩. 일본-한국을 오가며 활동하다 검거

강종헌 서울대 유학생. 재일교포 출신으로 모국유학생 신분을 이용한 간첩 활동

김정일 대남적화 전략을 직접 주도. "폭력만이 대남혁명의 유일한 방법"이라 강조. 일본인 납치 지시, 해외 테러 공작에 깊숙이 개입

이선실 본명 이화선(전주 출신 '신순녀'로 신분 세탁해 활동). 북한 공작원으로 노동당 정치국 후보위원(권력서열 19위), 최고인민회의 대의원 역임, 1980년 남한에 침투해 조선노동당 남조선지역 총책임자로 활동, 합법 정당·주사파 포섭 공작을 주도한 거물급 여성 간첩

신광수 일본 공작 투입. 일본인 납치 사건 직접 연루

김대중 야당 지도자. 북한에서 '친미사대주의자'로 규정, 포섭 불가 인물로 평가

김현희 1987년 KAL기 858편 폭파 사건을 실행. 체포 후 자백으로 사건 전모가 드러남

윤택림 '공화국영웅' 칭호를 받고 남파된 공작원

윤동철 대표적 공작조 지휘자. 1980년대 대남공작 전성기를 상징

문익환 1988년 이선실의 접촉과 자금 지원 이후, 1989년 1월 김일성이 신년사에서 문익환을 공개 초청했다. 그 결과 3월 25일 문익환은 정경모 등의 지원을 받아 평양을 방문해 김일성을 접견했다

김부겸 북한의 연계공작 시도 대상이었으나 실패

손병선 김부겸 실패 후 대타로 포섭된 인물

황인오 사북사태 주모자로 알려졌으며, 1990년 북한에 포섭되어 월북, 이후 중부지역당 간첩 사건 총책으로 활동하다 검거

김낙중 민중당 공동대표로 활동하다 1990년대 초 북한과 연계된 중부 지역당 간첩 사건에 연루된 인물

김영환 주체사상을 받아들였으나 전향. 북한에서 기지교육을 받은 대표적 사례로, 1990년대 남한 운동권과 북한 대남공작 연결의 상징

차례 Contents

Chapter 5 총성과 공작선의 그림자

1970년대 초반 대남공작 전개 019

끈 떨어진 부부공작조 022

지도 연락공작원 임창술 간첩 사건 024

임창술 검거로 일망타진된 공작조와 간첩망 027

남해에 구축된 통일혁명당 경남 지역지도부 030

강갑영 간첩 사건의 전말 034

북한 비판에 흥분했다 체포된 거물급 여성 공작원 채수정 037

울릉도 거점 간첩단 사건 041

재일교포 간첩 진두현 사건 046

진두현 간첩 사건의 실체 049

서울대 재일교포 모국유학생 강종헌 간첩 사건 053

기상천외한 '인간 바꾸어치기' 소년공작원 양성 계획 057

실패한 일본 현지 공작원 양성 계획 060

대남공작 무대에 등장한 김정일 063

대남공작 부서 검열 결과에 격노한 김정일 069

이중간첩에게 거액의 공작금을 … 073

진보당과 통혁당 파괴를 아쉬워한 김정일 075

대남공작조직을 완전히 장악한 김정일 076

금성정치군사대학과 김정일정치군사대학 079

북한에서 자존심이 가장 강한 대학 081

대학 자존심의 상징적 인물 전창철 084

선배는 하늘, 한 치의 자유도 없는 대학 086

대남침투 경험 많은 공화국영웅들을 교관으로 088

명동 깡패가 중심이 되어 새롭게 만들어 낸 격술 091

여운형의 딸 여연구와 남로당 간부 출신도 교수로 093

금성정치군사대학의 기초교육과 훈련 095

명령만 내리면 침투할 수 있게 097

공작원반의 교육과 훈련 100

중앙당 연락부장이 된 여성 공작원 정경희 102

김정일의 대남적화 전략 104

'수령님 대에 통일' 외치던 김정일 106

폭력만이 대남혁명의 유일한 방법 108

김정일의 지도핵심 육성론 110

김부자 주치의가 된 지도핵심 대남공작원 114

터널 속에 만들어진 '남조선환경관', 그리고 남조선사적관 117

판문점 도끼 만행 사건의 또 다른 진실 119

김정일과 중앙당 조사부-납치의 본산 123

적구화 강사가 된 납북자들 127

귀환하지 못한 납북어부들 130

적구화 강사가 된 자진 월북자들 132

혁명 2세를 대남공작원으로 134

순수 북한 출신을 대남공작원으로 136

순발력과 당에 대한 충성심도 중요한 선발 기준 138
시장·군수급 고위 당 간부도 대남공작원으로 142
연고자를 포섭해 구축한 엄호거점 146
연고자 중심의 대남공작은 계속되고 149
연고자 중심의 공작에서 탈피하라 151
김일성이 교훈 삼은 삼척 간첩단 사건 153
계속되는 삼척 간첩단에 대한 공작 156
삼척 간첩단의 싱거운 종말 161

Chapter 6 폭발 뒤의 침묵_테러의 시대

1980년대 북한 공작지도부의 대남정세 판단 169
5·18을 아쉬워한 김정일 172
제2의 5·18에 대비하라 175
'신순녀'로 둔갑한 이선실 180
이선실, 조선노동당 남조선 지역 총책임자로 임명되다 183
반미의식 확산과 대구 미문화원 폭파 185
2인 공작조가 감행한 대구 미문화원 폭파 사건 187
미얀마 아웅 산 묘소 폭파 사건의 배경 191
대통령 암살작전, 그후 194
대남비서 교체와 기구 개편 197
장기 잠복공작의 전말 201
풍산호 사건, 이후 205
청사포 사건의 숨겨진 진실 210

대일공작에 투입된 신광수 213

김정일의 일본인 납치 지시와 신광수 216

일본인으로 둔갑한 신광수 220

우리는 승리할 것이다 225

주사파를 포섭하라 227

김정일에게 '친미사대주의자'로 낙인찍힌 김대중 230

정경희와 연락부의 몰락 232

KAL기 폭파 사건의 또다른 진실 235

아직도 평양말을 사용하는 김현희 239

사회문화부로 부활한 연락부 241

조국통일의 봉화를 지펴라 244

주사파 등급을 매겨 관리하는 북한 공작지도부 245

장관 이상의 권한을 가진 남파공작조 249

청사포 침투 공작조가 바꿔놓은 공작 전술 251

리영희 같은 사람은 포섭할 필요가 없다 254

포섭대상에게 권총을 보여준 남파공작조 255

본격적인 의식화공작 257

이념 서적 집필자가 된 사회민주당 위원장 259

이선실을 데리러 온 모자 공작조 262

적구에서 벌어진 권력 싸움 264

억지로 만들어준 공화국영웅칭호 267

또다시 남파된 대구 미문화원 폭파범 269

공화국영웅과 노력영웅 272

공화국영웅칭호를 미리 받고 남파된 윤택림 274

영웅대회 선물이 불러온 논란 277

충성호와 김정은 279

김정일 경호원의 총기난사 사건 281

대남공작의 전성기를 빛낸 윤동철 공작조 284

도꾸다이 공작조 287

이선실의 문익환 방북 공작 290

합법적인 혁신정당 건설에 눈을 돌린 북한 공작지도부 292

진보 정당 건설의 두 가지 목적 294

내선지도와 외선지도 297

민중당 내에 간첩망을 구축하라 298

Chapter 7 공작의 칼끝

격동의 시대 307

성공적인 남파공작원 세대교체 309

공작원들을 장관, 도지사급으로 312

백주대낮에 행해진 대북 무전 보고 315

1990년대 첫 공작, 이선실과 김부겸 317

실패한 김부겸 연계공작 321

김부겸 대타로 포섭한 손병선 323

사북사태 주모자 황인오 포섭과 대동월북 326

조작된 김정일 신화 329

"정치위원 자격이 있소" 331

북한, 민중당을 장악하다 333

민중당과 복선포치 336
종북 감별법이 아니라 간첩 감별법이다 338
돈을 위해서는 국가 이기주의도 할 수 있다 342
PD계를 고사시키고 NL로 통일하라 346
5·24문헌과 『주체의 한국 사회변혁운동론』 348
새롭게 도입된 지도핵심반 교육과정 350
역효과를 부른 김영환의 기지교육 352
남조선 혁명의 주도권을 놓고 벌어진 신경전 355
현지에서 민중당의 총선을 지휘한 남파공작조 357
합법적인 방법으로 공작하라 361
귀순 공작원의 제보로 밝혀진 김낙중 간첩 사건 364
남한 조선노동당 중부지역당으로 이어진 김낙중 사건 370

타임라인 | TIME LINE

1970

1970. 02 동백림 간첩단 사건 여파 계속 (윤이상, 유학생 관련)

1971. 07 여간첩 유위하 사건 적발

1972~1973 임창술 간첩 사건 (지도 연락공작원) 및 관련 간첩망 검거

1974 울릉도 거점 간첩단 사건

1975 재일교포 간첩 진두현 사건, 서울대 유학생 강종헌 간첩 사건

1976~1979

1976. 08 판문점 도끼 만행 사건 발생

1970년대 후반 김정일이 대남공작 전면 장악, 금성정치군사대학 통한 공작원 양성 강화

1979 삼척 간첩단 사건 발각

1980

1980. 05 5·18 광주 민주화운동 → 김정일, 남조선 혁명 기회 상실에 아쉬움 표명

1981~1982 장기잠복공작 조성

1980

1983. 10 미얀마 아웅산 묘소 폭파 사건 (대통령 암살 미수, 각료 17명 사망)

1983. 09 대구 미문화원 폭파 사건 (2인 공작조 실행)

1987. 11 KAL기 858편 폭파 사건 (김현희 투입)

1990

1990년대 초 이선실, 조선노동당 남조선 지역 총책임자로 임명

1990 김부겸 연계공작 시도 (실패), 손병선 포섭

1991. 04 사북사태 주모자 황인오 포섭 → 대동월북

1992 김낙중 간첩 사건 적발, 중부지역당 조직 연결 확인

1993~1996 민중당에 대한 북한의 조직 장악 시도

1997~1999 남한 내 주사파 포섭 강화, 합법정당(민중당, 사회민주당) 활용 공작

Chapter 5
5장

총성과 공작선의 그림자

1970년대 초반 대남공작 전개

　1960년대는 소련공산당 서기장 흐루시초프의 수정주의에 따른 국제공산주의 운동의 위기, 여기로부터 비롯된 소련과 북한, 소련과 중국 간의 갈등, 쿠바 카리브해 위기, 베트남전쟁 확대 등 북한 및 사회주의권과 연관된 국제정세의 급격한 변화로 그 특징을 설명할 수 있다. 이와 함께 한반도에서는 북한이 감행한 미 해군 함정 '푸에블로'호 나포 사건과 1·21 청와대 기습 미수 사건, 울진·삼척 지역 무장선전대 침투 사건 등으로 인한 미북 및 남북관계 악화가 특징이다.

　북한은 이와 같이 격변하는 대내외 정세 하에서 1960년대 말~1970년대 초 대남혁명의 결정적 시기가 도래할 것이라는 예상을 하고 이를 주도적으로 맞이하기 위해 대남공작을 더욱 활발히 전개하는 등 분주하게 움직였다.

돌이켜 보면 1960년대 후반은 한국전쟁 이래 지금까지 남북 간에 전쟁 위험이 가장 높았던 시기, 일촉즉발의 아찔한 시기였다고 표현해도 과언이 아닐 정도로 격변의 시기였다. 그것은 북한에 의해 감행된 1·21 청와대 기습 미수 사건이나 울진·삼척 지역 무장선전대 침투 사건 등은 그 자체가 남침을 위한 구실 마련 또는 전초전의 성격도 띠고 있었기 때문이다.

북한의 대남공작 측면에서 돌이켜 볼 때 1960년대는 우여곡절도 많았지만 대남공작이 가장 활발하고 광범위하게 전개되었고, 그 과정에 많은 공작 성과를 거두었던 시기로도 평가할 수 있다.

반면 1960년대는 통일혁명당 조직을 비롯하여 국내에 만들어졌던 많은 북한의 간첩망들이 노출·파괴됨으로써 대남공작에 가장 큰 피해를 입었던 시기라고도 할 수 있다. 한마디로 북한이 간첩 조직을 많이 만들기도 하고 많이 망가지기도 한 시기가 1960년대인 셈이다. 이와 함께 1960년대 중하반기에 새롭게 시도했던 무장소조 형태의 선전공작과 내부 혼란 조성공작이 완전히 실패함으로써 남한 주민들 속에 반공·반북 감정만 조장시키는 결과를 초래하기도 했다.

이와 같이 1960년대에 대남공작에서 큰 피해를 입었기 때문인지는 모르겠지만 1970년대 초반에 들어와 북한은 새로운 전술에 의한 대남공작을 추진하기보다는 1950~1960년대부터 해오던 대남공작의 연장선, 또는 기존에 파견하거나 만들었던 공작조직 및 간첩망들을 수습하고 재연계하는 차원에서 대남공작이 진행되었다.

그러나 문제는 김일성 생일 60돌을 앞두고 대남공작부서가 무리하게 충성경쟁을 하다가 많은 남파공작조와 국내 고정간첩망을 말아먹는 말도 안 되는 일이 벌어졌다는 것이다.

북한 대남공작지도부에서는 김일성의 60주년 생일인 1972년 4월 15일을 맞아 150일 기간(1971.11.01~1972.03.31)을 지하당 조직 건설 특별 전투 주간으로 설정하고 이 기간 동안에는 가능한 모든 인적 물적 자원을 동원해 지하당 조직 건설 공작을 적극적으로 전개할 것을 강조했다. 말하자면 150일 특별 전투 기간에 남한의 전 지역에 통일혁명당 각급 조직을 만들어 다가오는 혁명적 대사변을 주도적으로 맞이할 수 있게 하겠다는 목표를 세우고 대남공작을 무리하게 밀어붙였던 것이다.

이를 위해 1950~1960년대까지 침투시키거나 만들어 놓았던 조직 가운데 연락이 끊어진 남파공작조 및 고정간첩망, 유명무실해진 간첩조직, 일단 적발되었으나 노출되지 않고 남아 있는 간첩 등을 전면적·선별적으로 접선 검열 및 재정비하여 조직을 살리기 위한 지도·검열공작을 전개하기로 했다.

아울러 현재 활동하고 있는 간첩 조직들도 재정비하고 더욱 확대 강화하여 일정 단위의 지도부 조직으로 발전시키고 조직 지도 체계를 확립하기 위한 지도 연락공작을 추진하기로 했다.

끈 떨어진 부부공작조

이 과정에 발생한 대표적인 간첩 사건이 경상도 지역 지하당 조직 재건을 위해 1955년 남파되었던 이석·장옥순 부부공작조 사건이다.

이석·장옥순 부부공작조는 침투 후 공작임무를 수행하던 중 북한 공작지도부와의 연락이 단절되었는데 지도 연락공작원 임창술이 이석·장옥순 부부공작조를 찾아내 북한과의 연락을 복구해주는 동시에 이들과 힘을 합쳐 경상도 지역에 지하당 조직을 확대하라는 임무를 받고 남파되었다 검거되는 사건이 발생했다. 이것이 이석·장옥순 부부공작조 사건과 함께 발생한 지도 연락공작원 임창술 간첩 사건이다.

그러면 먼저 1955년 남파된 후 북한 공작지도부와의 연락이 두절된 채 활동하다 검거된 이석·장옥순 부부공작조의 남파 및 검거 경위에 대해 살펴보기로 하겠다.

부유한 지주 가정에서 태어나 경성제1고보 4학년 당시인 1929년 광주 항일학생 사건에 가담한 바 있는 이석(1971년 당시 61세)은 해방 후 대구 폭동 사건을 주도하는 등 공산당과 남로당에서 중앙 간부로 활동했다. 그러던 중 체포되어 형무소에서 복역하다 6·25전쟁 발발 이후 탈출했으며 그 뒤에는 이승엽이 위원장으로 있던 서울시 인민위원회 농림부장으로 활동했다. 그러다가 9·28 서울수복 때 월북하여 금강학원에서 간부학생으로 교육 및 훈련을 마친 후 1953년 12월 대남공작원으로 인입되었다.

장옥순(1971년 당시 50세)은 함경북도 경성에서 태어나 길주에서 초등학교를 다니다 중퇴했고 해방 전에는 유흥가 접대부 생활도 하고 결혼과 이혼을 반복하면서 생활했다. 8·15광복 후에는 남로당에 입당한 뒤 여성동맹 간부로 활동했으며 6·25전쟁 때는 충북 진천군 여맹위원장으로 활동하다 9·28 서울수복 때 자진 월북했다. 그후 금강학원에서 교육 훈련을 받고 이석과 같은 시기인 1953년 12월 남파공작원으로 선발되었다.

이들은 대남공작원으로 소환된 후 훈련 과정에 부부공작조로 편성되었으며 1955년 4월경 서해안을 통해 국내에 침투했다.

침투 당시 이들이 받은 공작임무는 휴전 후 잔존유격대의 하나였던 남도부와 조직적으로 연계한 다음 경북 혹은 경남 지역 당지도부를 구축하고 조직지도체계 확립 및 지하당 조직들의 활동이 정상화되면 남도부를 대동하고 복귀하는 것이었다. 복귀 방법은 선박을 구입해 해상을 통해 자체적으로 복귀하는 것이었으며 임무수행 기간은 3~5년 정도 걸리는 장기 공작이었다.

이들은 침투 후 1957년 여름까지 보따리 장사꾼으로 위장하고 부산과 마산, 진주와 밀양 등 경남 지역을 전전하면서 수차에 걸쳐 자신들이 생각하는 가능한 방법을 동원해 남도부 부대와의 접선을 모색했으나 모두 실패했다. 그렇게 되자 접선에 자신을 잃고 더 이상 찾을 방법도 없어 남도부와의 접선을 포기할 수밖에 없었다.

사실 남도부는 이들이 남파되기 훨씬 전인 1954년 1월에 김창룡 장군의 육군특무부대에 의해 체포되었고 1955년 8월에는 사형이 집행된 상태였으니 1955년 4월에 국내에 침투한 이석·장옥순 부부공작조가 남도부를 찾을 수 없었던 것은 당연한 일이었다.

남도부와의 접선·연계 공작임무 수행을 단념한 이들은 국내 연고자들을 찾아내 포섭한 다음 이들로 지하당 조직 구축 공작을 추진할 계획을 세우고 관련 활동을 전개했다.

먼저 1958년 가을에 대구에 사는 이석의 여동생 이계석과 그의 남편 장지조에게 접근하여 자신이 북한에서 공작임무를 받고 왔다는 점을 밝히고 이들을 포섭하는 데 성공했다. 그후 대구에 살면서 당시 국민은행에 근무하고 있던 외사촌 박노만을 포섭했으며 그 다음에는 경남 창원에 살던 동생 이인석을 포섭했다.

다른 한편으로 자체 복귀 수단인 선박을 마련하기 위해 백방으로 노력했으나 일이 잘 진척되지 않자 마산과 서울에 장기적으로 생활할 수 있는 거점을 만들어 놓고 북한 대남공작 지도부와는 연락이 끊긴 채 포섭한 대상들로 지하당 조직을 만든 다음 이를 지도하면서 생활했다.

그러다가 이석·장옥순 부부공작조를 찾아 북한 공작지도부와 연계시키라는 공작임무를 받고 1971년 10월에 침투했던 지도 연락공작원 임창술이 검거되는 바람에 이들도 결국 체포되고 말았다.

지도 연락공작원 임창술 간첩 사건

사실 북한 대남공작부서인 중앙당 연락부 경상도 지역 담당 공작과에서는 이석·장옥순 부부공작조와의 연락이 두절된 뒤 장기간에 걸쳐 이석 공작조에 대한 정보를 입수하고 그에 근거하여 공작을 추진하려 했으나 애매한 부분이 있어 이러지도 저러지도 못하고 있었다.

그러던 중 1960년대 중반에 이르러 국내에 침투했던 여러 공작원들이 이석공작조가 안전하게 정착해서 잠복해 있다는 정보를 수집해 보고했고, 공작부서에서는 남파공작조들이 보고한 정보를 취합하여 검토한 끝에 신빙성 있다는 결론을 내리고 이들을 찾아내 연계하기 위한 공작을 추진하기로 했다.

이러한 결정을 토대로 여러 차례 경북 지역에 침투하여 포섭 및 지하당 조직 구축 공작을 성공함으로써 충분히 검증되었고 공작 경험도 풍부한 임창술에게 이석·장옥순 부부공작조를 찾아내 공작지도부와 연계시키는 공작임무를 맡기기로 했다.

임창술은 경북 영덕 출신으로 일본에서 고학으로 동경공업공고 토목과를 중퇴한 토목기술자였다. 그후 토목 관련 일을 하다가 8·15광복을 맞게 되었고, 해방 이후에는 공산당에 가담하여 활약하다 1947년경 체포되어 3년 동안 복역하기도 했다. 6·25전쟁 때 탈옥한 뒤 고향 영덕군에 가서 면 인민위원장으로 활동하다 9·28수복 때 자진 월북했다. 북한에 들어가서는 사회안전학교를 졸업하고 안전원(경찰)으로 활동했으며 그후 사회안전부 산하 공작 관련 일을 하다가 1957년 4월 대남공작원으로 선발되었다.

공작원으로 선발된 뒤에는 695정치대학에 들어가 3년제 공작원 교육 및 훈련 과정을 졸업했으며 졸업 후에는 1960년 8월~1969년 3월까지 4회에 걸쳐 국내에 침투해 공작임무를 수행했다. 네 차례의 침투 및 남파공작을 통하여 형제인 임창득, 임창복, 조카 임군혁, 임학수, 임만수, 외사촌 김교환, 김교윤과 동서 이인국, 그리고 영덕지방의 월북 연고자 이국현, 처조카 박신수 등을 포섭했으며 이국현은 포섭한 뒤 대동 월북시키는 등 많은 공작 성과를 거둔 바 있다.

이 같은 공작 성과를 인정받아 김일성을 접견했으며 김일성으로부터 직접 국기훈장 2급을 수여받기도 했다. 그리고 김일성으로부터 "혁명의 승패는 노동자, 농민들을 어떻게 조직·동원하느냐 여하에 따라 결정되는 것이니 더욱 분발하여 남조선 혁명과 조국통일의 전위가 되라"는 격려까지 받았다.

북한 노동당 연락부에서는 네 차례에 걸쳐 국내에 침투하여 공작임무를 수행하고 잠시 휴식 겸 머리를 식히기 위해 사회 직장인 함경북도 나진시 인민위원회 부위원장으로 재직하고 있던 임창술을 재소환해 이석·장옥순 부부공작조와의 연락체계 회복 및 수습 임무를 부여한 것이다. 당시에는 공작원들이 남파 공작임무를 받고 훈련 및 공작 준비를 할 때만 초대소에 수용되어 생활하고 공작임무 수행이 완료되면 사회에 나가 일정한 간부 직책을 가지고 활동하는 방식으로 공작원을 운용했다.

이와 함께 임창술에게는 1959년에 북한에 포섭된 뒤 1964년까지 북한과 연계되어 활동하다가 연락이 두절된 경북 지역 지하당 조직원 백대윤(당시 62세)의 신원을 확인한 후 이들을 중심으로 통일혁명당 경북 지역 지도부를 건설하라는 임무도 부여했다. 말하자면 백대윤을 중심으로 하는 통혁당 경북도당 지도부와 이석공작조를 중심으로 하는 통혁당 경남도당 지도부를 구축하라는 임무를 부여한 것이다.

이와 같이 연락이 두절된 이석·장옥순 부부공작조와 고정간첩 백대윤을 찾아내 그들과의 연락체계 재구축 및 수습 임무를 받고 1971년 10월 27일 새벽 경남 통영 해안을 통해 국내에 침투한 임창술은 당일 오후에 곧바로 대구 계산동의 백대윤 집을 찾아가 그를 접선하는 데 성공했다.

백대윤을 만난 임창술은 북한에 있는 그의 동생들인 백삼윤, 백상윤의 편지와 안부를 전해주면서 "노동당 중앙에서는 백선생을 굳게 믿고 높이 신임하고 있으며 조국통일을 위한 사업에서 지도적 역할을 수행할 것을 기대하고 있다"며 격려했다. 그리고 11월 10일 경에 다시 접선할 것을 요구하면서 다음에 만날 때는 그동안 활동하면서 찾아낸 믿을 수 있는 동지들을 소개해줄 것을 당부하고 백대윤의 집을 나섰다.

그러나 임창술은 11월 12일 백대윤과의 2차 접선을 위해 다시 대구 계산동에 있는 백대윤의 집을 찾아갔다가 현장에 잠복하고 있던 군 보안대원들에게 체포되고 만다.

임창술 검거로 일망타진된 공작조와 간첩망

결국 임창술은 국내에 침투한 지 불과 보름 만에 체포되었는데 그의 체포 과정을 살펴보면 다음과 같다.

백대윤과의 1차 접선을 순조롭게 마무리한 임창술은 왠지 일이 잘 풀릴 것 같다는 생각을 하면서 곧바로 이석·장옥순 부부공작조를 찾기 위한 작업에 들어갔다.

임창술은 먼저 이석의 처남 장지조의 거주지가 있는 대구 북성로에 찾아갔다. 북한에서 이석의 처남 장지조가 대구 북성로에 살고 있다는 정보를 바탕으로 1차적으로 대구 북성로에 가서 장지조를 찾은 다음 그의 도움으로 이석을 찾아 접선하기로 계획하고 나왔기 때문이다. 그러나 장지조가 산다고 알고 나온 지역이 완전히 변해 찾을 수 없었다.

그후 백대윤과 약속한 접선 날짜인 11월 10일까지 기다리지 못하고 그전에 사전 약속도 하지 않은 채 백대윤의 집을 찾아갔으나 그가 부재중이어서 접선하지 못했다.

이렇게 되자 1차 침투 당시 포섭했던 박신수에게 부탁해 이석·장옥순 부부공작조를 찾기로 하고 그의 근무지였던 서울 정부종합청사(당시 중앙청)로 찾아가 지하 다방에서 그를 만났다. 그러나 박신수가 다시 만나기로 약속한 광화문으로 나오지 않아 그에게 부탁하는 것도 여의치 않았다.

그동안은 검문 및 단속이 심한 탓에 체포될까 두려워 여관에는 들어가지 못하고 야간 열차를 타고 대구-서울 간을 왕래하면서 열차 안에서 쪽잠을 자며 밤 시간을 보냈다.

그러는 사이 대구에서는 백대윤의 학교 동창인 한 모 씨의 신고로 임창술 일당을 체포하기 위한 준비 작업이 진행되고 있었다.

한 모 씨는 11월 9일 오전 대구 지역 군 보안부대에 찾아와 "백대윤의 말에 의하면, 10월 하순에 부산에 산다는 50세 가량의 남자가 집으로 찾아와 당신(백대윤) 동생이 백삼윤, 백상윤 아니냐? 백삼윤은 현재 인민공화국 임업성 간부로 일하고 있고 백상윤은 보건성에서 일하고 있으니 안심하라. 나도 민족의 염원인 통일을 위해 혁명임무를 받고 활동하고 있다. 노동당에서는 백선생에 대해 잘 알고 있으며 굳게 믿고 있다. 차후에 다시 찾아올 테니 동지가 될 만한 인물을 소개해 달라고 한 후 갔는데 그 인물이 다시 찾아올 것 같다"라는 말을 그로부터 직접 들었다고 신고했다.

신고를 받은 대구 지역 군 보안부대에서는 신고 내용 가운데 북한이 백대윤에 대해 잘 알고 있다는 점과 간첩이 직접 백대윤을 접선했다는 점, 예전에도 백대윤이 북한에 포섭되었을 가능성이 있다고 평가했던 점 등을 감안해 일단 신빙성이 있다고 보고 먼저 백대윤을 소환 조사했다.

백대윤 조사 결과 그의 동생 백삼윤, 백상윤 등 2명이 9·28 서울수복 당시 월북한 사실이 있으며 1964년 서울 경복고 학생 명의로 보내온 재북 동생들의 안부편지와 난수표, 암호 연락 방법, 지령문을 동봉한 서신을 받아 편지는 폐기하고 난수표는 하수구에 버렸다는 진술을 얻어냈다. 이는 한 모 씨의 신고 내용과도 일치되므로 수사에 착수하기로 하고 준비를 빈틈없이 했다.

이와 같이 체포준비를 완료하고 대구 지역 군 보안부대가 백대윤의 집 주변과 방안에 수사요원들을 배치하고 임창술을 기다리던 중 11월 12일 16:00시경 백대윤의 집을 찾아온 임창술을 체포하는 데 성공했다.

임창술이 체포된 후 그의 진술로 간첩 백대윤은 물론 그가 예전에 직접 네 차례에 걸쳐 국내에 침투한 후 포섭해 만들어 놓았던 간첩 조직들이 일망타진되었다. 이와 함께 임창술이 찾아내 북한 공작지도부와 다시 연계시키려던 남파공작조 즉, 1955년에 침투해 17년간 암약하던 이석·장옥순 부부공작조도 검거되었으며 이들이 구축했던 간첩망 역시 일망타진되었다. 당시 임창술 간첩 사건에 연루된 인원만 17명에 이를 정도로 대규모 간첩단 사건이었다.

남해에 구축된 통일혁명당 경남 지역지도부

통일혁명당 경남 지역 지도부를 만들려고 시도하다 검거된 강갑영은 경남 남해군 삼동면 출신으로 일본 오사카에서 상업고등학교를 졸업하고 고향인 삼동초등학교 교사로 근무하던 중 8·15해방을 맞이했다.

8·15해방 후 교사를 그만두고 부산 동아대 정경학부에 입학한 강갑영은 학생 좌익학생 단체에 가담하여 적극 활동했으며 그로 인해 수차례 경찰에 체포되기도 했다. 그러다 6·25전쟁이 발발한 뒤 고향에 돌아와 남해군 인민위원회와 민청에서 간부로 활동했으며 9·28 서울수복 후에는 경찰서에 자수하여 부역 사실을 고백하고 용서를 받아 농협조합장까지 역임했다.

그러던 강갑영이 북한 공작원에 포섭된 것은 1967년 9월이다. 강갑영을 포섭한 북한 공작원은 강갑영과 함께 대학과 국민학교 교사 선후배 관계였고 6·25전쟁 때 남해에서 같이 좌익진영 간부로 활약하다 9·28 수복 때 월북한 뒤 공작임무를 받고 남파되었던 이봉원과 이덕균이었다.

원래 이봉원은 부산 동아대에, 이덕균은 서울 단국대에 재학하던 중 좌익에 가담하여 활동했으며 6·25전쟁 때는 고향인 남해에 돌아와 인민위원회와 민청에서 같이 활동하다 의용군에 자원 입대한 후 인민군에 편입되어 전쟁에 참전했다. 1956년에 인민군에서 각각 제대한 후 이봉원은 김일성종합대학에, 이덕균은 평양사범대학에 입학했다. 대학졸업 후 이봉원은 국가건설위원회 지도원으로, 이덕균은 노동출판사 편집원으로 배치되어 일하다가 이덕균은 1964년에, 이봉원은 1965년경 각각 노동당 연락부 공작원으로 선발되어 공작교육 및 훈련을 받았다. 이봉원과 이덕균은 여러 측면에서 상당히 비슷한 길을 걸어온 것이다.

두 사람은 1967년 초 이봉원을 조장으로 하여 2인 공작조를 구성했고 1967년 9월 과거 동지 관계였던 강갑영을 포섭하여 북한으로 대동복귀하라는 임무를 받고 남파되었던 것이다.

당시 강갑영은 자신을 포섭하기 위해 침투한 이봉원과 이덕균으로부터 북한 사회주의 제도의 우월성과 통일 정책에 대한 이야기를 듣고 함께 북한으로 들어가 직접 눈으로 확인하고 통일위업 완수에 동참할 것을 강력히 권유받고 그들을 따라 입북하기로 결심했다.

2명의 남파공작원을 자신의 집에서 하루 동안 은폐시켜주고 다음날 밤에 공작조를 따라 해안에서 안내조와 접선한 다음 공작선을 타고 대동강 하류의 남포항으로 입항했다.

남포에서 평양으로 이동한 강갑영은 특별초대소에서 이봉원·이덕균과 함께 9월 20일~10월 10일까지 20일간 체류하면서 대남공작부서 고위간부들인 노동당 대남담당비서 겸 총국장이었던 허봉학과 연락부장 유장식 등을 만나 고무와 격려를 받고 노동당에도 가입했다. 아울러 김일성 역사박물관과 산업시설도 방문하고 금강산휴양소에서 휴식을 취하기도 했다.

이와 함께 공작활동에 필요한 각종 교육 및 훈련을 받고 '통일혁명당 경남지역 조직거점을 구축하라'는 공작임무와 함께 공작금, 그리고 무전기를 비롯한 통신 연락 수단을 받아가지고 남포에서 공작선을 타고 출발해 남해 삼동면 해안으로 상륙하는 방식으로 고향에 돌아왔다.

고향에 돌아온 강갑영은 처남인 박종우를 시작으로 6·25전쟁 때 같이 좌익 활동을 했던 김욱동과 이치선 등을 포섭했으며 이들로 '통일혁명당 경남지역 조직거점'을 구성하고 그 결과를 공작지도부에 보고했다. 그리고 계속해서 유재인, 김원호 등 연고자들도 포섭하여 조직을 확대했다.

북한에서는 강갑영의 공작 성과를 더욱 확대 발전시키기 위해 1971년 9월 중순 남파공작원 이봉원을 다시 침투시켜 강갑영에게 지하당 건설 교육과 함께 공작금과 무전기, 암호문건 등을 다시 전달하도록 했다. 아울러 김일성 생일 60주년이 되는 1972년 4월 15일까지 강갑영 조직 명의의 기념 선물과 축하문을 마련한 다음 무인포스트를 통해 북한으로 보낼 것을 지시했다. 이전에 같이 침투했던 이덕균은 몸이 아파 함께 하지 못했다.

강갑영은 북한 공작지도부의 지시에 따라 1971년 12월 초 김일성 생일선물로 고급 안경을 마련하고 작성한 축하문과 함께 약속된 무인포스트에 매몰한 뒤 무전으로 보고했으며 이에 북한은 안내조를 보내 강갑영이 매몰해 놓은 선물과 축하문을 발굴해 가져갔다. 북한 대남공작부서에서는 강갑영의 이와 같은 공작활동 성과를 높이 평가하여 김일성 생일 60주년을 기념해 국기훈장 제1급을 수여했다.

한편 북한 공작지도부에서는 1973년에 이르러 강갑영의 '통일혁명당 경남지역 조직거점'을 '통일혁명당 경남 지역 지도부'로 승격시키고 그 산하에 기층조직(노동당의 가장 밑바닥 단위 조직으로 흔히 '세포'라고 한다)을 체계적으로 조직·확대하기로 하고 필요한 교육(기지교육)을 위해 그를 다시 북한에 불러들이기로 했다.

이에 따라 1973년 4월 8일 남파공작원 이봉원을 3차로 침투시켜 강갑영을 접선하도록 한 다음 그를 대동하고 입북하도록 했다.

남해 해안에서 안내조와 접선한 다음 공작선을 타고 동해안의 원산항을 통해 두 번째로 입북한 강갑영은 당시 대남담당비서였던 김중린과 연락부장 이완기 등을 만나 격려를 받았고 2년 전인 1972년 김일성 생일 60주년을 기념하여 본인에게 수여되었던 국기훈장 제1급도 직접 받았다.

강갑영 간첩 사건의 전말

강갑영은 평양에 도착한 뒤 약 1개월 동안 초대소에 체류하면서 신형 무전기 사용법과 함께 지하당 지역지도부를 어떻게 조직하고 운영할 것인지, 기층조직을 어떤 방식으로 만들고 확대할 것인지 등에 대해 구체적으로 교육받았다. 아울러 연락부장 이완기로부터 "통일혁명당 경남 지역 지도부를 건설"하며 "지도부 성원들을 입북시켜 교육 및 훈련을 받게 함으로써 지도부를 질적으로 강화하고 기층조직을 체계적으로 발전시키라"는 공작임무도 부여받았다.

기지교육을 마친 강갑영은 1973년 4월 20일 북한 공작부서에서 주는 신형 무전기와 암호 연락 문건, 공작금 등을 받아 열차편으로 평양을 출발해 본인이 타고 돌아갈 공작선이 정박해 있는 원산항으로 향했다. 강갑영과 함께 연락부장 이완기, 부부장 이명곤 등도 원산항까지 동행해 남한으로 돌아가는 강갑영을 전송해 주었다.

4월 22일 원산항을 출발한 강갑영은 고향인 경남 남해 삼동면 해안을 통해 상륙하는 방법으로 국내에 복귀했다.

고향으로 돌아온 강갑영은 조직원들에게 자신의 입북 경과를 자세히 알려주고 북한 공작지도부의 지시대로 본인을 책임자로 하고 박종우·유재인 등을 부책임자로, 김욱동·이치선·김원호 등을 조직원으로 하여 '통일혁명당 경남 지역 지도부'를 조직했다.

이후 북한 공작지도부에서는 강갑영에게 지시한 대로 통일혁명당 경남 지역 지도부 성원들을 한 명씩 차례로 북한에 불러들여 공작교육을 시키기로 하고 1차적으로 1974년 6월 초 지도부 부책임자인 박종우를 입북시키라는 지령을 하달했다.

그런 다음 1974년 6월 말 박종우를 입북시키기 위해 공작선을 침투시켰으나 기상 악화로 접선 장소에 접근하지 못해 실패한 후 다시 7월 말경에 접선하기로 하고 대기시켰으나 7월 21일 강갑영을 비롯한 일당이 적발·체포됨으로써 일망타진되고 말았다.

강갑영 일당의 체포는 이미 포섭된 뒤 입북 대기자로 선정되었던 김 모가 제반 사실을 자신의 숙부에게 실토했는데 그 사실을 전해들은 김 모의 숙부가 군 보안부대에 제보함으로써 이루어졌다.

강갑영은 김 모를 포섭할 목적으로 1974년 4월 20일경 그를 만나 정부 정책에 대해 비판하는 방식으로 검증했는데 김 모가 본인의 말에 호응하는 등 동의를 표시하자 뜻을 같이하기로 하고 포섭했다.

그러나 김 모는 강갑영으로부터 북한에 입북하여 공작교육을 받고 오라는 지시를 받고 막상 입북 일자가 점점 다가오자 공포심이 최고조에 이르게 되었으며 이에 따라 자신의 고민과 제반 사실을 숙부에게 그대로 이야기하고 자수 의사까지 표출했다. 조카의 말을 들은 숙부는 그의 말에 진심이 담겨져 있다고 판단하고 멀리 떨어져 있는 다른 지역 군 보안부대에 자진출두하여 "조카 김 모가 동향 출신의 거동수상자 강갑영에게 포섭되어 입북 대기 중"이라는 내용으로 신고한 것이다.

관련 신고를 받은 군 보안부대에서는 즉시 내사에 착수하여 강갑영의 출타 사항과 재산 변동, 평소 동향 등을 확인한 결과 2회 (1967.09, 1973.04)에 걸쳐 10일 이상 행선지를 알 수 없는 지역으로 출타한 사실과 출처를 확인할 수 없는 자금으로 경운기를 구입한 사실을 밝혀냈다. 또한 같은 동네 출신으로 뜻이 통한다는 이유만으로 '유재인'이라는 인물을 고용한 점, 평소 사교술에 능하고 선심성 행위를 자주 베푸는 등 의심할 만한 새로운 내용도 추가 확인했다.

이와 같은 내용을 확인하기 위해 1974년 7월 16일 강갑영 집을 수색한 결과 장롱과 뒤뜰 밭에 은닉했던 무전기, 난수표, 라디오 등을 발굴했으며 관계자들의 진술 등을 토대로 7월 21일 강갑영을 비롯한 일당 19명을 검거하는 데 성공했다.

강갑영 일당이 검거됨으로써 '통일혁명당 경남 지역 지도부'를 조직한 뒤 산하에 기층조직을 구축·확대하려던 북한 공작지도부의 계획은 실패로 돌아가게 되었고, 이렇게 되자 공작부서 간부들은 실망을 감추지 못했다. 특히 강갑영 포섭 및 지도·검열을 위해 여러 번 국내에 직접 침투했던 이봉원과 이덕균은 대성통곡까지 했다고 한다.

대남공작부서인 중앙당 연락부 내부에서는 늘 그러하듯 서로 공작 사고의 책임을 전가하는 데 급급했고 대남담당비서 김중린은 연락부 부부장 이명곤과 과장 이영호 등 직접적으로 공작을 담당·지도했던 간부들의 잘못으로 사고가 발생했다며 강하게 질책하기도 했다. 그래서 이들 연락부의 강갑영 공작담당 간부들이 한동안 출근도 기피하다시피 하면서 김중린의 처사에 불만을 표시하기도 했다는 전언이다.

또한 강갑영을 직접 포섭하는 등 공작을 직접 했던 이봉원과 이덕균 등은 담당부서 간부들을 원망하고 공개적으로 비난하는 데까지 이르러 이를 수습하는 데 상당히 애를 먹었으며 그후 새로 연락부장에 임명된 정경희는 부임하자마자 이 사건 때문에 홍역을 앓았다는 이야기가 들릴 정도다.

당시 강갑영 일당 간첩 사건으로 검거된 인원은 총 19명이며 주범인 강갑영은 군 보안사 유치장에서 대기 중 1974년 10월 1일 자살했다. 강갑영의 자살 소식이 알려지자 북한에서는 그에게 최고훈장인 김일성훈장을 수여하기로 결정했다고 한다.

북한 비판에 흥분했다 체포된 거물급 여성 공작원 채수정

통일혁명당 지역지도부 구축을 위한 북한의 대남공작 사례 가운데는 통일혁명당 충남·전북 단위 지도부 조직 구축을 위해 남파되었다 검거된 채수정 사건도 있다.

채수정은 충남 당진 출신으로 1966년 봄 공작원으로 선발된 뒤 3년 동안 695정치대학에서 공작교육 및 훈련을 받고 1970년 9월과 1972년 10월, 1973년 11월 등 3회에 걸쳐 국내에 침투한 바 있는 베테랑 공작원이다.

당시 국내에 침투한 채수정은 연고관계를 이용해 채수근, 신창길 등을 포섭해 대전 및 충남 지역을 중심으로 하는 간첩조직을 만들었으며 이 공로로 국기훈장 제1급을 수여받기도 했다. 원래는 국기훈장 제1급보다 높은 명예칭호인 공화국영웅칭호를 주어야 한다는 여론도 있었으나 담당 간부들의 반대로 국기훈장 제1급을 수여하는 데 그쳤다는 후문이다.

이후 채수정은 대남담당비서 김중린의 높은 신임에 의해 본인이 직접 포섭해 대전을 중심으로 만들었던 1개의 지하당 조직 외에 다른 공작조가 1960년대에 침투해 충남 서천을 중심으로 만들어 놓았던 간첩망 2개, 전북 김제를 중심으로 활동하는 1개의 지하당 조직 등 3개의 간첩망을 넘겨받아 이들을 검열한 후 '통일혁명당 충남·전북 지역 지도부'를 구축하라는 공작임무를 받았다. 그런데 충남 서천의 1개 간첩조직이 3개의 조직으로 분리되어 있었기 때문에 졸지에 총 6개의 간첩조직을 지도·검열하게 되었다.

사실 다른 공작조가 만든 지하당 조직을 1개도 아니고 여러 개를 넘겨준다는 것은 전례가 없던 일이어서 담당 부서 공작지도원들이 강하게 반대했으나 김중린이 그런 의견을 묵살하고 독단으로 지하당 조직 원칙을 위반하면서까지 채수정에게 여러 개의 지하당 조직을 몰아 주었던 것이다.

이와 같은 공작임무를 받고 1974년 4월 말 충남 서천 해안으로 침투한 후 대전에 안착하는 데 성공한 채수정은 지하당 조직들을 검열 지도하는 등 부여된 임무를 수행했다.

그러던 중 대전에서 진행된 '북괴만행 규탄대회'에 참석했다가 북한을 규탄하는 소리에 흥분하여 발언한 것이 단서가 되어 경찰에 신고된 후 추적 끝에 체포되었다. 이에 따라 그가 지도 검열하기로 했던 충남·전북 지역 6개의 간첩망도 일망타진 되었다.

채수정이 체포됨으로써 같이 검거된 간첩망들을 보면 우선 본인의 남동생 채수구를 중심으로 충남 당진에 만들었던 지하당 조직을 들 수 있다.

검거된 간첩조직 가운데는 충남 서천과 서울 중심으로 활동하다 검거된 정철우 일당도 있다. 이 조직은 충남 부여 출신의 정관우가 1960년 7월과 1962년 1월 2회에 걸쳐 국내에 침투해 연고자들인 정철우, 정기우, 이경수 등을 포섭한 다음 이들로 만들었던 지하당 조직이었다. 이 가운데 정철우는 공작선을 타고 북한에 들어가 공작교육을 받은 후 돌아와 간첩활동을 하다 검거되었다.

또한 충남 서천 지역을 중심으로 활동하던 간첩망도 검거되었는데 고정간첩 장성순이 속한 조직이었다. 이 조직은 서천 출신의 장덕순이 6·25전쟁 때 북한에 들어가 대학을 졸업한 후 간부로 활동하다 공작원으로 선발되어 교육 및 훈련을 받고 1957년 9월과 1961년 4월 2회에 걸쳐 침투하여 연고자들인 장성순, 장연순, 장금순, 장민순 등 가족 친척들을 포섭하여 만들어 놓았던 조직이었다. 이 가운데 장성순은 1957년 9월 남파되었던 장덕순과 함께 북한에 들어가 공작교육 및 훈련을 받고 돌아와 18년간 간첩활동을 하다가 검거된 사례다.

아울러 채수정이 체포된 뒤 함께 일망타진된 간첩조직 가운데는 전북 김제를 중심으로 활동하던 송형섭, 송재광 간첩망도 있었다. 이 간첩망은 전북 김제 출신으로 6·25전쟁 중 월북하여 북한에서 대학을 졸업하고 노동당 간부로 재직하다 남파공작원으로 선발된 후 1960년 10월과 1961년 5월 두 차례에 걸쳐 국내에 침투했던 남파공작원 송명섭이 만들었던 조직이었다. 이 가운데 송형섭은 북한에 들어가 공작교육 및 훈련을 받고 돌아와 간첩활동을 하다 검거되었다.

마지막으로 1957년 국내에 침투한 후 단선되었던 남파공작원 신창길도 채수정의 체포로 검거되었다.

이와 같이 채수정이 체포되고 그가 자신이 지도·검열하려고 했던 지하당 조직들을 전부 폭로함으로써 일망타진되자 과거 국내에 직접 침투하여 동 조직들을 만들었던 남파공작원들이 들고 일어나 대남담당비서 김중린에게 강하게 항의하는 일까지 벌어졌다고 한다.

그럼에도 김중린이 공작원들의 항의를 묵살하자 곧바로 김일성과 김정일에게 편지를 보내 김중린의 비원칙적인 지도 방법을 비판하고 항의했으며 본인들의 연고자들이 체포되어 치명적 피해를 입는 결과로 이어지자 "김중린과 채수정 간에 부정한 이성관계가 있다"고까지 말하면서 강하게 비난했다는 후문이다.

이렇게 남파공작원 채수정은 자기가 알고 있던 '목숨과도 같은' 공작 기밀을 수사기관에 모두 털어놓음으로써 자신이 만들었던 조직은 물론 다른 공작원들이 구축해 놓았던 것까지 총 6개의 간첩망이 일망타진되도록 만들었다.

그런데, 내가 직접 목격한 바에 의하면 대남공작 분야에서 우상이 될 만하고 성공한 것만 선전하는 평양 '남조선혁명사적관'에 공작 비밀을 누설해 여러 개의 간첩망을 망가뜨린 채수정 관련 내용을 전시해 놓았는데 이를 어떻게 설명하면 좋을지 모르겠다.

채수정 공작 관련 내용을 '남조선혁명사적관'에 전시한 것은, 북한 공작지도부가 채수정이 체포된 후 공작 관련 비밀을 누설한 것을 몰랐거나, 아니면 체포된 후 처형당했다는 사실만으로 '남조선혁명을 위해 목숨 바친 혁명가'라고 선전하기 위한 것이라고 생각된다.

울릉도 거점 간첩단 사건

　대남공작을 통해 검증된 공작원을 일정 지역(도 단위) 공작책임자로 임명해 침투시킨 다음 그가 해당 지역 내에 조직되어 활동하고 있는 여러 개의 지하당 조직(간첩망)을 통합해 통일혁명당의 도 단위 지도부를 만드는 공작은 울릉도에서도 진행되었다.

　1974년 3월 15일 중앙정보부의 발표에 의해 알려진 울릉도 거점 간첩단 사건은 한마디로 북한이 울릉도 출신 남파공작원 전덕술을 침투시켜 통일혁명당 경북·서울 지역 지도부를 구축하려고 시도하다 일망타진된 대형 간첩단 사건이다. 해당 사건은 규모 면에서 볼 때 1968년 적발된 통일혁명당 사건에 버금가는 사건이었으며 이들이 군부에 대한 공작도 전개하다 검거되었다는 면에서 보면 통혁당 사건보다 더 크고 중요한 사건이었다고 해도 과언이 아니다.

　울릉도 거점 간첩단 사건은 북한의 남파공작원 전덕술이 1962년 고향인 울릉도에 침투하여 연고관계를 이용해 연고자들을 포섭하고 그들로 간첩망을 만든 것으로부터 출발한다.

　전덕술은 1962년 당시 47세로, 대구와 서울에서 중학교를 졸업하고 대학 재학 중 좌익활동에 가담했으며 남로당원으로 활동하다가 6·25전쟁 때 의용군에 입대한 후 인민군에 편입되어 참전했다. 전쟁이 끝난 후 1954년 북한군에서 제대해 개성송도정치대학에 입학했으며 3년 과정을 졸업하고 1958년부터 평안남도 당위원회 부부장으로 재직하다 1960년 6월경 대남공작원으로 선발되었다.

　공작원으로 선발된 전덕술은 6개월간 단기 밀봉교육(비밀이 철저히 유지된 교육과정)을 받고 1960년 12월 '고향인 울릉도에 침투해 연고자들을 포섭하여 지하당 조직을 구축하라'는 지시를 받은 후 공작선을 타고 울릉도침투를 시도했다. 그러나 기상조건 악화로 울릉도에 상륙하는 데 실패하고 그후에도 한 차례(1962.03) 더 울릉도에 침투하려다 날씨가 나빠 실패했다. 그러다가 1962년 12월 세 번째 시도 만에 울릉도 상륙 및 침투에 성공했다.

침투에 성공한 전덕술은 연고자들인 전영관, 전영봉, 전원술, 김용득, 김장곤 등 여러 명과 접촉해 이들을 포섭하는 데 성공했으며 전영관을 조직책임자로 하는 지하당 조직을 구축했다. 북한으로 복귀할 때는 지하당 조직 책임자인 전영관을 대동하고 들어가 그가 공작 관련 교육 및 훈련을 받도록 한 다음 다시 울릉도로 보내 공작활동을 하도록 했다.

그후 전영관이 전영봉을 대동하고 북한에 입북해 공작 교육 및 훈련을 받았으며 이를 통해 전영봉은 지하당 조직 부책임자로 임명되었다. 아울러 김용득과 홍영태 역시 북한에 입북해 공작 관련 교육 및 훈련을 받고 돌아왔는데 이렇게 해서 총 4명의 조직원이 북한에 다녀온 셈이다.

그런 관계로 북한 공작부서 입장에서 볼 때는 울릉도 간첩망이 상당히 공고하고 튼튼한 조직으로 인식되었으며 정성을 많이 들인 지하당 조직 중의 하나였다고 할 수 있다.

전영관(책임자)·전영봉(부책임자) 중심의 울릉도 거점 간첩조직에는 북한을 다녀온 김용득·홍영태를 중심으로 하여 울릉도 출신으로서 제5대 국회의원을 지낸 전석봉을 비롯해 교사, 은행원, 종교인, 현역 및 예비역 장교들도 포함되어 있었다. 이들은 북한 공작금으로 대구, 서울, 울릉도에 인쇄소, 전화 매매상, 부동산 중개소 등 각종 위장업체를 만들어 놓고 이를 운영하는 방식으로 활동 거점을 구축했다. 심지어 울릉도에서는 선박을 구입한 다음 어선으로 위장시켜 공작선으로 활용했고 서울 봉천동에는 가옥을 구입해 비밀아지트로 활용하기도 했다.

또한 공개·반공개 형태의 반독재민주회복투쟁위원회, 애국투쟁장교위원회, 야생회, 민주회복국민협의회, 애국투쟁종교위원회와 같은 다양한 대중조직을 만들어 활발하게 활동했다. 특히 현역 및 예비역 영관급장교 20명을 망라시켜 '6·5동지회'를 구성하고 여기에서는 2회에 걸쳐 북한에 들어가 공작교육과 훈련을 받고 나온 전영봉을 부회장으로 선출하기도 했다.

북한은 당시 울릉도 거점 간첩망을 대남지하당 조직 가운데 중요한 조직의 하나로 간주하고 있었기 때문에 동 조직에 대한 지도에 대해서도 직접 침투와 우회 침투에 의한 지도 방식을 배합하여 진행했다.

그러던 중 1974년 3월 초 북한 공작지도부에서 '경북과 서울 지역 지도부를 건설하고 기층조직과 군부 내 특수조직을 확대할 것' 등 새로운 공작 방침을 전달하기 위해 일본에서 활동하던 우회침투 공작원 이좌영을 국내에 침투시켰다 적발되면서 전영관·전영봉 등을 중심으로 하는 울릉도 거점 간첩단이 일망타진되었다.

이 사건으로 울릉도와 서울, 부산, 대구, 전북 등 전국 각지에서 47명이 검거되었고, 그 가운데 전영관·전영봉·김용득 등 3명이 사형되었으며 20여 명이 10년 이상의 징역형을 선고받았다.

북한 공작지도부에서는 중앙정보부가 일본에 사는 이좌영이 아무런 연고도 없는 외딴 섬 울릉도에 1972년 2월에 처음으로 다녀갔는데 또다시 멀고 먼 울릉도를 방문(1974.03)하는 것에 대해 수상하게 여기고 끈질기게 추적함으로써 검거 파괴되었다고 인식하고 있는 것으로 전해진다.

아울러 울릉도 거점 간첩단 사건은 노동당 대남공작부서를 관장하던 김중린이 1975년 노동당 대남담당비서 겸 정치국위원에서 해임 강등되는 중요한 원인을 제공했다고도 한다.

한편, 울릉도 거점 간첩단 사건의 피고인이었던 이성희 전 전북대학교 교수 등 일부 피해자들은 2006년 '진실·화해를위한과거사정리위원회'에 진실 규명을 신청했고, 2010년 위원회가 중앙정보부에 의한 간첩 조작 사실을 인정한 뒤 피해자들은 각자 법원에 재심을 신청했다. 고 전영관 등 피해자 13명(사망 8명, 생존 5명) 당사자와 가족들이 청구한 재심에 대해 대법원은 무죄·면소 확정 판결을 했다. 이성희 교수는 2012년 11월 재심에서 간첩 혐의가 벗겨지고, 일본 유학 시절 방북한 사실에 대해서만 징역3년, 자격정지 3년을 받았다.

그리고 울릉도 거점 간첩단 사건이 있은 지 40년이 지난 2014년 2월 서울중앙지법은 당시 울릉도 간첩단의 핵심 인물로 지목된 전영관 씨(1977년 사형)의 활동을 방조한 혐의로 징역 10년을 복역한 전

씨의 아내 김용희 씨(78, 여) 등 울릉도 간첩단 사건 생존자 5명에게 무죄를 선고했다. 재판부는 "당시 수사기관에 강제 연행돼 불법 구금된 상태에서 폭행과 협박을 당해 공소 사실을 자백했으므로 자백 진술은 증거 능력으로 인정할 수 없고 그 외 유죄로 인정할 만한 다른 증거도 없다"라고 판시했다.

2014년 12월 11일 대법원 3부(주심 김신 대법관)는 이성희 전 전북대학교 교수의 재심에서 검사의 상고를 기각함으로써 울릉도 간첩단 사건 재심 첫 무죄 확정 판결을 내렸다. 그 뒤 대법원 2부(주심 김창석 대법관) 역시 2015년 1월 26일 '울릉도 간첩단 사건'으로 처벌받은 김용희(79) 씨 등 5명의 재심에서 전원 무죄를 선고한 원심을 확정했다고 발표했다. 2015년 11월 9일 대법원 1부(주심 이인복 대법관)도 '울릉도 간첩단 사건'에 연루돼 옥고를 치른 박인조(80)씨 등 5명의 재심에서 무죄를 판결한 원심을 확정했다.

2019년 5월 22일에는 서울남부지법 민사11부(염기창 부장판사)에서 울릉도 거점 간첩단 사건으로 사형을 당하거나 징역을 살고 재심에서 무죄를 선고받은 당사자와 가족 등 72명이 국가를 상대로 낸 손해 배상 청구 소송에서 총 125억 5500여 만 원을 지급하라며 원고 일부 승소 판결을 내린 바 있다.

재일교포 간첩 진두현 사건

1959년 12월에 시작된 재일교포 북송 사업은 북한이 대남공작을 전개함에 있어 새롭고 유리한 환경을 마련해 주었다. 일본과 한국에 연고를 가진 많은 재일교포들이 북한으로 들어옴으로써 이들을 기반으로 대남공작을 전개할 수 있는 유리한 여건이 조성되었기 때문이다.

1970년대 초반부터 재일교포를 유학생으로 위장시켜 국내에 침투시키는 등 일본을 거점으로 하여 활발하게 전개된 북한의 대남공작은 바로 그로부터 10여 년 전인 1959년에 시작된 재일교포 대규모 북송과 밀접히 연관되어 있다고 할 수 있다.

북한 대남공작부서에서는 공작원을 북송 교포 또는 일본 현지에 살고 있는 재일교포의 신분으로 위장시켜 일본에 침투하도록 했으며 일본에 침투한 북한 공작원들은 북송된 재일교포 연고자들의 도움을 받으면서 현지에서 안전하게 활동하도록 하는 방식으로 대일, 대남공작을 전개했다.

또한 일본에 그대로 남아 있는 북송 재일교포 연고자들을 포섭한 다음 공작선에 태워 북한으로 몰래 데려다 공작교육 및 훈련을 시킨 후 재일공작원으로 활용하기도 했다. 이와 함께 북송 교포들을 귀국시키거나 일본과의 무역을 위해 북한-일본을 왕래했던 '만경봉호' 등 북송선은 북한 공작지도부 간부들이 일본에 합법적으로 입국해 현지에서 공작원들을 접선 및 지도하는 데 적극 이용되었다.

특히 북한은 1970년대에 들어서면서 북송 교포 및 북한과 연고가 있으면서 일본에 거주하고 있는 민단계 교포들을 포섭한 다음 이들을 입북시켜 공작교육 및 훈련을 시킨 후 민단 및 국내에 들여보내 연고자들을 포섭하여 지하당 조직을 구축하는 우회침투 전술을 구사했다.

대표적인 사례가 바로 1974년 9월 일망타진된 재일민단 간부 진두현 간첩 사건이라고 할 수 있다.

진두현은 원래 경북 김천 출신으로 서울에서 중앙대학교 재학 중 1949년에 밀항 도일하여 일본 동경 명치대학 정경학부 경제과에 입학해 1952년에 졸업했다. 대학 졸업과 함께 같은 대학 법학부 학생이면서 조총련 산하 소학교 교사였던 박삼순과 결혼했다.

한편 진두현은 대학재학 중 교내 좌익계 학생서클인 '조선문화연구회'에 가입하여 공산주의 사상의 영향을 받게 되었으며 초총련계 인물인 박삼순과 결혼한 이후에는 그로부터 조총련과 북한에 대한 영향을 받았다. 특히 장인이자 조총련계 간부인 박정술로부터 좌익사상과 북한의 통일정책, 우월성 등에 대한 영향을 많이 받았다.

그럼에도 대학졸업 후에는 민단조직에 적극 참여하여 1960년에 민단 중앙본부 선전국 차장, 1970년에는 민단 중앙본부 사무국 차장으로 재직했으며 1974년에는 민단 동경도본부 부단장을 역임했다.

한편, 진두현이 민단에서 간부로 일하던 시기인 1961년 10월경 장인 박정술과 그 가족 일행이 북송되었는데 그로부터 3년 후인 1964년 9월경 처 박삼순의 소개로 재일 북한 공작원 고희선을 만나 그로부터 정치사상적 교양을 받고 포섭되었다.

진두현을 포섭한 재일 북한 공작원 고희선은 제주도 출신으로

8·15해방 이후 제주 지역 남로당 간부로 활동했으며 대구 10월 사건 이후 제주도를 떠나 전남 광주에서 도당간부로 활동하다가 1948년 10월 여순반란 사건 이후 밀항선을 타고 일본으로 건너갔다.

고희선은 일본에 밀입국한 후 일본 공산당에 들어가 활동하다가 북한이 조직한 재일교포 조직인 조총련에 가담했으며 조총련 오사카지부에서 활동하던 중 1961년경 북한 공작원에 의해 포섭되었다. 포섭된 뒤 2회(1961년, 1964년)에 걸쳐 북한 공작선을 타고 몰래 입북해 각각 6개월, 3개월간 공작교육 및 훈련을 받고 일본거점 공작원으로 활동하던 인물이다.

고희선에게 포섭된 진두현도 1965년 9월과 1972년 11월 2회에 걸쳐 북한에 몰래 입북해 당시 노동당 대남담당비서 김중린, 대남총국장 허봉학, 연락부장 유장식 등 고위간부들을 만나 격려를 받고 공작교육 및 훈련을 받은 후 귀환했다. 물론 북송된 장인 등 처가 가족들도 만났다.

다시 일본으로 돌아오는 진두현이 북한 공작지도부로부터 받은 임무는 '민단간부의 합법적인 신분을 이용하여 한국을 드나들면서 연고자들을 포섭할 것, 포섭된 대상들을 적절한 기회에 입북시켜 공작교육 및 훈련을 받게 한 후 그들을 핵심으로 하여 통일혁명당 지도부를 구성하고 확대할 것, 한국 군부 내 연고자들을 포섭하여 장차 군사쿠데타를 일으켜 군사정권을 전복시킬 수 있는 기반을 구축할 것' 등이었다.

진두현 간첩 사건의 실체

이와 같은 공작임무를 받고 1965년 5월경 국내에 들어와 중앙대학교 동창인 박기래를 포섭하여 지하조직원으로 인입했으며 그후 박기래의 추천으로 김태열을 포섭했다. 그후 박기래와 김태열을 일본으로 초청해 고희선에게 인계했고 고희선과 함께 이들이 북한에 들어가도록 적극 권유함으로써 두 사람이 입북을 결심하게 했다.

이에 따라 김태열은 1967년 5월에 일본에서 북한 공작선을 타고 입북하여 약 2주간의 공작교육 및 훈련을 받고 일본으로 되돌아온 후 한국에 잠입했으며 박기래 역시 1968년 4월 일본에서 공작선을 타고 북한에 들어가 2주간 공작교육 및 훈련을 받고 일본을 거쳐 국내에 입국했다.

이후 진두현도 1972년 11월 중순경 2차로 공작선을 타고 입북하여 12월 초까지 약 2주간 체류하면서 대남공작부서 간부들의 격려와 함께 노동당에 입당하고 새로운 공작임무 및 통신 연락 수단을 받아가지고 돌아왔다.

진두현에게 부여된 구체적인 공작임무는 '박기래와 김태현을 중심으로 통일혁명당 서울 지역 및 광주 지역 지도부를 구축하며 조직을 더욱 확대하여 각종 형태의 공개·반공개 단체를 조직할 것, 군부 내 연고자들을 포섭하여 조직 기반을 구축하고 혁명의 결정적 시기가 도래할 때 군사쿠데타 또는 군사정변을 일으켜 혁명투쟁에 합세할 것' 등이었다.

일본으로 돌아온 진두현은 그로부터 1년 후인 1973년 12월 말경

합법적으로 국내에 입국해 먼저 김태열을 만나 전남 광주 지역 지도부 책임자로 임명하고 그에게 구체적인 임무와 함께 무전기를 넘겨주고 북한과의 통신 연락 체계를 구축해 주었다.

그후 김태열은 황경주, 임춘호, 장사랑 등을 포섭하여 전남지역 통일혁명당 전위조직인 '민주수호동지회'를 구성하여 노동 분야에는 황경주를 침투시켜 조직 기반을 구축하도록 했으며 임춘호는 과거 혁신계 인사들을 결집시켜 통일전선을 형성하도록 했다. 또한 당시 공화당 전남지부 청년분과위원장이었던 장사랑에게는 양심적 민주인사들을 포섭해 공화당 내부에 동조 세력을 확대하도록 했다.

서울 지역에서는 박기래를 책임자로 하여 강을성, 박석주 등 3명으로 통일혁명당 서울 지역 지도부를 조직하고 이들을 중심으로 각종 친목단체를 구성하여 각계층 인사들을 조직화하도록 했다.

이 가운데 육군본부 문관(군무원)이었던 강을성에게는 군부에 침투해 각종 군사기밀을 탐지·수집하도록 하는 동시에 연고자들을 포섭하여 군사쿠데타를 일으킬 수 있는 기반을 구축하도록 했다. 이에 따라 강을성은 토요회, 동우회 등 친목단체를 조직하는 방식으로 기반 구축을 시도했다. 또한 박석주를 경인 지역 노동분야 담당책으로 임명한 후 그가 인천 지역 방산업체인 대우중공업에 침투하여 노동자들을 포섭한 다음 지하조직을 만들도록 했다. 그리고 실업가인 박상순, 대학 교수인 이영행 등을 포섭하여 경제계, 교육계에 조직 기반을 구축하도록 했다.

한편 진두현은 국내에 들어올 때마다 박기래의 집에서 조직원들과 회의를 열고 공작활동 보고를 청취했으며 새로운 지시를 하달하는 등 박기래의 집을 활동거점으로 활용했다. 특히 1974년 4월 15일에는 박기래, 김태열, 강을성, 박석주, 장사랑 등 조직원들을 박기래의 집에 모아놓고 김일성의 63회 생일 축하연을 열었으며 여기에서 김일성의 만수무강을 위해 축배를 들고 마당에 기념식수까지 하는 방식으로 조직원들을 고무하는 등 비합법 활동 원칙을 심하게 위반하는 행동도 서슴없이 했다.

이와 같이 진두현은 민단 동경도 부단장이라는 합법적인 신분을 이용해 한국에 자유자재로 드나들면서 연고관계를 이용해 군부와 대학교수, 기업인, 노동계, 혁신계 인사들을 포섭해 통일혁명당 지하조직망을 구축하고 군대내 동조자 포섭을 통해 군사기밀 탐지와 군사쿠데타 음모 공작을 추진하다가 1974년 9월 일당과 함께 일망타진되었다.

이 사건의 특징은 진두현이 민단의 고위간부라는 합법 신분을 이용해 한국에 자유롭게 출입하면서도 두 번이나 입북 교육을 받았고 한국에서 포섭한 조직원들도 일본을 통해 입북시켜 직접 북한에서 교육을 받게 한 후 이들을 조직의 핵심으로 서울과 전남 지역의 통일혁명당 지도부를 구성한 점이다.

특히 육군본부에 근무하는 군속(군무원)을 포섭해 지도 성원으로 끌어들이고 군부 내에 지하조직 부식을 위해 암약했으며 각계각층 인사들과 통일전선 형성을 위해서 적극적인 활동을 한 점도 특징이라고 할 수 있다.

진두현 간첩 사건이 발생하자 북한 노동당 대남담당비서였던 김중린은 일본 거점 공작원 고희선을 불러들여 '진두현을 더 이상 남한에 들여보내지 말라'는 자신의 지시를 어겼다가 사고를 내게 했다며 책임을 추궁했다고 한다. 한편, 진두현 사건 관련 보고를 받은 김일성은 '비합법 지하당 조직 공작을 공개 합법적인 방법으로 한 것이 큰 잘못'이라고 지적하기도 했다. 그러나 진두현이 검거되게 된 직접적인 원인은 김일성이나 김중린이 지적한 문제가 아니었다.

1974년 3월 진두현이 민단 동경도본부 부단장직에 취임한 이후 국내 입국이 빈번했을 뿐 아니라 출입국 시마다 국내에서의 접촉 인물이 증가하고 있고 그 가운데 보안사에서 수사대상으로 관리하는 인물이 포함되어 있다는 것을 알아내고 내사에 돌입했다.

수사 대상이 살고 있던 거주지 인천을 포함하여 민단 및 연고자 관계를 조사하던 중 진두현의 처 박삼순이 과거 조총련계 학교에서 교사로 일했으나 지금은 민단으로 이적했으며 장인 박정술이 제8차 북송선편으로 북송되었다는 정보를 입수했으며 이를 바탕으로 진두현과 접촉한 인물들을 파악했다. 그 결과 진두현이 일본에서 활동하는 재일공작원 고희선과 접촉한 사실을 확인하는 데 성공했다.

그러던 중 진두현이 1974년 10월 1일 '국군의 날' 초청 요인으로서 한국의 초대장을 받고 9월 29일 KAL기 편으로 입국한다는 정보를 입수하고 9월 30일 그가 체류하고 있던 뉴서울관광호텔에서 진두현을 체포하고 3개망 18명을 일망타진했다.

서울대 재일교포 모국유학생 강종헌 간첩 사건

강종헌은 일본 나라현에서 태어난 재일교포 2세로, 1967년 4월 오사카에서 고등학교에 다니던 중 일본 공산당원이었던 담임교사로부터 공산주의 영향을 받았다. 1968년 10월에는 일본인 담임교사의 권유로 일본 내에서 북한을 대표하는 재일본조선인총연합회(약칭 조총련) 산하 조직인 '조선문화연구회'를 설립하고 그 회장이 되어 조총련 청년부로부터 각종 북한 선전 자료를 제공받아 회원들을 교양하는 한편 교내 문화전에 북한의 발전상을 소개하는 사진전을 개최하는 등 친북 활동을 했다. 아마 일본 공산당원인 담임교사가 북한 또는 조총련과 밀접히 연계된 사람이었던 것 같다.

조선문화연구회 활동을 적극적으로 하던 중 1969년 10월 고등학교 선배이자 오사카대학 조선유학생동맹 간부였던 김영일로부터 북한의 발전상 및 김일성 위대성 등에 대한 교양을 받게 되었다. 그리고 1970년 7월 말경에는 김영일의 소개로 재일 북한공작지도원 기무라(가명)를 만나 본격적인 사상교육을 받게 되었다.

강종헌은 기무라로부터 북한의 대남혁명과 조국통일 방침, 남조선 사회의 반인민적 실상, 김일성의 항일투쟁 역사 등에 대한 교육과 '유격대 5형제' 등 북한 선전 영화를 함께 관람하는 과정에 공산주의 사상에 심취되었으며 1970년 11월 포섭되었다. 당시 강종헌은 '남조선 혁명을 위해 지하공작원으로 활동하라'는 기무라 지도원의 권유를 흔쾌히 승낙하고 '위대한 수령과 노동당을 위하여 목숨을 바치겠다'는 내용의 맹세문을 제출함으로써 대남공작원으로 포섭되었다.

기무라는 강종헌에게 '모국 유학생으로 가장해 국내에 침투할 것, 이를 위해 우리말을 열심히 배워 활동에 지장이 없도록 하며 신분을 철저히 위장해 정체가 노출되지 않도록 할 것, 데모 등에 직접 참여하지 말고 사태를 관망하면서 혼란 사태를 유발하도록 배후 조종할 것, 한국의 정치·경제·군사 등 각종 정보를 수집하며 특히 노동자·농민·청년 학생들의 반정부활동 동향을 수집해 보고할 것' 등 여러 가지 공작임무를 부여했다.

이와 같은 공작임무를 받은 강종헌은 모국 유학생 시험에 응시하여 합격한 후 1971년 4월 모국 유학생으로서 서울대학교 의과대학에 입학하는 방식으로 국내에 침투했다.

강종헌은 서울대에서 공부하면서 동창생인 서광태와 고려대 출신 박종열 등 대학생들을 포섭가능한 인물로 선정하고 이들과의 관계를 발전시키는 데 주력했다.

국내에 침투한 지 2년째 되는 1973년 "여름방학을 이용하여 입북하라"는 기무라의 지시에 따라 8월 초에 일본으로 건너가 니가타현 해안에서 북한 침투 요원과 접선한 후 공작선에 승선해 북한에 입북했다. 청진항에 도착한 강종헌은 마중나온 대남부서 간부들과 함께 열차를 타고 평양으로 이동한 후 특별초대소(안가)에 20여 일 동안 체류하면서 공작원으로서 필요한 각종 교육 및 훈련을 받았다.

강종헌은 평양 초대소에 체류하는 동안 북한 공작지도부 간부들에게 서울에서의 공작활동 결과를 보고한 후 그들의 입회 하에 진행된 노동당 입당식에서 노동당원증을 수여받았다. 아울러 북한 공작부서 지도원들로부터 김일성혁명 역사, 노동당역사, 정치경제학, 조국통일과 남조선 혁명이론, 지하당 조직 구축 방법, 군사쿠데타 등 대남공작에 필요한 교육을 받았다. 아울러 노동당 대남담당비서였던 김중린으로부터 고무 격려를 받고 공작임무도 직접 부여받았다.

당시 강종헌이 받은 공작임무는 '서울대학교 내에 통일혁명당 지도부를 조직할 것, 서울의대 내 사회의학연구회에 침투하여 불만학생들을 포섭 및 데모 선동 등 배후에서 지도할 것, 서울대에는 서광태를 책임자로 임명하고 기독교계에는 전성환·황승주·황혜헌을 침투시키며 불교계에는 최훈동을, 군부 담당으로는 박종열을 각각 임명하도록 할 것, 포섭 대상을 학생으로만 한정시키지 말고 노동자·농민 등도 포섭할 것' 등이었다.

북한에서의 일정을 마무리한 다음 청진에서 북한에 들어갈 때 타고 갔던 공작선을 다시 타고 일본 가와사키 해안으로 상륙하는 방식으로 일본으로 복귀한 강종헌은 재일 공작지도원 기무라(가명)에게 입북 기간 중의 생활, 교육받은 내용, 공작임무 등을 보고하고 한국으로 입국했다.

국내에 들어온 강종헌은 1973년 11월 하순 서울의대 동료인 서광태의 서울 성북구 정릉동 집에 찾아가 자신이 북한에 들어가 노동당에 입당하고 김일성 위대성 등 교육받은 내용을 이야기하면서 '우리 합심하여 싸우자'고 권유해 서광태를 포섭하는 데 성공했다.

1974년 12월 초 일본으로 돌아온 강종헌은 오사카에서 재일 공작지도원 기무라를 만나 서광태를 포섭한 사실과 함께 포섭가능한 대상자로 전성환·황혜헌·최훈동·박종열 등이 있다고 보고했다.

1975년 8월 중순에는 일본 도쿄 신주쿠 프라자호텔에서 북한 노동당에서 직접 파견되어 온 여성 지도원을 접선하여 그에게 그동안의 공작활동 내용을 보고한 후 새로운 공작임무를 부여받았다.

북한에서 파견된 노동당 여성 공작지도원으로부터 강종헌이 부여받은 공작임무는 '통혁당 서울대학교 지부를 조직할 것, 이를 위해 서광태를 집중적으로 지도하여 서울대 총책을 맡길 것, 서울대 의과대 내 거점은 전성환에게 맡기되 서광태로 하여금 그를 배후조종하게 할 것, 황혜헌은 기독교계에, 최훈동은 불교계에 활동거점을 두도록 할 것, 박종열을 포섭해 군부조직을 만들게 하되 그에게만 의존하지 말고 강종훈 본인이 직접 군의관 등 군부 침투 대상을 물색할 것, 데모 주동자로 제적된 서울대 동양사학과 출신 나병제를 기독교방송에 취직시켜 방송계에 지하조직을 포치하도록 할 것' 등이었다.

이후 서울에 재침투한 강종헌은 서울대생 서광태, 고려대 출신 박종열, 서울대 의대 학생들인 이수희·이동석·양남국·황혜헌·전성환·정병제 등을 포섭하여 통혁당 지하조직망을 구축했다.

또한 서광태를 서울대학교 전체를 담당토록 하고 양남국은 서울대 문리대 책임자로, 박종열을 고려대 책임자로, 황혜헌을 새문안교회를 중심으로 한 기독교계 공작책임자로, 최훈동을 불교청년회를 중심으로 한 불교계 공작책임자로, 서울대 제적생 나병제를 기독교방송에 침투시키고 박종열에게 군부 내 공작을 책임지게 하는 등 임무를 주어 활동하도록 했다.

강종헌(당시 24세)은 서울대학교에 침투한 후 1975년 12월 초 적발될 때까지 일본과 한국을 20회 이상 왕래하면서 학원 내 통일혁명당 조직 구축 공작과 학생 투쟁을 배후조종하는 등 암약하다가 관련 첩보를 입수하고 수사를 벌여온 군 보안사령부에 의해 일당 15명이 체포됨으로써 일망타진되었다.

기상천외한 '인간 바꾸어치기' 소년공작원 양성 계획

북한 대남공작부서에서는 1970년대에 일본 현지에서 청소년들을 공작원으로 양성하기 위한 공작도 추진했다.

북한이 청소년들을 일본에 몰래 침투시켜 현지에서 공작원으로 양성하려고 시도했다는 것은 아마도 세상에는 처음으로 알려지는 사실일 것이다.

정확한 시점은 특정할 수 없지만 아마도 1970년대 초반으로 추정된다. 북한이 일본 현지에서 공작원으로 양성하려고 몰래 침투시켰던 청소년들의 당시 나이가 10대 초중반이었는데 1990년경 30대 초반이었으니까, 이를 역으로 계산하면 1970년대 초반이라는 답이 나오기 때문이다.

북한 청소년들을 일본에 보내 현지에서 공작원으로 양성하기 위한 북한의 공작은 이선실의 일본 침투 성공 및 거점 확보로부터 시작된다.

1960년대 후반 공작선을 타고 일본에 침투한 이선실은 오사카에 살고 있던 남동생을 찾아가 그를 포섭한 다음 그의 도움으로 일본 내에 공작 활동 거점 즉, 생활 거처를 확보하는 데 성공했다.

당시 이선실이 부여받은 공작임무는 일본에 살고 있는 동생들을 포섭한 후 거점을 확보하고 일본에서 살면서 재일교포 또는 일본인들을 포섭하여 한국에 침투시키는 동시에 한국인의 신분으로 세탁하여 합법적으로 국내에 침투하기 위한 토대를 구축하는 것이었다.

이 같은 임무를 받고 일본에 침투한 후 오사카에 살고 있던 동생을 포섭하고 그의 도움으로 활동 거점까지 확보하는 데 성공한 이선실은 계속해서 다음 공작임무인 재일교포 및 일본인에 대한 포섭공작과 한국인의 신분으로 세탁하기 위한 대상자 물색에 주력하고 있었다.

그러던 중 북한 공작지도부에서 이선실과 그의 동생에게 누구도 상상하지 못할 기상천외한 제안을 하게 된다.

당시 이선실이 포섭한 남동생에게는 10대 초중반의 아들 2명이 있었는데 이들을 몰래 북한으로 데려오고 이들 대신 북한에 있는 또래 청소년 2명을 일본에서 활동하고 있던 이선실에게 보낸 후 이선실이 이들을 데리고 일본에서 살면서 현지에서 공작원으로 양성한다는 계획이었다. 목적 달성을 위해서라면 천륜까지도 저버리도록 강요하는 북한 공산주의자들의 잔인한 진면모를 엿볼 수 있는 대목이다.

이러한 기상천외한 계획은 북한 공작지도부와 이선실, 그리고 그의 남동생이 합의하고 치밀하게 준비한 끝에 실행되었다.

북한 공작지도부에서는 먼저 일본 현지에 보내 공작원으로 양성할 10대 초반의 청소년 2명을 선발하는 작업부터 추진했다.

공작원들은 통상적으로 출신성분이 좋고 건강 상태와 용모, 학업성적 등에서 뛰어난 대상들을 선발한다. 출신성분이란 본인이 태어날 당시 부친이 어떤 일을 하고 있었고 노동당에 입당했느냐 여부이다. 결국 출신성분이 좋다는 것은 본인이 태어날 당시 부친이 노동당원인 동시에 직업으로서는 군인 또는 간부, 노동자, 농민 등이어야 한다는 것이다. 건강 상태 여부는 정밀 신체검사에서 아무런 이상 없이 완벽해야 하며 용모는 뛰어난 미남이나 미녀는 아닐지라도 호감이 가는 인물이어야 한다. 학업 성적이 좋아야 한다는 것은 두말할 필요가 없다.

북한 공작지도부 간부들은 위와 같은 공작원 선발기준에 적합한 청소년들이 가장 많은 '만경대혁명학원'을 찾아갔다.

알려진 바와 같이 김일성의 고향인 평양시 만경대구역에 있는 만경대혁명학원은 김일성의 지시에 따라 빨치산 유자녀들을 간부 후비로 양성하기 위해 광복 직후 설립한 교육기관이다. 그러나 세월이 흐르면서 직접적으로 빨치산 또는 항일투쟁을 하다가 희생된 사람들의 자녀들이 줄어들면서 6·25전쟁에서 특출한 공로를 세우고 전사하거나 대남공작 과정에 희생된 사람들의 자녀들을 받아들여 명맥을 유지하고 있다. 따라서 공작원 선발 기준에 적합한 대상들이 많을 수밖에 없다.

만경대혁명학원에 찾아간 북한 공작지도부 간부들은 거기에서 대남침투 및 공작임무를 수행하다 희생된 남파요원의 자녀들 가운데 10대 초반 남학생 2명을 최종적으로 후비 공작원으로 선발했다. 그런 후 수개월 동안 일본에서 생활할 수 있도록 일본어교육과 함께 사상교육, 보안교육 등 공작원으로서 필요한 기본교육을 실시했다.

이 같은 침투준비를 마친 북한의 공작원 후보 10대 청소년 2명은 침투조의 안내를 받아 북한에서 공작선을 타고 일본에 몰래 침투한 다음 현지에서 이선실에게 인계되었다.

동시에 이선실의 재일교포 조카 2명은 부모가 몰래 먹인 수면제에 취해 깊은 잠에 빠진 무의식 상태에서, 자신들의 의지와는 전혀 무관하게 영문도 모른 채 공작선에 실려 북한으로 '운송'되었다.

이렇게 공작원 후보로 선정된 북한 청소년 2명과 재일교포 청소년 2명의 '인간 바꾸어 치기 공작'은 완벽하게 '성공'했다.

실패한 일본 현지 공작원 양성 계획

그런데 이 청소년들을 바꾸어 치기 한 다음에 문제가 발생했다. 먼저 깊이 잠든 상태에서 영문도 모른 채 공작선에 태워진 상태에서 북한으로 향하던 중 잠에서 깨어난 이선실의 조카 2명은 울고불고 난리가 난 것이다.

아이들은 잠에서 깨어나자마자 여기가 어디냐며 아빠 엄마를 찾고 "우리가 지금 어디로 가느냐? 나는 가기 싫은데 왜 북한으로 가야 하느냐?" 부르짖으며 강하게 항의했다. 그러나 공작선에 타고 있던 북한 공작지도부 간부들의 간곡한 설득으로 아무리 반발하고 항의를 해봐도 소용이 없다는 것을 깨닫는 데는 오랜 시간이 걸리지 않았다.

자신들의 의지와는 무관하게 공작선에 실려 북한으로 들어간 이선실의 재일교포 조카 2명은 또다시 이들의 의사와 관계없이 이들 대신 일본으로 침투한 후보 공작원 소년 2명이 다니고 있던 만경대혁명학원에 보내졌다. 만경대혁명학원을 졸업한 다음에는 김일성종합대학에 입학해 졸업하고 북한 정부 기관 간부로 임명되었다.

필자가 북한 대남 공작지도부 간부들로부터 전해 들은 바에 의하면, 그후 세월이 흘러 1980년 일본에서 남한으로 침투해 1990년 가을까지 공작 임무를 수행하고 북한으로 복귀한 이선실을 만난 조카 2명은 이선실에게 자신들을 왜 북한으로 데려왔느냐며 울며불며 항의하는 등 그동안 쌓였던 불만을 강하게 표출했다. 이런 일로 인해 이선실과 조카들의 관계가 한동안 얼어붙기도 했다. 물론 나중에는 조카들도 자신들이 북한으로 올 수밖에 없었던 사정을 충분히 이해하였고, 이에 따라 이선실과의 관계도 회복되는 등 원만해졌다고 한다.

이 같은 상황으로 볼 때 그들이 북한으로 보내진 이후 이선실이 여러 번 북한을 다녀왔을 것으로 보이는데 그 과정에 한 번도 조카들을 만나지 않은 것으로 판단된다. 실제로 이선실은 1980년 영주귀국 형식으로 한국에 들어오기 전인 1979년 말 공작선을 타고 북한에 들어가 김일성을 만난 적이 있는데 결국 이때도 조카들을 만나지 않았다는 것을 의미한다.

한편, 희생된 남파 요원의 자녀로서 어린 나이에 일본 예비공작원으로 선발되어 일본 현지에 침투한 10대의 북한 청소년 2명은 이선실과 같이 생활하면서 오사카 지역에 있는 조총련계 학교에 입학해 공부했다.

그러나 얼마 지나지 않아 이들에게도 문제가 생기고 말았다. 무엇보다 이들이 당시 일본에서 한창 유행하고 있던 파친코에 빠진 것이었고, 다른 하나는 이들이 북한에서 배운 사상교육 내용이 모두 거짓이라며 이의를 제기하면서 이선실의 말도 듣지 않고 막무가내로 행동한 것이었다.

이들은 우선 조총련계 학교에서 수업을 마친 다음 이선실과 생활하는 집으로 곧바로 오지 않고 항상 오락실에 들러 가지고 있던 돈을 몽땅 털어 파친코 오락을 하고 집에도 늦게 들어오는 등 일탈행위가 자주 발생했다. 이를 지적하는 이선실과는 충돌하기 일쑤였다.

특히 자신들은 북한에서 "자본주의 사회는 거리에 거지가 많고 주민들은 헐벗고 굶주린다는 것, 경제도 발전하지 못하고 판자집만 많다는 식으로 배웠는데 일본에 와서 생활해보니 모두 거짓이었고 오히려 그 반대라는 사실을 알게 되었다"며 강하게 이의를 제기했다. 실제로 일본 오사카에 와서 생활해보니 길거리에 거지는 물론 판자집도 없고 오히려 먹을 것도 풍부하고 고층빌딩만 있으며 북한에는 고위간부 집에만 TV가 있는데 일본에는 집집마다 TV가 있어 매일 TV를 시청하면서 행복하게 산다는 것이 이들의 반론이었다.

이선실은 이들의 말과 행동에 대해 한편으로는 지적을 하고 다른 편으로는 설득도 해보았으나 별 소용이 없었다. 오히려 심한 반발과 마찰만 불러일으킬 뿐이었다.

결국 이선실은 이들을 일본 현지에서 공작원으로 양성하는 것이 자신의 능력으로는 도저히 불가능하다는 것을 대남공작지도부에 강력하게 어필했고, 북한에서는 이선실의 의견을 수용해 2명의 10대 청소년들을 공작선에 태워 북한으로 복귀시켰다.

이로써 10대 청소년들을 일본에 보내 현지에서 공작원으로 양성하려던 북한 공작지도부의 계획은 실패로 돌아갔다.

북한으로 돌아온 청소년 2명은 나이가 어렸던 관계로 약간의 비판은 받았지만 별다른 법적 처벌은 받지 않았다고 한다. 그후 다시 만경대혁명학원에 복귀해 학업을 마치고 김일성종합대학을 졸업했으며 대학을 졸업한 다음에는 자신들의 모교인 만경대혁명학원으로 돌아와 청년동맹 위원장 및 교수를 역임하면서 잘 살고 있다는 전언이다.

대남공작 무대에 등장한 김정일

돌이켜 보면 1960년대에 비해 1970년대 대남공작 성과가 상대적으로 저조했는데 이는 대남및 국제정세가 북한에 불리하게 작용한 것과 함께 김일성의 후계자로 등장한 김정일이 대남공작 기관을 장악하고 공작부서 간부들을 대폭 물갈이한 것과도 관련된다고 할 수 있다.

1972년 김일성의 후계자로 내정된 김정일은 당내 기반을 다지기 위해 먼저 노동당의 핵심 부서인 중앙당 조직지도부와 선전·선동부를 장악한 데 이어 대남공작 부서를 장악하는 작업도 진행했다.

물론 그전에도 김정일이 '왕자'의 권한으로 대남 부문에 음으로 양으로 관여해온 것이 사실이지만 업무적으로 직접 장악한 것은 아니었다. 노동당 대남담당비서인 김중린과 대남부문 고위 간부들이 '도덕적 의무감' 또는 왕자에게 잘 보이려고 김정일의 호기심을 충족시켜줄 만한 몇 가지 사실을 알려주는 정도였다고 하는 것이 정확한 표현일 것이다. 이러한 여건에서 김정일은 1970년대 중반부터 대남공작 부문을 직접 장악하기 위한 작업의 일환으로 중앙당 조직지도부의 집중검열을 실시했다.

김정일이 대남 부문을 장악하는 방식은 다른 기관을 상대로 자신의 체제를 구축할 때 했던 것과 같은 수법이었다.

먼저 대남공작 전반에 대한 집중검열(특별감사)을 실시해 해당 조직의 인사, 조직, 업무 등에서의 약점을 찾아냄으로써 자신이 비집고 들어갈 수 있는 공간을 만드는 것이다. 다음에는 검열 결과에 대한 총화(결산)를 통해 인사와 조직, 구체적 활동에서의 문제점을 강하게 비판함으로써 조직과 구성원들에게 두려움과 불안감을 심어주는 것이다. 그런 후 조직 장악의 최후 권한이라고 할 수 있는 인사권을 휘둘러 지휘부를 교체하고 조직 전반을 본인(김정일)에게 충성할 수 있는 시스템으로 뜯어고치는 작업을 진행하는 것이다. 마지막으로 김정일에게 직접 보고하는 체계, 단일 지휘체계를 확립함으로써 '유일지도체제' 구축을 완성하는 것이었다.

김정일은 1975년 6월 당내 대남공작 기관인 중앙당 연락부와 문화부, 조사부에 대한 조선노동당 중앙위원회 정치국 및 비서국 명의의 검열(특별감사)을 시작하는 것으로 대남공작 부문에 대한 장악의 신호탄을 쏘아 올렸다.

중앙당 대남공작 부서에 대한 검열은 후계자 김정일에 대한 충성심으로 똘똘 뭉친 중앙당 조직지도부 검열 1과와 검열 2과 간부 30여 명이 동원되어 1975년 6월~10월 중순까지 6개월간 진행되었다.

원래는 검열 기간을 3~4개월 정도로 예상하고 시작했는데 검열에 투입된 간부들이 대남공작에 대해 전혀 몰랐기 때문에 공작 관련 내용을 처음부터 끝까지 일일이 전문가들로부터 배우면서 검열을 진행했기 때문에 기간이 6개월로 늘어날 수밖에 없었다는 전언이 있다.

검열 대상은 대남공작을 직접 담당·수행하고 있는 중앙당 연락부와 문화부, 조사부, 그리고 산하 공작원양성기관인 중앙당 정치학교(695군부대)와 남조선연구소, 각 지역에 있는 작전부 산하 연락소들, 일본과 동유럽 등에 설치된 해외 공작거점 등이었다.

검열 내용은 간부사업(인사) 관련 문제로부터 각 시기별 공작 전술과 그에 따른 공작내용 및 결과 등 전반적인 것이었다.

먼저 인사와 관련해서는 정확한 인사 원칙을 가지고 그에 맞게 인사를 했는지, 간부들을 적재적소에 선발·배치했는지를 검열했다. 구체적으로 대남공작 부서 간부들에 대한 선발·배치를 인사원칙대로 했는지, 또 대남공작원들을 선발 원칙과 기준에 맞게 제대로 선발하고 교육과 훈련을 실전과 같이 실시했느냐 하는 점을 중점적으로 검열했다.

다음으로 시기별 대남공작 전술과 그에 따른 공작 전개 과정 및 결과 등에 대한 검열도 실시했다.

각 시기별로 다음과 같은 문제들이 다루어졌다. 먼저 광복 이후 ~6·25전쟁이 끝날 때까지 기간에 진행되었던 박헌영 및 남로당 사건의 후유증과 여독 청산 작업 결과에 대해 검열했다. 또한 1953년 5월 중앙당 연락부를 명칭만 그대로 두고 새로 만드는 수준의 전면적이고 대대적인 개편 작업을 하면서 새로운 전술과 방침을 제시한 바 있는데 그 이후 1950년대 말까지 대남공작 전개와 그 실행 결과는 어떠했느냐 하는 것이었다. 마지막으로 1960년 4·19 이후 대남공작 전술과 그에 따른 공작 결과, 5·16 이후 1971년까지 대남공작 전개와 결과 등이었다.

내용 측면에서는 다른 기관과 마찬가지로 대남공작 부문에 하달한 김일성의 교시가 철저히 집행되었는지, 지하당 조직 건설을 당 정치위원회의 결정과 방침대로 진행했는지, 일본 조총련을 통한 대남공작은 어떻게 전개되었는지, 유럽을 비롯한 해외 공작거점 운영 및 우회침투 공작은 잘 진행되었느냐 등의 문제에 집중되었다.

한마디로 광복 이후 30년에 걸쳐 진행된 대남공작의 전 과정을 크게 몇 개의 시기로 구분하고 시기별 공작 전술과 그 집행 과정 및 결과 등을 전면적으로 종합적으로 검열하는 것이다. 검열 방식은 각종 문서 검열과 함께 간부들과의 개별 면담을 통해 파악하는 방법으로 이루어졌다.

문서 검열은 대남공작 진행 상황과 결과를 구체적으로 적시해 놓은 공작총화(결과) 보고서와 회의록, 간부 임용 관련 문건 등을 집중적으로 들여다 보았다. 특히 대남공작과 관련하여 공작 부서에서 반드시 작성하게 되어 있는 조직 문건과 공작원들이 공작임무를 수행한 후 자필로 작성해 제출하는 공작보고서를 빠짐없이 검열했다. 이를 통해 시기별 대남공작 전술과 그것이 실제 대남공작에 어떻게 반영되었는지, 그 과정에 어떤 성과를 거두었고 또 실패를 했다면 왜 실패했는지 등을 구체적으로 파악했다.

면담은 검열 성원들이 공작부서 간부들을 개별적으로 만나 대남공작의 구체적 실상과 부서 내부 상황 및 문제점, 간부들의 생활 및 업무 방식, 정치사상 경향 등을 구체적으로 파악하는 방식으로 진행되었다. 그 때문에 당시 공작부서를 책임지고 있던 대남담당비서 김중린을 비롯하여 각 부서의 부장, 부부장 등 간부들은 부하직원들이 어떤 내용을 진술할지 모르는 데다 자신들에게 불리한 진술을 할지도 모른다는 걱정에 전전긍긍할 수밖에 없었다.

중앙당 조직지도부 검열 성원들은 모두 김정일 측근 인물들로 구성된 데다 하나같이 정치적으로 예리했고 이미 다른 부서를 상대로 여러 번 혹독한 검열을 실행한 적 있는 베테랑들이어서 정치적으로 문제를 제기하고 꼬투리를 잡는 데 이골이 난 사람들이었다. 따라서 검열 과정에 어떤 문제가 제기되면 실무적으로 접근하려 하지 않고 무조건 정치사상적으로 문제를 제기하고 날카롭게 따지고 들었다. 더욱이 이 시기는 김정일 후계 체계를 확립하기 위한 작업이 내부적으로 한창 진행되고 있던 때여서 감사를 받는 대남공작 부서 간부들의 심리적 긴장감은 더욱 고조될 수밖에 없었다.

실제로 검열을 받던 대남공작 부서 간부들은 스트레스 때문에 거의 정신병에 걸릴 지경이었으며 특히 박헌영 및 남로당 사건과 관련이 있는 몇몇 간부들은 검열 성원들의 강한 추궁 때문에 병원 신세를 지기도 했다. 일본 조총련에서 활동하다 입북한 한 간부는 검열 성원들이 기술적인 실수를 그대로 받아들이지 않고 정치사상적으로 접근하면서 끈질기게 추궁하는 바람에 심리적 부담감을 이기지 못해 결국 자살하는 일까지 벌어졌다.

원래 북한에서는 "어느 기관이든 중앙당 조직지도부의 검열을 받으면 몇 명은 자살하거나 총살당해야 한다"는 말이 회자되고 있을 정도 중앙당 조직지도부의 검열은 악명이 높기로 유명하다.

모든 대남공작 관련 업무가 거의 중단되다시피 한 상태에서 실시된 중앙당 대남공작 기관에 대한 조직지도부 검열 그룹의 전면적이고 종합적인 검열은 6개월 동안 공작 부서의 모든 간부들을 충분히 위축시키고 공포 분위기에 빠뜨리고 나서야 일단락되었다.

조직지도부 검열이 끝날 무렵 검열 성원들의 의견을 모아 결과보고서가 작성되었는데 공작 부서가 잘한 것은 하나도 없고 모든 것이 잘못되었다는 식으로 분위기가 흘러갔다.

한마디로 대남공작과 관련한 김일성의 교시와 당 정치국의 결정 및 방침이 대부분 제대로 집행되지 않았다는 것이었고, 이에 따라 대남담당비서 김중린과 각 대남부서 부장 및 부부장들의 사기가 땅에 떨어지는 것은 당연했다.

대남공작 부서 검열 결과에 격노한 김정일

김정일은 1975년 10월 중순 중앙당 공작 부서에 대한 조직지도부의 검열이 종료되자 검열 대상 기관인 연락부와 문화부, 조사부 등 3개 공작부서 간부들을 한자리에 모아놓고 연합당 총회를 개최하도록 했다.

김정일은 1975년 10월 25일~11월 3일까지 10일간 진행된 중앙당 대남공작 부서 연합당 총회에서 검열 결과에 대한 종합보고서를 발표하는 첫날을 포함하여 모두 4일간 회의에 참석했다. 본인이 회의에 참석하지 못하는 날에는 회의록을 가져다 보면서 회의 흐름과 내용을 구체적으로 파악했다.

검열 결과에 대한 종합 보고는 회의 첫날인 10월 25일 김정일이 참석한 가운데 당시 검열그룹 총책임자였던 중앙당 조직지도부 제1부부장 서윤석이 무려 5시간 30분에 걸쳐 낭독했다. 서윤석은 나중에 노동당 정치국위원 및 평양시당 책임비서를 역임하는 등 김정일 정권에서 핵심적인 역할을 했다.

서윤석이 낭독한 총화 보고의 내용은 한마디로 그때까지 해온 대남공작이 모두 엉터리라는 것이었다. 공작 성과에 대한 언급이나 칭찬은 거의 없고 과거 30년 동안 대남공작을 해오면서 결함·착오에 부족한 점만 가득했다며 조목조목 사례를 들어 폭로·비판했다.

다음 날부터 검열 책임자 서윤석이 보고서에서 지적한 내용에 준해 토론이 진행되었는데 각 공작 부서에 있는 과단위로 2명 정도가 토론에 참가하는 방식으로 진행되었다. 당시 중앙당 연락부와 문화부, 조사부 등 3개 공작 부서에 총 70개 정도의 과가 있었으니 140명 내외가 토론에 참가한 셈이다.

토론은 자기 부서(과)의 잘못을 분석 비판한 후 상급자인 비서·부장·부부장 등의 업무 방식에서 잘못된 점을 지적(고발)한 다음 대남공작에서의 교훈 또는 향후 대남공작을 발전시키기 위한 방안 등에 대해 자신의 의견을 피력하는 방식으로 진행되었다. 10일에 걸쳐 120여 명이 보고와 토론을 진행한 결과 과거 30년간 누적된 대남공작의 모든 문제점과 착오 등이 적나라하게 폭로될 수밖에 없었다.

총화 회의 마지막 날인 11월 3일에는 대남담당비서인 김중린과 연락부장 유장식, 문화부장 김주영, 조사부장 이완기, 그리고 부부장들인 김상호·김권한·조일명·김국훈·김상락·임호군·강혁창·이동혁 등 책임 간부들이 토론에 참가했다.

이렇게 대남비서 김중린과 각 부서 책임 간부들이 토론을 진행할 때는 다른 참석자들이 고함을 지르면서 비판하는 바람에 토론이 한 번에 끝나는 경우가 거의 없었다. 심지어 대남담당비서인 김중린까지도 가혹한 비판에 눈물을 흘릴 정도였으며 3번이나 토론을 중단했다 다시 해야 하는 상황이 연출되었다.

특히 총화 회의 막판에는 김정일이 직접 결론을 내리는 것으로 마무리했다. 당시 김정일이 내린 결론의 요지는 크게 세 가지였다.

첫 번째로, 김정일은 10일 동안 총화 회의를 했다고 해서 끝낼 것이 아니라 이번 회의를 시작으로 각 부서별, 부문별, 과별로 총화회의를 열고 심도 있게 회의를 계속하라고 지시했다. 이에 따라 1976

년 상반기까지 6~7개월 동안 부서별, 과별 총화 회의가 계속되었다.

두 번째로, 김정일은 "1950년대~1970년대까지 대남공작은 한마디로 제로"라며 성과를 깎아내렸다. 이는 자신의 견해가 아니라 검열 결과에 대해 보고받은 김일성이 내린 결론이고 자신은 김일성의 결론을 전달할 뿐이라며 김일성의 이름을 팔았다. 그러면서 지금부터 대남공작을 새로 시작하는 마음가짐으로 일해야 한다고 강조했다.

마지막으로 김정일은 대남공작 부문에서 그때까지 범한 과오와 잘못을 하나씩 지적했다.

김정일이 첫 번째 잘못으로 지적한 것은 대남공작원에 대한 인사가 제대로 되지 못했다는 것이었다.

말하자면 대남공작임무를 직접 수행하는 남조선 혁명가 즉, 공작원 선발과 그들에 대한 교육·훈련 등을 잘못했다는 것이었다.

'대남공작원은 남조선 혁명가인데 혁명가로서의 소질이 없는 사람을 공작원으로 선발했으니 대남공작이 제대로 되겠느냐? 나아가 정치사상적 소양이 있는 사람도 제대로 교육·훈련을 시키지 못하면 공작원의 자질과 능력을 보유할 수 없고 나아가서 공작임무를 제대로 수행할 수 없는데 교육·훈련을 제대로 시키지 못했기 때문에 결과적으로 대남공작도 성과를 거둘 수 없었다'는 것이 김정일의 지적이었다.

김정일이 두 번째로 지적한 문제는 대남공작의 기본 원칙을 지키지 못했다는 것이었다.

김정일은 '대남공작의 기본은 지하당 조직을 건설해 혁명의 주력군을 강화하는 것이다. 이를 위해서는 혁명의 전위조직인 지하당을 건설해야 하고 지하당 건설에 있어서는 근본 원칙을 지켜야 하는데 지하당 건설의 조직 원칙을 위반했다. 지하당을 건설함에 있어 혁명투쟁을 조직 지도할 수 있는 강력하고 혁명적인 조직으로 건설한 것이 아니라 가족당, 오가잡탕 조합, 연고 있는 친인척 그룹 조성에 불과했다. 결과적으로 혁명을 추동하고 혁명을 지도할 수 있는 지하당 조직 건설이 되지 못했다'고 비판했다.

김정일이 지적한 세 번째 잘못은 대남공작에서 공명주의가 많이 작용했다는 것이었다.

그는 대남공작과 관련하여 허풍·과장이 많았을 뿐 아니라 흉내만 내고도 대남공작이 성공한 것처럼 보고한 결과 이런 내용이 당 정치위원회에 보고되는 어처구니없는 사태까지 벌어졌다고 목소리를 높였다.

김정일은 "6·25전쟁 당시 박헌영이 김일성에게 20만 당원이 남조선에 튼튼히 뿌리내리고 있으니 전쟁만 일어나면 곧바로 그들이 후방에서 파업·폭동을 일으켜 단숨에 남조선을 해방할 수 있다고 보고한 것이나 김중린이 대남사업에 대해 허위 보고한 것이나 결국 무엇이 다르냐?"고 추궁했다. 그러면서 앞으로는 숫자놀음이나 하고 도표를 그려놓고 일을 하지 말고 질적인 측면을 가지고 공작 성과를 평가하여야 한다고 강조했다.

김정일이 네 번째 잘못으로 지적한 것은 대남공작 부서 간부들의 독단주의, 독선주의, 관료주의가 사업을 망쳤다는 것이었다.

대남부서 간부들이 김일성의 교시나 당의 결정에 입각하지 않고 간부 개인의 총명이나 주관적 욕망에 따라 독선적이고 독단적으로 일을 처리했다고 비판했다.

이중간첩에게 거액의 공작금을 …

김정일이 지적한 또 하나의 문제는 대남공작을 하는 과정에 돈을 너무 많이 낭비했다는 것이었다.

공작금 지출은 본인(김정일)의 결재에 따라 이루어졌기 때문에 이 점에 대해서는 딱히 할 말이 없었지만 대남공작 부서 간부들이 사용 내역을 과장 및 과대 포장해 공작자금이 낭비되었다는 것이었다. 즉, 대남공작 담당 비서나 부장들이 공명주의와 주관적 욕망에 사로잡혀 과장해 보고함으로써 수십만 달러의 공작금이 쓸모없이 소모되었다는 것이다.

원래 북한에서는 공작금을 미화(美化)로 사용하는 것이 일반적인데 당시 북한은 많은 금액의 미화를 보유하고 있지 못했다. 그래서 한 번에 많은 자금(미화)이 필요할 때는 중국에 사정해 겨우 얻어 오는 정도였기 때문에 몇 십만 달러는 당시 북한 경제 형편으로 볼 때 큰 금액이었다. 그런데 이렇게 어렵게 마련한 막대한 공작금 대부분이 대남혁명을 하는 지하당 조직 즉, 간첩망이 아니라 이중간첩들의 손에 들어갔기 때문에 문제라는 지적이었다. 김정일은 미국 CIA의 이중간첩, 일본 방위성의 간첩, 한국 중앙정보부의 간첩들에게 놀아나 막대한 금액을 탕진했다고 질책했다.

실제로 1970년대 초반 한국 언론계의 중진에 속하는 인물이 미국 CIA의 라인을 타고 북한에 들어온 적이 있었다. 일본 특파원까지 역임한 바 있는 이 인물은 자신이 미국의 첩보라인을 타고 북한에 들어오기는 했지만 원래 능력이 있다며 통일을 위해 뭔가 일을 해보고 싶다고 주장했다. 이에 북한도 나름대로 여러 경로를 통해 이 인물을 파악해 보았는데 그만하면 신뢰할 만한 사람이라는 판단에 이르렀다. 이 인물은 한국의 국회의원은 물론 국군 장성, 정부 고위관리 등 구체적인 이름을 거론하면서 이들과 밀접한 관계를 맺고 있어 잘하면 반정부 쿠데타도 일으킬 수 있다고 호언장담하면서 그러자면 자금이 필요하다고 주장했다.

북한 공작 부서에서는 그의 말을 믿고 1973년경 40만 달러 정도의 공작금을 마련해 그에게 전달했다. 그러나 결국 아무런 성과도 내지 못하고 일이 종결되고 말았다. 그런데 문제는 중앙당 대남담당비서인 김중린이 이 일을 관련 공작부서의 부장이나 부부장들과 한마디 상의도 없이 독단적으로 처리한 것이었다.

결국 1975년 상반기에 일이 실패로 돌아갈 것이 명백해지자 대남공작 부서 내에서 김중린의 독단과 공명심에 대한 비판 여론이 높아지게 되었고, 이러한 사실이 김정일에게까지 보고되었던 것이다.

진보당과 통혁당 파괴를 아쉬워한 김정일

마지막으로 김정일은 몇 가지 대남공작 실패 사례를 거론하면서 아쉬움을 담아 자신의 생각을 피력했다.

김정일은 먼저 대남공작 역사상 가장 큰 손실은 진보당 사건이었다고 강조했다. 김정일은 대남공작 부서에서 진보당에 대한 공작 지도를 잘못했기 때문에 이승만과 한국 수사기관에 노출되어 파괴되었다는 것이었다. 구체적으로 양명산이 이중간첩이었는데 그를 믿고 대남공작을 추진한 결과 진보당 사건이 터지고 조봉암은 물론 김일성이 직접 파견했던 남파공작원인 박정호까지 체포되어 희생되었다며 아쉬움을 감추지 못했다.

김정일이 대남공작에 있어서 두 번째 큰 손실로 지적한 것은 통일혁명당 사건이었다.

김정일은 김종태·최영도 등 뛰어난 남조선 혁명가들이 힘들게 만들었던 통일혁명당이 한 사람을 잘못 처리하는 바람에 발생했다고 지적했다. 구체적으로 보면 통혁당 전라도 책임자였던 정태묵의 동생 정태영이 기지교육을 위해 북한에 들어와 있을 때 그의 부인이 형부인 정태묵에게 남편을 찾아내라고 난리를 부렸다. 정태묵은 이를 그냥 놔두었다가는 큰일이 발생할 것 같아 무전으로 관련 사실을 북한 공작지도부에 보고했다. 정태묵의 보고를 받은 북한 공작 부서에서는 논의 끝에 정태영을 공작선에 태워 한국으로 내보냈다. 고향에 돌아온 정태영은 공작금을 가운데 두고 형인 정태묵과 싸움을 벌였고, 자기 뜻대로 해결이 되지 않은 데 불만을 품고 부인의 친척이던 검사에게 신고함으로써 통혁당 사건이 발생했던 것이다.

김정일은 위와 같이 통혁당 사건이 발생하게 된 배경을 이야기하면서 "당시 정태영을 무작정 내려보낼 것이 아니라 그의 부인을 북으로 데려왔으면 되지 않았겠느냐? 왜 믿을 수 없는 사람을 내려보냄으로써 모든 조직을 말아먹었느냐?"라며 강하게 질책했다.

물론 대남공작이라는 것이 김정일의 말처럼 단순 명료하게 처리해서 될 문제라면 당연히 그와 같은 사고도 발생하지 않았을 것이지만 실제 공작을 하다보면 별의별 문제가 다 발생하기 때문에 김정일의 발언은 어디까지나 탁상공론에 불과한 것이라고 평가할 수 있을 것이다.

3시간 가까이 연설을 이어가던 김정일은 "과거의 모든 일들은 백지상태로 여기자. 새로운 전략과 전술을 가지고, 새로운 자세와 각오로 새롭게 시작하자. 그러기 위해서는 과거의 잘못에서 교훈을 찾고 오류를 바로 잡아야 한다"며 각 부서별로 총화 회의를 계속할 것을 주문했다.

대남공작조직을 완전히 장악한 김정일

대남공작 부서에 대한 집중검열과 검열 결과에 대한 총화 회의(결산)가 끝난 후 김정일이 취한 조치는 중앙당 대남공작기구의 개편과 부서 책임 간부들에 대한 대대적인 물갈이 인사조치였다.

첫 번째 조치로서 김정일은 중앙당 대남담당비서 직제를 폐지하고 그때까지 대남담당 비서 겸 당중앙위원회 정치국위원으로 막강한 권력을 행사하던 김중린을 두 자리에서 모두 해임했다.

사실 중앙당 대남담당 비서 직제를 폐지한 것은 김정일이 직접 대남공작 부서를 직접 장악 통제하려는 속셈 때문이었다. 물론 조직이 방만해졌다는 판단 하에 조직의 군살을 빼기 위한 목적도 있었을 것이다.

김정일이 취한 두 번째 조치는 중앙당 3대 공작 부서의 하나였던 문화부를 해체해 연구소로 전환해 버린 것이다.

원래 중앙당 문화부 업무의 70퍼센트에 해당하는 비중을 차지하는 것은 대남전략과 정책 관련 연구였다. 결국 문화부를 해체해 연구소로 전환하고 문화부 업무의 대부분을 차지하고 있던 연구업무를 그대로 수행하게 한 것이다. 연구소의 명칭은 '남조선연구소'였고 대남담당 비서에서 해임된 김중린을 소장 자리에 앉혔다. 이전에 존재했던 남조선연구소는 '강남문화사'로 명칭을 바꾸고 업무는 그대로 수행하게 했다.

그리고 문화부에서 관장했던 업무 가운데 일본 조총련 및 해외동포 관련 업무는 중앙당 국제부로 이관하고 남북대화 등의 문제는 정무원 외교부로, 대남공작과 관련한 일부 업무는 연락부로 이관토록 했다. 한마디로 중앙당 한 개 부서를 하루아침에 공중 분해한 것이다. 물론 김일성의 아들, 김일성의 후계자 김정일이니까 가능한 일이었다.

다음으로 중앙당 대남공작 부서들을 전체적으로 총괄하던 '대남사업총국'을 폐지했으며 1970년대 초 대남담당 비서를 중심으로

부장, 부부장, 베테랑 공작원들을 포함해 만들었던 '조직위원회'도 해체했다. 조직위원회는 대남공작의 전략과 전술 문제를 토론하고 협의하던 기구였는데 검열 결과 이 기구가 제 기능을 제대로 못 한다는 판단에 따라 없애버린 것이다.

대남공작기구의 전문화 작업도 진행되었다. 공작 부서별로 업무 영역을 명확히 하고 중복되는 임무와 기능은 한쪽으로 넘겨주어 집중시키도록 했다. 이와 함께 중앙당 대남공작 부서를 소수 인원으로 정예화하고 중앙당 간부들이 반드시 하지 않아도 되는 부수적인 업무는 연구소를 만들어 거기에 위임했다. 이때 새로 만들어진 연구소가 위조 신분증 제작을 비롯한 대남공작 관련 장비 조달을 전문으로 하는 '314연구소(후에 314연락소)'이다.

공작원 양성기관인 중앙당 정치학교(일명 695정치대학)를 금성정치군사대학으로 개칭하고 조사부 소속의 전투원양성 전문기관으로 남포시 강서군에 있던 686훈련소를 통폐합하여 공작원양성과 전투원양성을 한 곳에서 같이 하도록 했다. 결과적으로 이때부터 공작원양성은 금성정치군사대학 공작원반에서, 침투 안내요원 등 전투원양성은 금성정치군사대학 전투원반에서 하게 되었던 것이다. 아울러 금성정치군사대학에 대한 관리는 조사부가 담당하도록 했다.

금성정치군사대학과 김정일정치군사대학

금성정치군사대학 이야기가 나온 김에 공작원과 안내원 등 남파 요원들을 양성하는 금성정치군사대학, 그리고 금성정치군사대학이 1990년대 초반 김정일정치군사대학으로 개칭했는데 이에 대해 간략하게 언급하고 넘어가는 것도 좋을 것 같다.

먼저 현재의 김정일정치군사대학은 북한에서 처음으로 김정일의 이름을 붙인 대학이며 북한 유일의 대남공작요원 전문 양성기관이다.

앞서 언급한 것처럼 김정일정치군사대학은 1957년 1월 30일 '조선노동당 중앙위원회 정치학교(약칭 중앙당 정치학교)'라는 이름으로 설립되었다. 당시에는 북한 최고급 노동당 간부 양성기관인 김일성고급당학교 분교 형식을 띠고 있었다. 아마도 대남공작원들이 수행하는 임무가 합법적인 당 사업은 아니지만 비합법적인 당 사업, 말하자면 지하당 조직을 구축하고 운영하는 것이기 때문에 노동당 간부와 같이 보고 당 간부 양성기관처럼 취급해 김일성고급당학교의 분교 형식을 취했던 것 같다. 당시에는 주로 남한 출신 월북자들을 공작원으로 선발해 대남공작에 필요한 교육과 훈련을 실시했다.

대학창립 10주년이 되던 1967년 1월 30일에는 당시 학장이었던 김일성의 빨치산 동료 전창철이 김일성에게 직접 전화해 대학 방문을 요청했는데 전창철의 요청을 흔쾌히 받아들여 김일성의 대학 방문이 이루어졌다고 한다. 당시 대학을 방문했던 김일성은 조국통일과 남조선 혁명을 성공적으로 수행하기 위해서는 북한의 혁명역량과 한국의 혁명역량, 세계 혁명역량 등 3대 혁명역량을 강화해야 한다고 강조했다는 전언이다.

공작원 교육 및 훈련만 담당하던 중앙당 정치학교는 1970년대 후반 평안남도 강서군 보산리에 있던 전투원(대남침투 요원) 훈련 및 교육기관인 686훈련소를 흡수하면서 그 명칭을 '금성정치군사대학'으로 개칭했다. 대학 명칭 가운데 '금성'이라는 단어는 김일성의 별호를 따서 붙인 것이고 '정치군사대학'은 말 그대로 정치와 군사를 동시에 가르치는 대학이라는 의미로 붙인 것이다.

이때부터 앞서 언급한 것처럼 공작원양성은 금성정치군사대학 공작원반에서, 침투 안내요원 등 전투원양성은 금성정치군사대학 전투원반에서 하게 되었으며 전투원들은 북한 출신을 선발하여 양성했다. 그리고 학제도 1~2년에서 3년으로 늘어났다.

1980년대 초반에는 전투원양성 과정 학제를 4년제로 개편하면서 대학 명칭을 '조선노동당 중앙위원회 직속 정치학교'라고 개칭했으며 예전에는 수여하지 않던 대학 졸업증도 수여하고 대학 졸업 학력을 공식적으로 인정해 주는 조치를 취했다.

그러다가 인민무력부 총참모장이었던 오극렬이 중앙당 민방위부장을 거쳐 대남부서인 작전부장으로 부임한 1990년대 초반 김정일에게 직접 제의해 대학 명칭을 '김정일정치군사대학'으로 개칭했다. 학제도 예비과정 6개월에 본 과정 5년제로 확대 개편하여 명실상부한 종합대학으로 만들었으며 대학에 격술연구소와 연구원(대학원) 과정도 신설했다.

김정일정치군사대학은 때로는 '130연락소'라는 명칭을, 때로는

'695군부대'라는 명칭을 사용한다. '130연락소'라는 명칭은 대학 창립 일자 및 김일성이 대학을 방문한 날이 1월 30일이라는 의미에서 '130'을 '연락소' 명칭 앞에 붙여 부르는 것이고, '695군부대' 명칭은 대외적으로 군부대처럼 보이도록 위장하기 위해 사용하는 명칭이다.

한편, 1990년대 초반 김정일정치군사대학으로 명칭을 바꾸면서 여기에서는 전투원 양성만 담당하도록 하면서 작전부가 관리하도록 했다.

아울러 공작원 양성은 전투원 양성과 따로 분리시켜 실시하게 되었는데 당시 공작원 양성 기관으로 신설되었던 것이 '봉화정치학원'이다. 봉화정치학원은 해방 이후~6·25전쟁이 발발하기 전까지 한국 각지에서 활동하던 빨치산 간부들을 양성하던 강동정치학원의 맥을 이어 조국통일의 봉화를 지핀다는 의미에서 붙여진 명칭이라고 하며 당시 대남공작 전문부서였던 사회문화부가 관리했다고 한다.

그후 김정은이 집권하면서 봉화정치학원을 다시 김정일정치군사대학에 통폐합했다는 전언이다.

북한에서 자존심이 가장 강한 대학

김정일정치군사대학은 일반 사회대학과는 여러 가지 측면에서 다른 특징을 갖고 있다.

무엇보다 김정일정치군사대학은 북한 최고의 대학이라고 말할 수 있다. 물론 금성정치군사대학이나 중앙당 직속 정치학교 시절과 달리 김정일이 생존해 있을 때 대학 명칭을 '김정일정치군사대학'이라고 개칭한 것 자체만으로도 북한 최고의 대학이라고 할 수 있다.

그러나 이 대학이 북한 최고의 대학이라고 하는 것은 대학의 질을 결정하는 데서 기본인 대학생 선발 및 구성을 보면 알 수 있다. 이 대학의 신입생은 노동당 조직부 간부과(인사과)가 직접 출신성분·체력·용모·지적 수준 등 여러 측면에서 하자가 없는 거의 완벽한 대상들을 선발한다.

1970~1980년대만 하더라도 180~200명 가량 입학시켰는데 지금은 인원을 대폭 줄여 50명 정도만 입학시키고 있다. 예전에는 통상적으로 매년 1개 시·군에서 1명, 많으면 2명 정도 선발하였으며 어떤 시·군에는 이 대학 입학 인원이 아예 없는 경우도 있었다. 1년에 50명 정도만 선발하는 지금은 더할 것이다.

위에서 언급한 것처럼 노동당 조직부 간부과에서 1년 동안 여러 각도에서 검증해서 극소수의 인원을 선발하기 때문에 사상·정신 및 육체적인 측면, 지적인 능력 등 모든 면에서 학생들의 구성이 북한 그 어느 대학보다 단연 우수하다. 한마디로 김정일정치군사대학에 입학할 수 있는 대상은 1년에 수천 명씩 들어가는 김일성종합대학에도 입학할 수 있는 능력과 수준, 자격이 충분히 된다. 그러나 김일성종합대학 입학생은 김정일정치군사대학에 입학할 수 있는 지적 수준은 될지 모르지만 성분이나 체력, 용모 등은 다시 심사해 보아야 하며 그렇게 되면 탈락하는 인원이 많을 것이다.

한편, 김정일정치군사대학 입학생은 고등학교 졸업을 6개월 앞둔 시점에 최종 선발하기 때문에 여러 측면에서 우수한 학생을 최우선적으로 선발할 수 있다는 점도 이 대학의 자존심을 높여주는 중요한 요인이다.

실제로 김일성종합대학 등 다른 대학에서는 김정일정치군사대학에서 입학생을 선발하고 난 후 6개월 지난 다음에야 시험과 면접을 통해 입학생을 선발하고 있다. 그래서 김정일정치군사대학에 입학해 신병훈련 2개월을 마치고 본과에 진입하면서 탈락하는 대상들이 집으로 돌아가 다시 시험을 보고 김일성종합대학에 입학하는 경우가 상당히 많다.

김일성종합대학이 김정일정치군사대학을 비롯한 북한의 다른 모든 대학에 앞서는 것은 고위급 간부 자식들이 많다는 것 정도다. 김정일정치군사대학에는 중앙당이나 중요 기관의 고위급 간부들의 자식은 거의 없기 때문이다. 그것은 아마도 이 대학이 목숨을 바쳐야 하는 위험하고 힘든 일을 하는 공작원이나 전투원들을 양성하는 대학이기 때문일 것이다. 그래서 김정일정치군사대학 학생 대부분은 중하위급 간부나 평범한 노동자·농민의 자식들이고 따라서 그만큼 순수하다고 할 수 있다.

현재 이 대학 출신 가운데는 김정일의 측근 경호를 담당한 졸업생들도 여러 명 있으며 북한의 중앙 및 지방 당·행정 기관의 책임 간부로 활동하는 졸업생들도 상당수 있다. 대표적인 인물이 북한의 대표적인 대남공작 부서인 중앙당 문화교류국 국장(장관)인 이광진이다.

이와 같은 여러 가지 이유로 김정일정치군사대학이 자존심이라면 북한에서 제일 강한 대학이다.

대학 자존심의 상징적 인물 전창철

김정일정치군사대학의 전신인 중앙당 정치학교 설립 초기에는 주로 김일성의 빨치산 동료들이 교장이나 학장으로 근무했다도 한다. 그 대표적인 인물이 소위 '항일투사위원장'을 지냈던 전창철과 1980년대에 부주석을 역임했던 임춘추이다.

전창철은 1960년대 중앙당 정치학교 시절 교장을 역임했는데 그가 교장으로 재직하던 1967년 1월에는 대학 창립 10주년을 맞아 김일성이 직접 대학을 다녀가기도 했다. 당시 김일성의 학교 방문은 전적으로 전창철이 전화로 직접 김일성에게 요청해서 이루어졌다고 한다.

전창철이 교장으로 재직하던 시기에 있었던 에피소드가 그후에도 전해지고 있었는데 간단히 이야기하면 이런 내용이다.

1960년대 후반에는 현재 국방상과 같은 직책이 민족보위상이었는데 당시 민족보위상은 김창봉이었고 당시 그의 위세는 날아가는 새도 떨어뜨릴 정도로 높은 시절이었다고 한다.

그런 김창봉이 소련제 고급 승용차 '볼가'를 타고 당시 중앙당 정치학교 학생들이 보초를 서는 검문소를 지나 국방과학원에 가려다 정지당한 사건이 발생했다는 것이다. 당시 김창봉은 검문소에서 본인을 단속한 학생들에게 "내가 민족보위상인데 당장 차단봉을 올리라"고 호통을 쳤다고 한다.

검문소에서 보초를 서던 학생들은 김창봉이 고급 승용차를 타고 있는 데다 그가 달고 있는 대장 계급장을 보고 그가 민족보위상(현 국방상)이 맞을 것이라고 생각했지만 보초 근무 규정대로 그를 통과시키지 않고 전창철 교장에게 전화로 상황을 보고했다고 한다.

전화를 받은 전창철 교장은 김창봉과 전화를 바꾸도록 한 다음 아래와 같은 짤막한 대화로 그를 쫓아 보냈다고 한다.

나 전창철인데 너 창봉이냐?

네.

사실 김창봉은 빨치산 시절 전창철이 주요 지휘관으로 활동할 때 코흘리개로 심부름이나 하면서 줄줄 따라다니던 관계였기 때문에 세월이 흐른 후에도 전창철에게 설설 기는 상황이었다고 한다.

따라서 전창철은 김창봉에게 목적지(국방과학원)와 단속된 경위 등을 물어본 다음 이렇게 호통을 쳤다고 한다.

너는 여기가 어디라고 함부로 와서 건방지게 행동하는 거야?
보초병이 통과할 수 없다고 돌아가라고 하면 조용히 돌아갈 것이지. 얼른 돌아가!

네, 알겠습니다.

이렇게 김창봉은 빨치산 대선배인 전창철의 말 한마디에 "알았다"는 한마디 답변만 남기고 되돌아갔다고 한다.

그래서인지 세월이 한참 흐른 1970~1980년대까지도 전창철과 김창봉 사이에 있었던 일화가 대학 자존심의 상징과 신화처럼 김정일정치군사대학에 전해지고 있다는 후문이다.

선배는 하늘, 한 치의 자유도 없는 대학

다음으로 김정일정치군사대학의 특징은 북한에서 먹는 것이 완전히 자유로운 곳이라는 점이다. 이를 북한식으로 먹는 것에 있어서만큼은 완전한 '공산주의'라고 표현할 수 있을 것이다.

김정일정치군사대학은 북한에서 유일하게 학생들에게 담배를 공급해주는 대학이다. 원래 북한의 다른 대학들에서는 담배를 피우지 못하게 하는 것이 일반적인데, 김정일정치군사대학에서는 학생들에게 담배를 피우라고 하루에 1갑씩 공급해주고 있다. 식당에 가서도 먹고 싶은 만큼 밥공기를 몇 개 더 가져다 먹어도 통제하지 않는 등 먹고 입고 쓰고 사는 문제에 있어서는 북한에서 가장 자유롭다.

한편, 김정일정치군사대학은 선배와 후배와의 관계가 하늘과 땅 차이만큼이나 큰 대학이다. 대학교수의 권위보다 선배의 권위가 더 강하고 선배의 말 한마디가 교수의 지시보다 더 잘 먹혀드는 대학이 바로 김정일정치군사대학이다. 이는 상대를 죽이는 기술인 격술(擊術)을 가르쳐주기 때문에 후배가 아무리 잘해도 선배를 이길 수 없다는 인식에서 출발한 것으로서, 과거부터 이어져 내려온 이 대학만의 전통이다.

김정일정치군사대학의 가장 큰 특징은 대학 생활을 하는 전 기간

대학생들에게 필수적인 방학은 물론 휴가·면회·외출·외박 등 외부와의 접촉이 일체 차단된다는 것이다. 시내 관광이나 훈련 등을 위해 집단적으로 외부에 나갈 때를 제외하고는 대학 울타리를 벗어나는 것도 불가능하다.

외부와 유일하게 연락을 취할 수 있는 수단이 편지인데, 1년에 단 한 차례 새해를 맞으며 부모님께 연하장을 보내는 것만 허용된다.

연하장은 밀봉하지 않은 상태에서 제출해야 하며 간부들이 보안성 여부를 검토한 다음 부적절한 내용이 있으면 먹으로 까맣게 지운 다음 발송하는데 그나마 답장은 절대로 받아볼 수 없다. 그것은 김정일정치군사대학이 공식적으로 주소가 없는 기관으로 되어 있으며, 그래서 발신지 주소를 기재하는 칸에 '조선 평양 제629호'라고만 기재하기 때문이다.

공식적으로 집에 갔다 올 수 있는 경우는 양부모님 가운데 어느 한 분이 사망했을 때인데, 이 경우에도 노동당 조직을 통하여 대학에 연락이 오면 대학에서 담당 지도원과 동행하여 장례를 치르는 3일 동안만 집에 다녀올 수 있다. 물론 이 모든 것은 물론 업무상 보안을 위한다는 명목으로 철저하게 실행되고 있다.

마지막으로 김정일정치군사대학 전투원 양성반의 경우 교수나 학생들 가운데 여자가 단 한 명도 없는 금녀(禁女)의 대학이라는 것도 특징이다.

대남침투 경험 많은 공화국영웅들을 교관으로

김정일은 공작요원 양성기관을 통폐합하는 데 그치지 않고 금성정치군사대학의 교육 및 훈련의 질을 제고하기 위해 대남침투 및 활동 경험이 풍부한 인물들로 교직원 집단을 대폭 보강했다.

무엇보다 중앙당 부부장이었던 이권한을 대학 학장에 임명해 대학을 철저히 장악하도록 했다. 아울러 조사부 부부장 이락길을 대학 담당 부부장으로 임명했다. 이락길은 당시 김 씨 일가 전용 진료기관인 봉화진료소 소장이었던 이락빈의 동생으로 김 씨 일가의 각별한 신임을 받았던 인물이다.

이와 함께 김일성으로부터 '호랑이'라는 호칭을 얻은 신도현을 훈련 담당 부학장에 임명해 훈련의 강도와 질을 높이도록 했다. 신도현은 1960년대에 휴전선을 넘어 한국에 침투한 뒤 임무를 수행하던 중 한국군과 교전이 벌어져 조장이 사망했는데 그의 시체를 메고 휴전선을 다시 넘어 북한으로 들어왔다고 한다. 후에 이 사실을 보고받은 김일성이 '호랑이'라는 별칭을 지어주고 공화국영웅 칭호를 수여하면서 "당신은 그 정신으로 후대들을 교육하라"고 지시했다고 한다.

또한 '불사조' 또는 '8용사'라는 호칭을 얻은 장옥윤을 항해학 교관으로 임명했다. 장옥윤은 1960년대에 공작선을 이용해 동해안으로 국내에 침투하던 중 해상에서 한국 해군과 교전이 벌어져 공작선이 침몰하자 공작선에 실려 있던 소형선박(자선)을 타고 일주일간 오줌을 받아 마시면서 바다에서 표류하다 극적으로 구조

된 승선자 8명 가운데 한 사람이라고 한다. 이런 사실 때문에 김일성으로부터 '불사조'라는 별칭을 얻었으며 8명 모두가 공화국영웅 칭호를 받았고, 당시 공작선 선장이었던 장옥윤은 이에 더해 김일성 훈장도 받았다고 한다.

교관 가운데는 공화국영웅 김치호도 있었다. 김치호는 1970년대 초에 안내조 조원으로서 공작원을 대동하고 휴전선을 넘어 한국에 침투했는데 임무 수행 중 한국군과 교전이 벌어져 안내 조장과 공작원들이 모두 사망했다고 한다. 김치호도 치명상을 입고 쓰러졌다가 필사적으로 일어나 나침판이 가리키는 북쪽으로 무작정 걸어서 휴전선을 돌파해 다시 입북하는 데 성공했다. 그런데 북한 공작지도부에서는 안내 조장과 공작원들은 모두 사망했는데 어떻게 혼자 살아서 복귀할 수 있었느냐며 극심한 사상 검토와 비판을 했다고 한다. 그러던 중 한국 방송에서 관련 사실을 구체적으로 보도하는 바람에 김치호의 진술이 정확하고 믿을 만하다는 것이 확인되어 오히려 김치호에게 공화국영웅칭호가 수여했다고 한다. 김치호는 대학에서 독도법(북한 표현으로는 지형학)과 대남침투 전술을 가르치는 교관으로 활동했다.

이태규도 공화국영웅으로서 대남침투 경험이 풍부한 교관이었다. 이태규는 작전부 산하 남포 연락소에 소속된 안내조 조장이었는데 북한군 정찰국 요원들이 한국에 침투하여 활동하던 중 교전이 벌어져 휴전선을 통해 복귀하는 퇴로가 막히게 되자 김정일이 이태규 안내조에 임무를 주어 그들을 해안으로 불러낸 다음 공작선에 태워 복귀시켰다고 한다. 이태규는 위와 같은 침투조 구조 임무를 성공적으로 수행한 공로로 공화국영웅칭호를 수여 받았으며 이들이 구조 임무를 성공적으로 수행한 시점이 9월이라고 하여 '9월 전투 영웅'이라고도 한다.

교관 가운데는 공화국영웅은 아니지만 공화국영웅 못지않은 특이한 인물도 있었다. 그가 바로 비합법 침투전술 담당 교관이었던 정치하다. 정치하는 작전부 산하 개성연락소 안내요원으로 1960~1970년대까지 여러 차례에 걸쳐 서부전선을 넘어 한국에 침투했으며 그때마다 임무를 완벽하게 수행했다고 한다. 정치하가 수행했던 임무 가운데는 서울 시내 각 대학 강의실에 몰래 들어가 책상 서랍에 김일성 선집 등 북한 원전을 넣어두는 임무도 있었고 서울역에 전단을 살포하는 임무도 있었다고 한다. 그가 임무를 수행하고 복귀할 때마다 공화국영웅칭호를 수여하려고 했으나 임무는 완벽하게 수행했는데 그 과정이나 전술이 북한에서 상의하고 갔던 비합법 방식이 아니고 현장 상황에 맞게 거의 반합법적으로 활동했다며 공화국영웅칭호 대신 국기훈장 제1급을 수여했다고 한다. 말하자면 상부의 지시를 그대로 따르지 않았다는 이유로 공화국영웅칭호를 주지 않은 것이다. 그래서 정치하는 국기훈장 제1급이 3개나 되는 특이한 인물이다.

한편 잠수 훈련 전담 교관이었던 고정훈은 1968년 울진·삼척에 침투했던 무장공비(무장선전대)들의 잠수 및 침투 훈련을 담당했던 인물이었다. 그래서인지 그는 금성정치군사대학에서 와서도 잠수 훈련 및 침투 전술 담당 교관으로 활동했다.

이와 같이 일반 사회에서는 공화국영웅을 직접 보는 것이 거의 불가능하다고 해도 과언이 아닐 정도이지만 금성정치군사대학에는 한국을 제 집처럼 수시로 들락거렸던 침투 요원 출신 공화국영웅은 물론 김일성훈장 수훈자들이 흔하게 볼 수 있을 정도였다.

명동 깡패가 중심이 되어 새롭게 만들어 낸 격술

한국의 정통 무술이 태권도라면 북한의 정통 무술은 격술(擊術)이다. 격술은 태권도와 유도, 복싱, 차력, 쿵푸, 가라데 호신술, 검도, 잡기 등을 모두 포함하고 있는 종합무술이라고 보면 된다.

격술은 스포츠로서의 한국 태권도와 달리 상대를 철저하게 제압하거나 죽이는 실전 무술이기 때문에 동작이 화려하기보다는 박력이 있고 파워가 있는 것이 특징이다. 사실 북한 태권도가 파워 있는 것도 금성정치군사대학 졸업생들이 태권도 사범으로 대거 투입되었기 때문에 그들의 영향을 받은 결과라고 해도 과언이 아니다. 또한 한국의 태권도가 주로 발을 많이 쓰면서 수비에 소홀한 측면이 있다면 격술은 손발을 다 같이 적절하게 사용하면서도 공격과 수비를 동시에 중시한다는 특징도 있다.

1970년대 당시 북한에서 무술로서의 격술을 연구하고 가르치는 곳은 금성정치군사대학과 인민군 정찰국 두 곳이었다. 물론 이들 두 기관이 각각 가르치는 격술의 구체적인 동작과 내용은 많이 달랐다. 그럼에도 '격술'이라는 용어는 같이 사용했다.

금성정치군사대학의 격술을 창시한 대표적인 원조 격술인은 유홍준 사범이다. 유홍준 사범은 서울 명동 깡패 출신으로 6·25전쟁 때 월북하여 북한 대남공작요원들에게 격술을 가르쳤는데 1970년대 중반 당시 50대 후반이었고 손기술이 상당히 뛰어난 것이 특징이었다.

유홍준 사범과 함께 금성정치군사대학의 격술을 창시한 인물은 문응준 사범이다. 문응준 사범은 북한 출신으로서 1970년대 중반 당시 40대 중반이었는데 비교적 뚱뚱한 몸에도 유연성이 상당히 좋고 그로 인해 발차기 기술이 뛰어난 것이 특징이었다.

금성정치군사대학의 격술을 한 단계 획기적으로 발전시킨 인물은 김성복 사범과 정용길 사범이다. 이들 두 사범은 1977년 금성정치군사대학을 12기(정규 1기)로 졸업한 동기생이다. 이 가운데 김성복 사범은 키가 175~180센티미터 정도이고 다리가 긴 신체적 특징을 가지고 있었는데 유연성과 발차기 기술이 남달리 뛰어나고 발차기 동작 하나하나가 너무도 보기 좋았다. 반면에 정용길 사범은 키가 비교적 작은 편이나 복싱 선수 출신으로서 주먹을 쓰는 손기술이 뛰어나고 날렵한 것이 특징이다.

금성정치군사대학의 격술에 한국 태권도의 뛰어나면서도 화려한 발차기 기술을 접목한 인물은 김명철 사범과 김천일 사범이다. 이들은 모두 1981년에 금성정치군사대학을 졸업한 16기 동기생으로, 1980년 국제태권도연맹 최홍희 총재가 박정태·이기하 사범을 북한 평양에 파견해 태권도를 보급할 당시 문하생으로 들어가 6개월 동안 수련하고 태권도 공인 4단 단증과 사범 자격증을 받은 인물들이다. 이 가운데 김명철 사범은 북한 태권도협회 인물들과 함께 오스트리아를 비롯하여 외국에 나가 태권도 시범에 출연하는 등 시범단원으로 활동하기도 했다.

위에서 언급한 이들이 창시하고 발전시킨 격술을 체계화하는 데 결정적인 역할을 한 인물은 문응준 사범이다. 문응준 사범은 1980년대 중반 금성정치군사대학 격술 강좌장(학과장)으로 근무하면서 격술 사범들과 함께 만든 격술을 교본으로 만들어 체계화, 정식화하는 작업을 주도했다. 결국 명동 깡패 출신 유홍준과 문응준이 합작해 창시한 것이 금성정치군사대학의 격술이라고 할 수 있다.

한편, 금성정치군사대학에서는 대학 창립(1957.01.30) 20주년이 되는 1977년 여름에 김정일에게 격술과 사격 등 특수훈련 시범을 보여주기 위해 1년 전부터 12기생 100여 명을 동원해 준비에 들어갔으나 1976년 가을 남파간첩 김용규가 국내 침투 후 자수하면서 한국 정보당국이 김정일 관련 행사 비밀을 파악했을 것이라는 판단하에 중단한 바 있다.

여운형의 딸 여연구와 남로당 간부 출신도 교수로

김정일은 금성정치군사대학 교육의 질을 제고한다는 명분으로 여운형의 딸 여연구를 대학 영어 교수로 임명했다.

알려진 바와 같이 여운형은 8·15광복 이후 건국준비위원회 위원장으로 활동하면서 3번씩이나 몰래 방북하여 김일성을 만났는데 이때 김일성에게 자식들을 맡아 키워달라고 부탁했다고 한다. 이 같은 부탁을 김일성이 수락하자 여운형은 곧바로 딸 여연구와 원구, 막내아들 홍구 등 3남매를 북한 김일성에게 보냈다. 그후 김일성은 이들 3남매를 소련으로 유학을 보냈는데 여연구는 소련에 가서 영어를 전공하고 돌아와 교육기관에서 일하다 김정일에 의해 금성정치군사대학 영어 교수로 임명된 것이다.

여연구는 그후 북한 노동당 통전부 산하 기관인 조국통일민주주의전선 중앙위원회 서기국장, 최고인민회의 부의장 등 고위 간부로 임명되어 오랫동안 남북을 오가며 통일전선 구축 관련 활동을 하다 사망했다.

당시 금성정치군사대학 교수 가운데는 '지하당 건설' 과목을 담당한 남로당 간부 출신의 전기봉 교수도 있었다.

지하당 건설 과목은 한국과 해외에서 한국인들에게 어떤 방식으로 접근해 포섭할 것인지, 그들을 포섭한 다음에는 어떤 원칙에 기초해 어떤 방식으로 간첩망을 구축하고 운용할 것인지, 간첩망을 움직여 정보는 어떤 방식으로 수집하고 반미·반정부 투쟁은 어떻게 조직·지휘할 것인지 등을 구체적으로 가르치는 과목이다.

실제로 충청도 출신의 전기봉은 8·15광복 이후 서울대에 입학한 뒤 남로당에 가입하여 지하조직 활동을 하다가 경찰의 수배로 더는 활동을 할 수 없게 되자 월북한 인물이기 때문에 지하당 건설 즉, 간첩망 구축 및 운용과 관련해서는 그 누구보다 잘 알고 있었던 관계로 교수로 임명된 것이다.

전기봉은 월북 후 북한군 장교들을 양성하는 군관학교를 졸업하고 6·25전쟁에는 군관으로 참전했으며 전쟁이 끝날 무렵에는 김일성의 빨치산 동료 오진우가 지휘하던 사단의 대대장으로서 오진우와도 인연을 맺게 되었다. 흥미로운 것은 6·25전쟁이 끝나고 세월이 많이 흐른 1970년대 말 김일성종합대학에 다니던 전기봉의 셋째 딸과 오진우의 아들이 결혼함으로써 전기봉과 오진우는 전우에서 사돈으로 관계를 맺게 되었다는 것이다.

금성정치군사대학의 기초교육과 훈련

금성정치군사대학은 1970년대 중반 공작원 및 전투원 양성 과정을 통폐합해 창설된 후 전투원 양성 과정을 3년제로 운영하다가 1980년부터 4년제 과정으로 확대했는데 전투원 양성 과정에는 특공대반과 항해반, 기관반(엔진), 통신반 등 4개 전공 학과로 구분되어 있다.

이 가운데 특공대반 졸업생들은 주로 한국 및 일본에 침투하는 공작원들을 안내해주거나 그들이 북한으로 복귀할 때 호송하는 역할을 하며 항해반은 공작선 운항, 기관반은 공작선 엔진 운영, 통신반은 대남침투 시 북한 공작지도부와의 통신 연락을 담당한다.

대학 1학년 시절에는 이론교육과 훈련 및 실습의 비율이 80:20 정도인데 김부자 혁명 역사와 노작(김일성, 김정일, 김정은 등 수령의 말과 글), 철학, 정치경제학, 김부자의 군사사상과 이론, 국사와 한반도 지리, 수학과 물리, 화학, 영어와 한문 등 소양 교육과 함께 기초적인 훈련을 실시한다. 특히 1학년 때의 훈련으로서 가장 힘든 훈련은 수영 훈련이라고 한다. 수영 훈련은 저수지에서 1개월간 실시하는데 평영으로 8킬로미터를 주파해야 한다. 또한 20킬로그램 무게의 모래 배낭을 진 상태에서 매주 20킬로미터, 매월 40킬로미터의 행군(걷는 것이 아니라 뛰는 것)을 실시하는데 1학년 학생들도 참가해야 한다. 이와 함께 소총 및 권총 실탄 사격과 보병 전술 등 정규전 훈련도 실시한다.

아울러 앞서 언급한 격술 교육 및 훈련도 1학년부터 시작하는데 1학년 때는 주로 유연성 훈련과 기초 동작을 배운다. 격술은 4년 동안 정규 수업으로 매일 1강의(90분) 또는 2강의(180분), 그리고 자체 훈련 3~5시간 실시하여 하루 평균 5~8시간을 격술 훈련에 투자하는 셈이다. 그러니까 대학 4학년을 졸업할 무렵이면 모두 4~5단 정도의 실력을 갖추게 된다고 할 수 있다.

2학년 때는 강의실에서 하는 이론 수업과 야외 훈련의 비율이 50:50 정도로 훈련의 비중이 늘어난다. 김부자 혁명 역사와 노작, 김일성군사사상이론, 철학과 정치경제학, 미·일 조선 침략사, 남조선정세 등 정치사상 교육과 함께 '왕재산 답사' 명목으로 약 10일간 함경북도 청진과 경성, 온성, 회령 등을 방문해 김 씨 일가 사적을 참관하기도 한다.

이와 함께 실제 대남침투에 필요한 각종 훈련도 진행한다고 한다. 훈련 가운데는 지속되는 실탄 사격 훈련과 독도법(북한식 표현으로는 지형학) 및 반잠수 훈련(스노클에 의한 잠수), 비합법 훈련 등이 있다. 비합법 훈련은 산에서 야간에 적에게 발견되지 않게 은밀하게 이동하는 비합법 행군과 지뢰 해제 등 철책 극복 방법, 눈에 띄지 않게 땅속에 비트를 파고 그 안에 들어가 자는 비합법 숙영, 무인포스트 매몰과 발굴, 산악 접선 등으로 이루어져 있다.

명령만 내리면 침투할 수 있게

3학년 시절에는 강의실에서 하는 수업과 야외훈련의 비중이 6:4 정도인데 김부자 혁명 역사와 노작 등 1학년 때부터 하던 정치사상 교육은 그대로 실시한다. 아울러 2학년 때 갔던 왕재산 답사와 마찬가지로 '백두산 답사' 명목으로 양강도 혜산과 보천보, 삼지연 등을 방문해 김 씨 일가 사적을 참관하도록 하고 있다.

훈련은 게릴라전(비정규전) 이론 강의와 기초훈련, 공기통을 메고 물속에 완전히 들어가 1킬로미터 전방에 있는 목표물까지 정확히 도달하는 완전 잠수 훈련도 실시한다.

아울러 승용차 운전훈련, 수동 카메라 촬영 및 사진 현상 실습도 하며 항해 훈련 명목 하에 선박 항해 및 선박 엔진 조작, 통신 훈련 등을 실시한다.

특공대반(과거 안내원반)은 항해반(항해학과)·기관반(엔진학과)이 있음에도 침투 선박 운용에 필요한 지식을 가르쳐주는데 그것은 대남침투를 할 때 많은 경우 해상을 통해 침투하고 있기 때문이라고 한다. 결국 안내원을 포함하여 침투 선박에 탑승하는 모든 인원이 의사태에 대비해 기본적으로 선박을 운용할 수 있도록 하기 위해 항해 훈련을 실시하는 것이라고 한다. 선박 항해 훈련은 이론 수업을 받은 후 1개월 동안 함경남도 퇴조 또는 서해상의 남포에 있는 해상 훈련 기지에 나가 훈련 선박에 승선하여 해도와 레이더를 보면서 위치와 항로를 판단하고 조타를 조종해 바다를 항해하는 훈련과 선박에 장착된 엔진을 작동시키는 방식으로 실시한다.

승용차 운전 훈련도 먼저 자동차의 일반적인 작동 원리와 간단한 수리 방법 등에 대해 강의와 실습을 한 다음 실제로 북한에서 생산한 지프 모양의 차와 일제 SUV를 이용해 기초 운전 연습과 도로를 달리는 주행 연습을 하는 방식으로 실시한다.

수동 카메라 촬영 및 사진현상 실습 역시 이론 수업을 받은 다음 실제로 일제 캐논, 아사히 펜탁스 카메라를 가지고 각종 정물(靜物)과 움직이는 물체를 촬영한 다음 흑백으로 사진을 현상해 보는 방법으로 실시한다.

격술 훈련의 경우에는 자유대련과 함께 고난도 동작은 물론 유도, 단도(칼)와 식칼, 도끼 등을 던져 목표에 박히게 하는 단도 던지기(투도) 기술까지 배우는 등 여러 가지 훈련을 진행한다.

졸업반인 4학년 때는 강의실에서 진행하는 정치사상 및 이론 수업은 최소화하고 주로 야외 및 실전 훈련을 진행하는데, 훈련 비중이 80퍼센트를 차지할 정도로 대폭 확대된다.

1~3학년 시절처럼 1~2주 동안 실시하는 단기 훈련이 아니라 장기적으로 야외에 나가 텐트를 치거나 비트를 파고 숙영하면서 3학년까지 했던 각종 훈련을 종합적으로 진행하는 것이 특징이라고 할 수 있다.

특히 5~11월까지 약 7개월 동안 줄곧 야외에서 생활하면서 각종 훈련을 실전과 같이 진행한다. 4학년에 올라와 새롭게 가르치는 과목은 '정보학'과 핵공학, 화학공학, 전기공학 등이다. 핵공학과 화학공학, 전기공학 등은 기본적인 원리만 가르치고 있는데, 이는 김정일정치군사대학 졸업생들을 유사시 남한의 원자력발전소와 변전소, 화학공장 등 전략시설을 파괴하는 데 활용하기 위해서이다. 이에 따라 관련 과목 강의를 마친 후 현장감을 익히기 위해 화력발전소와 변전소, 화학공장 등을 견학한다.

훈련의 경우에는 기존부터 해오던 전술·기술적인 과목들에 대한 강의와 훈련을 계속 진행한다.

여기에 각각 1개월간의 국군훈련과 오토바이 운전훈련, 그리고 각종 군사기지 습격과 폭파 등 게릴라전 전술(비정규전) 훈련이 새로 추가된다.

또한 달리는 트럭을 잡아타는 훈련도 실시하는데, 한 가지 방법은 트럭 뒤편에서 오르는 방법, 다른 방법은 트럭 옆에서 오르는 방법이다. 그러니까 트럭에 달리는 상황에서 트럭 적재함의 뒤 또는 옆 뚜껑을 두 손으로 잡고 점프를 한 다음 적재함 안으로 낙법을 해서 굴러 들어가는 방법이다.

아이러니한 것은 김정일정치군사대학에서 실시하는 달리는 트럭 잡아타기 훈련이 실전에서는 써먹을 수 없다는 것이다. 통상적으로 아무리 빠른 사람이라도 달리는 트럭의 속도가 시속 40킬로미터 이상이면 잡을 수 없는데 대한민국에는 시속 40킬로미터 이하로 달리는 트럭이 없기 때문이다. 결국 트럭 잡아타기 훈련은 쓸데없는 일인 셈이다.

한편, 4학년 때는 1개월간 매일 실탄 100~200발을 쏘는 특공대 전투사격 훈련도 진행한다. 이 훈련은 북한제 권총과 소총, 기관총과 RPG-7, 무반동총 등 각종 무기를 가지고 여러 가지 자세로 각각 다른 거리에 있는 목표물을 쏴 맞추는 훈련이다. 또한 적군(敵軍) 무기 사격의 일환으로 M-16 소총과 미제 45구경 권총을 실제로 쏴보는 훈련도 실시한다.

그리고 초겨울에는 대동강 도하와 함께 10여 일간 야외 숙영을 동반한 1,500리 강행군 훈련을 진행한다.

이같이 4년간의 교육과 훈련을 마치면 언제든 대남 침투가 가능한 능력과 자질을 갖출 수 있으며, 이것이 바로 김정일정치군사대학의 교육목표이기도 하다.

공작원반의 교육과 훈련

김정일정치군사대학 공작원반은 입학생들의 학력과 수준을 고려하여 학제를 6개월 반, 1년제 반, 2년제 반, 3년제 반 등으로 편성하고 학제별로 교육 및 훈련 내용을 달리하고 있는 것이 특징이다.

6개월 반은 주로 해외에 파견되는 공작원들의 아내를 위한 교육과정으로, 기초적인 보안 및 통신 교육, 격술 기초훈련 및 실탄 사격 등을 실시하고 있다.

1년제 반은 이미 대학을 졸업하고 사회에서 고위급 노동당 간부를 역임하다 공작원으로 선발된 대상들을 상대로 실시하는 교육과정이다. 이런 인물들에게는 김부자 노작(김일성, 김정일, 김정은 등 수령의 말과 글, 혁명적 지침·교시) 등 기본적인 교양 과목과 함께 보안 교육, 그리고 격술 훈련과 실탄 사격, 통신, 승용차 운전, 수영, 잠수, 철책 극복 등 대남침투 및 공작 활동에 필요한 훈련만 받도록 하고 있다.

2년제 반은 주로 대학을 졸업하면서 곧바로 공작원으로 선발된 대상들에게 실시하는 교육과정이다. 이들도 대학을 이미 졸업했기 때문에 교양과목 수업은 하지 않고 1년제 반과 유사하게 각종 훈련을 받도록 하면서 전체적인 훈련 시간을 좀더 많이, 내용적인 측면에서도 깊이 있게 다루고 있는 것이 특징이다.

3년제 반은 대학 2~3학년 재학 중 공작원으로 선발된 대상들에게 실시하는 교육과정이다. 이들에 대한 교육은 기본적으로 김정일정치군사대학 전투원반 1~3학년까지의 교육 및 훈련 내용과 유사하다고 할 수 있는데 이론 교육이 많은 비중을 차지하기 때문에 전투원반 교육생들보다는 상대적으로 훈련 시간이 짧고 훈련 강도 역시 약할 수밖에 없다.

다만 같은 공작원반이라고 하더라도 교육생들이 김정일정치군사대학을 졸업한 후 어떤 공작 임무를 수행하느냐에 따라 교육내용이 달라진다.

이를테면 대외정보조사부(현재의 해외정보국) 소속 공작원들의 경우에는 정보수집이 기본 공작 임무이기 때문에 '정보학' 과목을 중요하게 가르친다. 그러나 문화교류국 소속 공작원들의 경우에는 지하당 조직(간첩망)을 구축하고 운용하는 것이 기본임무이기 때문에 정보학은 가르치지 않고 '지하당건설' 과목을 중요하게 가르친다.

중앙당 연락부장이 된 여성 공작원 정경희

김정일은 중앙당 대남공작 부서에 대한 개편 작업뿐 아니라 대남 부서 간부들에 대한 인사조치도 단행했다.

무엇보다 중앙당 대남공작 부서 가운데 가장 핵심적인 부서인 연락부의 책임자 즉, 연락부장에 베테랑 여성 공작원 출신 정경희를 임명했다.

또한 공작원들의 대남·대일 침투 시 안내호송을 전담하는 중앙당 조사부 책임자 즉, 조사부장에는 연락부장이었던 이완기를 임명했다. 이완기는 1년 후에 연락부로 다시 보내 부부장(차관)에 임명했고 조사부장 자리에는 부부장이었던 임호군을 승진 임명했다.

김정일이 정경희를 중앙당 연락부장에 임명한 것은 그가 남파공작원으로 잔뼈가 굵은 신화적인 인물이라는 점도 작용했지만 그보다는 그가 여자이기 때문에 자신(김정일)에게 최소한 허위·과장 보고는 하지 않으리라는 판단 때문인 것으로 보인다.

한편, 공작 부서 책임 간부들에 대한 처벌도 같이 진행되었다. 김상호·이동혁 등 부부장과 과장급 간부 7~8명을 중앙당 직속 농장에 보내 무보수 강제노동을 하게 했다. 또한 남로당과 게릴라 활동, 6·25전쟁과 그 이후 연고선 공작까지 숱한 대남공작을 직접 수행하거나 지휘했던 경험 많고 능력 있는 간부들도 이런저런 이유로 대남공작 부서에서 물러났다. 특히 대부분의 남한 출신 지도 간부들이 고향이 남쪽이라는 이유 하나 때문에 공작 부서에서 퇴출당하는 서러움을 겪게 되었다.

이렇게 간부 인사까지 마무리되자 중앙당 대남공작 부서는 김정일 수중에 완전히 장악된 것이나 다름없었다.

김정일이 대남공작조직을 완벽하게 장악하기 위해 마지막으로 취한 조치는 각 공작 부서를 자신의 직속 체제로 만드는 작업이었다.

이를 위해 중앙당 대남담당비서 직제를 폐지했을 뿐 아니라 대남담당비서가 했던 업무를 김정일이 모두 가져갔다. 연락부장과 조사부장을 김정일 직속으로 만들어 버린 것이다. 이렇게 해서 김정일은 노동당의 조직·선전·대남등 3개 분야의 비서 직제를 겸하게 되었다. 전대미문의 막강한 당내 권력이 김정일의 수중에 장악되는 순간이었다.

이때부터 북한의 대남공작과 관련된 모든 사안은 사소한 것으로부터 중대한 문제까지 김정일에게 직접 보고하고 그의 허락을 받고 난 다음에야 집행하는, 말 그대로 대남공작 부서에 대한 김정일의 유일영도 체계가 구축되었다.

이를테면 공작원을 침투시키는 경우 직접 남파는 물론 해외 우회 침투할 때도 반드시 김정일에게 문서 또는 구두로 보고한 뒤 그의 승낙을 받도록 했다. 심지어 대남공작에 소요되는 공작자금은 단 1달러라도 김정일의 결재가 없으면 사용할 수 없도록 만들어 놓은 것이다.

이같이 대남공작 부문에 대한 김정일의 유일적 영도 체제가 확립된 상태에서 1970년대 중반 이후 김정일 시대의 본격적인 대남공작 준비와 함께 실제 대남공작에 돌입하게 된다.

김정일의 대남적화 전략

김정일이 대남공작 부서를 장악하면서 이행한 것은 공작 부서 간부 교체나 기구 개편뿐만은 아니었다.

김정일은 대남공작 부서 간부들에게 대남공작에 관한 이론과 전략전술 측면에 있어 자신의 수준과 능력을 과시함으로써 아버지와 다르다는 점을 인정받고 싶어 했다.

이에 따라 김정일은 1975년 11월 3일 중앙당 조직지도부의 검열이 끝난 다음 열린 연락부·문화부·조사부 3개 대남공작 부서 합동 총화 회의에서 새롭게 정리한 대남적화 전략에 대해 역설했다. 이어 1976년 초에도 대남공작 부서 간부회의를 소집하고 이 회의에서 대남혁명과 조국통일 문제, 대남혁명의 전략전술 문제, 조국통일의 전략적 방침과 수행 방도 등 전반적인 대남적화 전략에 대해 의견을 피력했다.

물론 당시 김정일이 언급한 내용들은 김정일이 처음부터 공부해서 완벽하게 파악한 상태에서 내린 지시가 아니라 대남공작 관련 전문가와 최고의 사회과학 이론가들로 만들어진 정책 T/F팀(일명 '노작 집필진')에서 연구해 작성한 것을 본인의 말로 풀어서 한 것이라 할 수 있다. 1975년 평양 사회과학출판사에서 허종호 명의로 펴낸 『주체사상에 기초한 남조선 혁명과 조국통일 리론』에 김정일이 당시에 언급했던 내용들이 대부분 포함되어 있는 것을 보면 이 책자의 저자인 허종호를 중심으로 여러 전문가, 학자들이 모여 대남적화 전략을 새롭게 다듬어 김정일에게 보고한 것으로 보인다.

김정일이 대남전략과 관련하여 가장 먼저 제기한 문제는 '대남적화 전략의 범주'에 관한 것이었다.

김정일은 대남전략이 남조선 혁명 전략과 조국통일 전략 등 2가지 전략으로 구성된다는 점을 강조했다. 남조선 혁명 전략이 남한에만 국한되는 전략이라면 조국통일 전략은 남북한 모두 즉, 한반도 전체를 포괄하는 전략이라는 것이 주장의 핵심이었다.

김정일은 '남조선 혁명과 조국통일 문제는 범위와 추진 주체, 수행 방도, 구체적 과제 측면에서 차이가 난다. 남조선 혁명은 범위로 볼 때 남조선에만 국한되는 문제이며 남조선 인민이 주체가 되어 수행해야 할 혁명이다. 즉, 남조선에서 미국의 강점을 끝장냄으로써 식민지에서 벗어나는 동시에 파쇼적이며 폭압적인 통치를 청산하고 진정한 인민 정권을 수립함으로써 민족 해방 인민 민주주의 혁명 즉, 사회주의 혁명을 수행하는 것이다.

반면 조국통일 문제는 범위에서 볼 때 남북 모두를 포괄하는 것이며 본질적으로 갈라진 국토와 민족을 통합하는 문제이다. 즉, 분단된 국토와 민족을 수령님의 기치 밑에 통일시켜야 한다. 따라서 조국통일의 주체는 남북한 전체 민족이고 포괄 범위는 한반도 전체가 되는 것이다.

이와 같이 남조선 혁명과 조국통일은 범위와 주체가 다르기 때문에 수행 방도와 구체적인 과제 측면에서도 차이가 있을 수밖에 없다'고 주장했다.

나아가 김정일은 남조선 혁명 전략과 조국통일 전략이 차이를 내 포하고 있지만 동일한 전략적 범주에 속하는 것이기 때문에 상호 밀접히 연관되어 있을 뿐 아니라 상호 제약하기도 한다고 지적했다. 아울러 두 가지 전략의 차이를 인정한다면 당연히 전술적 측면에서도 엄연한 차이를 두어야 한다고 강조했다.

　김정일의 대남혁명관·조국통일관은 한마디로 김일성의 영도 하에, 주체사상의 기치 밑에 남조선 혁명과 조국통일을 실현한다는 것이었다. 이것이 김정일의 대남적화 전략의 핵심이다.

'수령님 대에 통일' 외치던 김정일

　김정일은 당시 대남부서 간부들 앞에서 행한 연설뿐 아니라 이미 김일성의 의도대로 조국통일을 실현하는 것이 김일성의 혁명 과업을 완성하는 지름길이라고 누차 강조한 바 있다.

　김정일은 1974년 1월 1일 만수대 예술극장 신년 연회장에서 주요 간부들을 모아 놓고 "수령님의 혁명 전사인 우리는 하루빨리 조국 통일 위업을 완성하는 것을 가장 중요한 혁명 과업으로, 가장 영예 롭고 중대한 임무로 여기고 수령님께서 살아계시는 동안 통일 위업을 성취해 수령님께서 통일된 조국을 영도하시도록 해야 한다. 이 렇게 하는 것만이 수령님의 혁명 전사로서의 본분을 다 하는 것이다. 여기서 조국통일이란 수령님의 영도 하의 통일이고 주체사상 기치 하의 통일인 것이다"라고 역설했다.

　이와 같이 김정일은 통일의 본질을 김일성 영도 하의 통일, 주체사상 기치 하의 통일 즉, 적화통일로 규정했다. 이것이 바로 김정일식 통일관이다. 이 같은 김정일의 적화통일관은 이후 북한 헌법과 노동당규약 등에 그대로 반영되어 현재에 이르고 있다.

김정일은 미군의 한국 주둔, 한국 자본주의의 발전과 군사력 강화 등으로 위에서 언급한 적화통일을 실현하는 데 시간이 많이 걸릴 것이라며 그 과도적 단계로서 고려민주연방공화국 창립을 통한 통일방안(고려민주연방국 창립 방안)을 제시한 바 있다.

당시 김정일이 언급했던 고려민주연방공화국 창립 방안은 그로부터 몇 해가 지난 시점인 1980년 김일성에 의해 노동당 제6차 대회에서 공식적인 북한의 통일 방안으로 제시되었다. 결국 김일성이 제시한 고려민주연방공화국 창립 방안은 그 자체가 통일의 완성을 의미하는 것이 아니라 김정일식 적화통일로 가는 과도적 단계로서의 통일 방안이라는 것을 알 수 있다.

김정일은 통일 시기에 대해서도 언급했는데 김정일이 정한 통일의 시기는 '김일성이 생존해 있을 때'였다. 김일성이 살아있을 때 통일을 실현함으로써 김일성이 통일된 한반도를 영도하게 해야 한다는 것이 김정일의 생각이었다. 그래서 나온 구호가 "수령님 대에 조국을 통일하자"였고 이후부터 북한 대남공작 부서 간부들은 "수령님 대에 통일을 실현해야 한다"는 말을 입에 달고 다녔다.

김정일은 1994년 김일성의 사망으로 '수령님 대에 통일을 실현하는 것'이 불발되자 통일에 대한 김일성의 절절한 유훈을 실현하기 위해 자신의 영도 하에 통일을 실현해야 한다는 식으로 구호를 정리했는데 그런 김정일마저 사망하고 말았다. 그러니 이제는 김정은이 자신의 대(代)에 적화통일을 실현해야 한다며 간부들을 독려하고 있을 것이다.

김정일은 또한 통일 방식에 있어서 '미군을 몰아낸 조건에서의 통일'을 역설했다. 그는 통일의 가장 큰 걸림돌은 미국이며 세계 최강의 미국이지만 이들과 한바탕 싸움을 해서라도 한반도에서 미국을 몰아내고 통일을 실현해야 한다는 인식을 갖고 있었다.

폭력만이 대남혁명의 유일한 방법

대남혁명과 관련한 김정일의 기본적인 생각은 과거 김일성의 인식과 크게 다르지 않았다. 물론 김일성보다 더 적극적이고 능동적이고 호전적인 측면이 있기도 했다.

김정일은 1976년 초 대남공작 부서 간부들 앞에서 행한 연설을 통해 '남조선에 대한 집중 포위 작전을 전개하여 남조선 혁명의 가능성과 여건을 의도적으로 조성해야 하며 이를 최대한으로 이용하여 남조선 혁명을 추진시키고 완수해야 한다'고 강조했다.

김정일이 주장했던 남조선에 대한 집중 포위작전은 조직공세, 선전공세, 정치공세, 반정부 투쟁공세, 대외공세, 군사공세 등을 통해 한국 정부를 포위한다는 것이었다. 이를 위해 대남지하당 조직(간첩망) 건설 공작을 직접 또는 우회적인 방법으로 강화하는 것, 대남선전·선동과 정치공세를 강화해 정치적 영향을 주는 것, **외교 활동을 통한 다양한 대외공세와 국제적 압박을 강화하는 것, 남북**

대화를 통한 정치 선전 공세를 강화하는 것, 남한에서 반미자주화 반파쇼 민주화 투쟁을 한층 강화하는 것, 북한의 군사력 증강과 군 현대화를 다그쳐 군사적 위협을 가중시키는 것 등을 방도로 제기하기도 했다.

한편 김정일은 남조선 혁명과 조국통일 등 대남전략의 양대 목표 가운데 우선순위는 남조선 혁명이라는 확고한 인식을 가지고 있었다. 이것이 김정일의 선(先) 남조선 혁명 후(後) 조국통일론이다.

김정일은 "주한미군을 남조선에 그냥 두고, 또 파쇼적이며 반동적인 통치 체제를 그대로 두고서는 조국통일 문제를 생각조차 할 수 없다. 미국과 남조선 통치배들은 통일을 바라지 않으며 영구 분단을 획책하고 있다. 따라서 통일을 실현하려면 무엇보다 남조선에서 통일을 반대하고 분열을 조장하는 세력인 주한미군을 몰아내고 파쇼 통치 체제부터 제거해야 한다"고 역설했다.

그리고 조국통일 문제를 두고는 북한이 주력이 되어 남한의 혁명역량과 결합해야겠지만 남조선 혁명 문제는 남한의 혁명역량이 주체가 되고 북한의 지원을 배합해야 한다는 전략을 제시했다. 이를테면 남조선에서 혁명 세력이 혁명을 일으켰으나 힘에 부치면 북한에 지원을 요청할 것이며 그렇게 되면 남한의 혁명역량과 북한의 혁명역량이 힘을 합쳐 남조선 혁명을 완수하면 되고 남한의 혁명역량이 자력으로 정권을 장악하면 그 정권을 흡수 또는 통합하는 방식으로 통일해야 한다고 주장했다.

김정일은 남조선 혁명의 수행 방법 문제에 대해서도 엄격히 지켜야 할 원칙이 있다고 강조했다. 그는 통일을 평화적으로 실현할 수 있다고 하니까 남조선 혁명도 평화적인 방법으로 할 수 있지 않겠느냐고 생각하는 사람들이 일부 있다고 하면서 이들의 견해에 대해 확실하게 반대한다는 입장을 밝혔다.

김정일은 "통일은 평화적 방법으로 실현할 수 있지만 **남조선 혁명은 폭력적인 방법을 동원하지 않고서는 불가능**하다. 물론 폭력적 방법이 구체적으로 무장 폭동이냐 전쟁이냐 하는 범위와 심도의 차이가 있을 수 있지만 기본적으로 폭력적 방법일 수밖에 없다. 남조선 혁명을 수행하는 방법은 오직 폭력적인 방법밖에 없으며 평화적 방법이란 환상에 불과하다"고 거듭 강조했다.

한편 김정일은 대남공작 부서의 임무와 기능을 엄밀히 구분해서 연락부는 남조선 혁명 수행을 기본 임무로, 통일전선부는 조국통일 완수를 기본임무로 한다고 규정했다.

김정일의 지도핵심 육성론

김정일은 대남전략 전반에 대한 이론적인 측면만 언급하는 데 그치지 않고 대남전략 실현 및 대남혁명 완수를 위한 대남공작을 어떤 방향에서 전개할 것이냐에 대해서도 구체적으로 강조했다.

우선 김정일은 남한에 지하당 조직 즉, 간첩망을 어떻게 만들 것이냐에 대해 몇 가지 방침을 제시했다.

김정일은 1960년대에 만든 간첩망들을 재수습 및 정비해 도(직할

시) 단위와 지역 단위 지도부를 만들라고 지시했다. 이를 위해 기존에 만들어 놓은 간첩 조직들을 모두 버릴 것이 아니라 지도·검열을 통해 활용할 수 있는 간첩 조직과 간첩들을 추려낸 다음 이들을 적절히 재편성해 도·지역 단위 지도부를 구축하라는 것이었다. 이렇게 도·지역 단위 지도부를 먼저 만들어 놓아야 유리한 정세가 도래하면 제대로 활동을 전개할 수 있다는 것이 이유였다.

위와 같은 방식의 기성 조직 정비와 함께 새로운 간첩 조직을 만들어야 한다며 청년 학생운동권 내에 지하당 조직을 만드는 공작을 전개하라고 지시했다. 이를 위해 재일교포들의 모국 유학 방식을 적극 활용해 합법적으로 공작원을 국내 대학에 침투시킨 다음 대학생들로 통일혁명당 조직을 만들도록 해야 한다고 강조했다.

다음으로 김정일은 공작 방법도 전환이 필요하다며 이를 위해 지도핵심을 키워 이들이 남한 내에 뿌리내리게 해야 한다고 주장했다.

김정일은 지도핵심에 대해 '첫째, 주체사상으로 철저히 무장하고 정치사상적으로 인생관이 확립된 자 즉, 교수대에서도 김일성 만세, 노동당 만세를 부를 수 있는 자, 둘째, 지도자로서의 정치적인 능력을 갖춘 자 즉, 정세를 독자적으로 분석·판단하고 그에 상응하는 전략과 전술을 세울 수 있는 자, 셋째, 대적 투쟁 기술과 실력 및 현지 적응 능력을 갖춘 자, 넷째, 대중을 교양 지도할 수 있는 수완과 능력을 갖춘 자를 말한다'며 지도핵심 수십 명만 제대로 있어도 혁명의 주력군 편성이 가능하다고 강조했다. 아울러 김정일은 구체적으로 중앙당 부장(장관)급이나 도당 책임비서(도지사) 정도의 능력과 자질을 갖춘 인물이 바로 지도핵심이라고 하면서 지도핵심급의 대표적인 인물은 통혁당 사건의 김종태라고 강조했다.

김정일은 기존의 대남공작이 주로 질보다는 양과 외형적인 성과에만 치중한 결과 혈연·지연·학연과 같은 연고 관계에 기본적으로 의지했으며 시간적으로도 단기 공작을 위주로 했다고 비판했다. 이에 따라 앞으로는 연고 공작에서 탈피하여 무연고 공작에 치중하며 시기적으로도 단기 공작이 아니라 장기 공작에 중점을 두어야 한다고 강조했다. 나아가 지도핵심과 같은 정예분자, 정예세력이 남한에 뿌리내리도록 하는 방향으로 대남공작 전반이 전환되어야 한다고 지적했다.

이와 같은 결론에 입각해 공작원들을 새롭게 교육·훈련시켜야 하며 새로운 인재를 선발해야 한다고 주장했다. 아울러 "지금(1976년)부터 1980년대 초반까지 지도핵심을 준비해 1980년대부터는 공작 방향을 바꿀 수 있도록 전면적으로 준비할 것"을 지시했다.

김정일은 1960년대 이래 대남공작 일선에서 활동하고 있는 공작원들 가운데 지도핵심의 자질이 있는 대상을 선발해 5~6년간 재교육 및 훈련을 받도록 하는 한편 대남공작원·빨치산·전사자들의 유자녀·2세를 포함하여 새로운 세대 가운데 적임자를 선발해 1980년대 초중반까지 10년을 기한으로 잡고 지도핵심을 육성하라고 구체적으로 지시했다. 김정일은 공작원을 짧게는 5년, 길게는 10년 내다보고 양성한 다음 1980년대에 들어서면 일정 기간을 새로운 전술의 적용을 위한 경험적 단계로 설정하고 이를 통해 경험을 축적한 다음 전면적인 공작에 들어갈 수 있도록 준비하라고 거듭 강조했다.

김정일 지시에 따라 1970년대 중반부터 기성 공작원 전반에 대한 검열과 함께 지도핵심으로 육성할 새로운 공작원선발 작업이 본격적으로 시작되었다.

김정일은 남북대화와 관련해서도 대화를 완전히 단절하지 말고 현상 유지를 하되 남북대화를 북한에 유리하게 활용하라고 지시했다. 물론 김정일로서는 당연한 지적이었다.

이를 위해 '남북대화를 박정희 정권의 군사 파쇼적인 정체와 본질, 미국에 대한 예속성을 폭로하는 정치투쟁의 장'으로 적극 이용하며 '남조선 재야·학생운동 세력을 간접적으로 옹호·지원하는 데 대화의 초점을 맞추라'고 언급했다.

또한 김정일은 대남공작의 수준을 전반적으로 높일 것을 주문했다. 대남공작과 관련하여 전문 인력을 양성하여 공작 활동을 과학화·전문화하는 동시에 공작 수단을 현대화하라고 지시했다.

이에 따라 청진·원산·남포 연락소에 공해 항해용 대형선박(150톤급 이상)을 모선(母船)으로 도입하고 장거리 표적을 감시할 수 있는 고성능 레이더를 설치하도록 했으며 자선(子船)으로 이용할 고무보트를 일본에서 도입하도록 했고 무장에 있어서도 중무장을 하도록 했다. 이와 함께 독침, 무성 권총, 소형 시한폭탄, 원격 폭파 장치, 소형 무전기, 극소형 카메라 등이 도입되었다.

김부자 주치의가 된 지도핵심 대남공작원

노동당 대남공작 부서 중 하나인 연락부에서는 김정일의 지도핵심 육성방침을 관철한다는 명분으로 무엇보다 한국에 침투해 장기간 활동하려면 직업을 가져야 한다며 남파공작원들이 직업기술을 배우는 프로그램을 운영했다.

연락부에서는 공작원들에 대한 직업훈련 프로그램을 운용하면서 개별 공작원들의 소질이나 재주를 감안하여 직업을 선택하도록 했다.

김부자의 주치의가 된 김 모 공작원도 마찬가지였다. 그 역시 직업훈련 프로그램의 일환으로 1년 동안 평양의학대학병원 한의학과 (당시 북한에서는 '동의학과' 후에 '고려의학과'로 개칭) 교수들로부터 간단한 한의학 이론 수업을 받은 다음 교수의 지도를 받으면서 주로 침과 뜸을 이용해 환자를 치료하는 실습을 진행했다. 예전에 그의 할아버지가 한의사를 했던 분이라 어느 정도 한의학과 관련한 지식과 타고난 재주도 있었고 본인 적성에도 맞는다는 판단 때문이었다.

김 모 공작원은 1년 동안 한의학 실습을 마친 후 초대소로 복귀해 생활하면서 자기가 익힌 한의학 의술을 지속적으로 연마하기 위해 수영 훈련 등 외부에 훈련을 나갈 때마다 지나가는 민간인들을 모두 불러 세워 진료하고 처방 및 약을 지어주는 등 그야말로 극성스럽게 한의술을 연마했다. 그는 특히 침을 잘 놓았다고 하는데 젓가락 크기의 대침으로 환자를 치료하는 것이 특기였다고 한다.

그런데 그가 공작원 생활을 하는 과정에 큰 문제가 생겼다. 바로 김 모 공작원의 부인이 유방암에 걸린 것이다. 이에 따라 그는 담당

지도원들과 함께 부인을 데리고 북한에서 암 치료를 가장 잘한다는 평양 종양연구소까지 찾아가는 등 백방으로 부인의 유방암 치료를 위해 노력했다. 그러나 맨 마지막에 그에게 돌아온 것은 부인의 유방을 절개해야 한다는 절망적인 대답뿐이었다.

김 모 공작원은 부인의 유방 절개는 절대로 할 수 없다며 본인이 직접 부인의 유방암을 치료하겠다고 결심하고 본인이 그때까지 배운 한의학 이론과 지식, 끊임없는 실습을 하면서 익힌 경험과 기술을 모두 동원해 치료에 돌입했다. 한편 산속에 들어가 각종 약초를 채취해 한약을 지은 다음 부인에게 복용시켰다고 한다.

그의 정성 어린 치료 결과 부인의 유방암은 완치되었고 이에 부인의 유방암을 진단했던 전문 의사들도 그의 능력을 인정하지 않을 수 없었다고 한다. 이렇게 되자 입소문을 통해 김 모 공작원이 암을 고치는 명의로 노동당 고위 간부들에게 이름이 알려지게 되었으며 그 후부터 그에게 병을 고치려는 고위 간부들이 줄을 서게 되었다고 한다. 특히 김 모 공작원에게 병을 고치려는 환자들 가운데는 노동당 정치국 위원 등 북한의 최고위급 간부들도 많이 있었다는 것이다.

이렇게 되자 연락부에서는 김 모 공작원에게 침투 및 공작과 관련한 교육과 훈련은 시키지 않고 평양시 교외 초대소에 있던 그를 시내에 있는 초대소로 이동시켜 체류토록 한 다음 전문적으로 고위급 간부들의 병을 진료하게 했다. 하루아침에 남파공작원으로부터 한의학계 명의로, 고위급 간부들의 질병을 전문적으로 치료해주는 전담 주치의가 된 것이다.

결국에는 김 모 공작원이 병 치료를 정말 잘하는 명의라는 소문이 김부자의 병 진료를 전담하는 주치의들과 병원에까지 전파되었다.

그런 와중에 어느 날, 담당 지도원은 외박 나간 김 모 공작원을 데리러 평양 시내에 있는 그의 집에 갔다가 그를 포함한 온 가족이 집을 비운 채 행방도 없이 사라진 것을 목격했다. 담당 지도원은 관련 사실을 즉시 상관인 연락부장인 정경희에게 보고했다. 그런데 정경희 부장은 이미 알고 있었다는 듯 담당 지도원에게 김 모 공작원은 중요한 곳으로 선발되어 갔으니 앞으로 더는 찾지 말라고 했다.

나중에 안 일이지만 당시 김 모 공작원과 그의 가족은 휴일에 소환장을 들고 갑자기 들이닥친 트럭에 간단한 짐만 싣고 당시 김일성이 생활하던 주석궁 울타리 안으로 이사를 갔다. 김일성과 김정일의 한의학 주치의로 임명되었기 때문이다.

어느 날 아침 갑자기 김부자 전담 주치의가 된 김 모 공작원은 원래 한국에도 여러 번 침투한 적이 있는 경험 많고 능력 있는 공작원이었는데 그는 특히 수영을 잘했다고 한다. 그는 두 팔은 전혀 쓰지 않고 두 발만 사용해 빠른 속도로 헤엄을 칠 정도였다고 하며 실제로 남해 해상을 통해 한국에 침투하던 중에 소용돌이치는 바닷물 속으로 빨려 들어가던 안내요원들을 김 모 공작원이 모두 구해 주었다고 한다.

결국 북한은 김부자의 건강을 위해서라면 유능한 대남공작원도 하루아침에 납치하듯 주치의로 데려가는 등 김부자의 건강을 가장 중요시하는 독재국가라는 점을 알 수 있다.

터널 속에 만들어진 '남조선환경관', 그리고 남조선사적관

김정일은 자신이 언급한 대남공작 관련 사항들을 이행하기 위해 공작 조직을 또다시 개편하는 한편 여러 가지 조치를 취했다.

1977년 10월에 들어와 이전에 해체했던 문화부를 통일전선공작부란 명칭으로 부활시켜 문화부가 해체될 때 국제부와 연락부에 이관했던 업무들을 다시 돌려받도록 했다. 남조선연구소로 이관했던 대남전략 및 정책 관련 연구 업무도 통일전선부에서 다시 가져오도록 하고 강남문화사로 개칭했던 원래의 남조선연구소는 명칭, 업무 등을 원점으로 되돌려 놓았다. 아울러 남조선연구소장으로 좌천되었던 김중린을 다시 불러 대남담당비서 겸 통일전선공작부장에 앉히는 대신 이전에 관장했던 조사부와 연락부는 관여할 수 없게 했다.

또한 연락부에 공작원 재교양과를 신설해 공작원들의 재교육 및 재훈련을 담당하도록 했다. 그리고 금성정치군사대학 공작원반을 지도핵심 공작원과 특수조직 공작원 육성체계로 개편했다. 한편, 종전에 각 대남공작 부서에서 직접 담당하던 공작원 선발 업무를 중앙당 조직지도부 간부과에서 담당하도록 했다.

중요한 것은 공작원들의 교육훈련 현대화를 위해 남조선환경관(일명 적구화환경관)을 신설한 것이다.

남조선환경관은 평양시 용성구역의 공작원 양성 초대소 지역에 설치했는데 산중턱에 길이 약 1.5킬로미터, 너비 약 10미터, 높이 6~8미터 규모의 크기로 터널을 뚫은 다음 터널 내부 양옆에 한국의 거리를 조성하는 방식으로 만들었다. 영화 촬영을 위한 세트장을 만든 것과 같다고 보면 된다. 터널 입구에 들어서면 양옆으로 슈퍼마켓, 극장, 문구점, 양장점, 낚시 등산용품점, 군 내무반, 역 대합실, 개찰구, 이발소, 커피숍, 여관, 음식점 등 각종 편의시설과 접객 업소 등을 설치해 놓고 각 시설에 한국인 강사(납북자 또는 월북자)들을 배치한 다음 공작원들이 실제로 각 시설에 들어가 한국 돈을 쓰면서 말과 행동을 하는 것을 보고 평가하도록 했다.

또한 공작원 교육초대소 지역으로 들어가는 입구에 남조선 혁명사적관(일명 남조선사적관)도 설치했다.

대남공작과 관련한 김일성·김정일의 업적을 선전하기 위해 만들어진 남조선 혁명사적관에는 김일성이 광복 직후부터 김일성이 성시백·박정호 등 거물급 간첩들을 파견하게 된 배경과 과정, 간첩들이 대남공작 활동을 벌이면서 거둔 성과, 한국의 민주화 실현에 북한의 대남공작이 지대한 영향을 준 것처럼 과장 선전하는 내용 등이 전시되어 있다.

특히 남조선 혁명사적관에는 진보당 사건에 관여했다가 검거 처형된 북한의 거물급 남파공작원 박정호가 해방 직후 북조선공산당 평안남도위원회(평안남도당) 재정부장을 역임하던 시기 김일성과 마주 서서 대화를 나누는 모습의 대형 사진이 걸려 있는 것이 인상적이다. 그리고 5·18 광주 민주화 운동을 비롯하여 국내에서 대학생들과 시민들이 반미, 반정부시위를 하는 과정에 들었던 플래카드도 여러 장 전시되어 있다.

또한 앞서 언급한 것처럼 1970년대 중반 국내에 침투했다 검거된 후 자신이 간첩 활동을 하면서 인지하고 있던 비밀을 모두 털어놓음으로써 대공수사기관이 여러 개의 국내 간첩망을 일망타진하도록 하는 데 '크게 기여'하고 처형된 채수정을 찬양하는 내용도 전시되어 있다.

당시 남조선 혁명사적관에 전시했던 내용은 모두 김정일의 결재와 승인을 받은 것들이었고 보안을 요하는 대남공작 관련 내용에 대해서는 당연히 전시해 놓지 않았다. 그리고 지금은 김정은의 업적을 선전하는 내용과 전시물로 바뀌었을 것이다.

판문점 도끼 만행 사건의 또 다른 진실

김정일이 후계자로서 중앙당 대남공작 부서를 장악한 이래 처음으로 마주친 사건이 1976년에 발생한 8·18 판문점 도끼 만행 사건일 것이다.

1976년 8월 18일 오전 10시, 유엔사령부 경비대장 보니파스(Bonifas) 대위 등 15명의 한·미 경비병과 노무자들이 판문점 공동경비구역 제3초소 부근에서 미루나무 가지치기 작업을 진행하고 있었다. 여름이라 잎이 무성해 우리 측의 시야를 가렸기 때문이다.

이에 북한군 장교 박철이 작업 중단을 요구했으나 보니파스는 이를 무시하고 작업을 진행했다. 그러자 쇠몽둥이를 든 30여 명의 북한군 군인들이 트럭을 탄 채 들이닥쳤고, 손목시계를 푼 박철이 "죽여!"라고 고함지르자 30여 명의 북한 군인들은 도끼와 몽둥이를 들고 난동을 부렸다. 이렇게 되어 보니파스 대위와 배럿(Barrett)

중위가 도끼 공격을 받고 현장에서 사망했다. 이것이 '판문점 도끼 만행 사건'의 시작이다.

미국은 즉각 '데프콘 2(공격 준비 태세)'를 발령하고 판문점 공동경비구역 내 북한군이 설치한 불법 방벽 등을 제거하는 '폴 버니언 작전(Operation Paul Bunyan)'을 펼쳤다. 또한 미드웨이를 비롯한 항공모함 3척을 한국 해역에 급파했으며 미국 본토에서는 핵무기 탑재가 가능한 F-111 전투기 20대가 날아올랐고 괌에서는 B-52 폭격기 3대가 이륙했다. 일본 오키나와에서는 F4 팬텀 24대가 발진해 한반도 상공을 선회했다.

판문점에 진입한 미 2사단 병력은 폴 버니언 작전 개시 42분 만에 미루나무 절단에 성공했고, 비밀리에 무장한 64명의 한국 특전사 요원들은 북한 초소 4개를 초토화했다. 충분히 전쟁까지 갈 뻔한 순간이었지만 북한군은 꿈쩍도 하지 못했다.

북한은 폴 버니언 작전이 종결된 후 미국 측에 긴급 수석대표 회의 개최를 요청했다. 회의에서 북한 측은 미국 측에 김일성이 유엔군 사령부 앞으로 쓴 '유감 표명' 편지를 전달했다. 미국은 이를 사과로 받아들였고, 대치 상황은 일단락됐다. 이것이 현재까지 알려진 '판문점 도끼 만행 사건'의 전말이다.

그러나 미국의 무력시위에 북한이 침묵과 사과로 대응했다는 지금까지의 기록과는 달리, 북한은 인민군 특수전 병력을 몰래 한국에 침투시켜 미국 및 한국과의 전면전에 대비하는 치밀함도 보였다.

1970년대 초반 김일성의 후계자로 내정된 이후 모든 대남공작 기관을 완전히 장악한 김정일은 당시 인민무력부 정찰국 산하 특수전 무장병력 수십 명을 해상을 통해 남한에 극비 침투시켜 전국 각지의 군사기지 주변에 은폐해 대기하도록 했다.

남파된 북한군 특수전 병력의 임무는 전쟁이 발발하면 일차적으로 한국에 있는 미국과 한국의 중요 군사기지를 타격한 후 남한 지역에 남아 게릴라 활동을 전개하는 것이었다. 사실 평시에 특수전 병력을 침투시켜 중요 군사기지를 타격하는 것은 곧 전쟁을 선포하는 것과 마찬가지여서 평시에는 절대로 할 수 없고 전쟁 발발과 동시에, 또는 전쟁 중인 상태에서만 감행할 수 있는 극단적인 행동이다. 결국 김일성이 8·18 판문점 도끼 만행 사건 직후 특수부대 병력을 남파한 것은 전쟁이 일어나면 그와 동시에 먼저 남한의 중요 군사기지를 타격하기 위해 취했던 '전쟁 직전의 조치'였다.

당시 한국에 침투했던 북한군 특수부대 요원들은 팀별로 공격을 담당한 군사기지 근처에 은폐한 상태에서 잠도 자지 않고 공격 태세를 유지하면서 공격 명령이 떨어지기만 기다렸다.

그러나 김일성의 유감 표명을 미국이 수용하면서 김정일이 우려했던 전쟁은 일어나지 않았고, 이후 북한은 남파했던 병력 전원에게 조용히 철수하라는 명령을 내렸다. 철수 명령을 받은 북한군 특수전 요원들은 조용히 북한으로 되돌아갔으며 이들 병력 전원은 그 공로로 김일성의 이름이 새겨진 스위스산 고급 손목시계, 일명 '명함시계'를 받았다고 한다.

이 같은 사실은 8·18 판문점 도끼 만행 사건 발생 이후 북한군 특수부대 요원으로서 직접 한국에 침투하여 군사기지 주변에 잠복하고 있다가 철수 명령을 받고 북한으로 복귀한 뒤 김일성 이름이 새겨진 스위스산 고급 손목시계를 선물로 받은 노동당 문화교류국 부국장 최영식이 필자에게 직접 언급한 내용이다. 최영식은 북한군 특수부대에서 군 복무를 마치고 제대한 뒤 고향인 평안북도 동림군에서 군당 조직부장을 역임하다 북한 최고의 노동당 간부 양성기관인 김일성고급당학교를 졸업한 다음 1995년 봄 사회문화부(문화교류국의 전신) 지도원으로 임명되어 필자를 담당하였고, 문화교류국 부국장까지 승진한 입지전적 인물이다.

결국 북한은 당시 대외적으로 유화적 제스처를 보이며 사실상 사과까지 표명했지만 내부적으로는 무력도발 및 전쟁을 치밀하게 준비하는 '화전양면(和戰兩面) 전술'을 펼쳤다. 미군이 나무를 절단하는 것으로 그치지 않고 폭격과 시설 파괴 등 군사작전을 실행에 옮겼다면 북한도 '벼랑끝 전술'에 입각해 무력도발을 시작했을 것으로 보이며 이렇게 되었다면 제2의 한국전쟁, 제3차 세계대전이 일어나지 않았으리라는 보장이 없다.

당시 북한 전역은 실제 전쟁 상황과 다름없었다. 사건 다음 날부터 소개(전쟁이나 유사시, 도시 주민이나 중요 시설을 지방으로 분산 이동시키는 것, 疏開) 명목으로 평양 시민 30만여 명을 지방으로 분산 이동시켰으며 대학생들은 교도대(준군사조직) 훈련소에 소집되었다. 등화관제로 도시에선 불빛이 사라졌고 당일제 식량 배급을 실시하는 등 북한군과 주민들이 사실상 전면전을 준비했다는 것이 지금까지 알려진 사실이다.

판문점 도끼 만행 사건이 발생한 때로부터 47년이 지났지만 북한의 남침 전술과 호전적인 태도는 변한 것이 없다. 북한은 판문점 북측 '정전협정 조인장'에 당시 미군 장교를 살해한 도끼를 전시해 놓고 한국이나 해외에서 온 관광객들에게 둘러보게 하고 있다.

특히 김일성은 1976년 당시 한·미 양국의 무력에 굴복했지만 김정일과 함께 김정은은 태도를 바꿔 사건의 책임을 미국에 돌리고 있다. 2006년 8월 18일 북한 노동당 기관지 『노동신문』은 판문점 도끼 만행 사건을 두고 "철두철미하게 미제 침략군의 도발에 의해 일어난 사건으로 미제가 조선 반도 평화의 파괴자라는 것을 똑똑히 보여 주었다"는 주장을 펼친 바 있다.

김정일과 중앙당 조사부-납치의 본산

1970년대 후반은 김정일이 대남공작을 빙자해 자신의 개인적인 취미나 욕망을 성취하던 시기이기도 하다. 대표적인 사례가 대한민국의 유명한 감독 신상옥과 그의 부인이자 배우였던 최은희에 대한 납치 사건이다.

김정일은 '영화광'으로서의 개인적 취미와 욕망을 채우기 위해 대남공작 기관을 동원하여 대한민국의 유명한 여배우 최은희(1978.01)와 영화감독 신상옥(1978.07)을 각각 홍콩으로 유인한 다음 현지에서 납치해 공작선에 태워 강제로 북한으로 끌고 갔다.

이들에 대한 납치 사건의 구체적인 내용은 이미 신상옥·최은희의 『비록 우리의 탈출은 끝나지 않았다』 등을 통해 널리 알려져 있으므로 여기서 더는 언급하지 않으련다.

당시 신상옥·최은희를 비롯한 한국인과 일본인 납치를 직접적으로 담당한 부서는 중앙당 대남공작 부서의 하나인 조사부였다.

조사부 내에는 공작원 침투 및 복귀 시 안내를 담당하는 작전 파트와 함께 요인 납치와 암살, 정보수집 등을 담당하는 대외조사실이 별도로 있었는데 한국인과 일본인 납치는 대외조사실에서 담당했다. 물론 그 뒤에 조사부의 대남침투 작전을 담당했던 부서들은 작전부로, 정보수집 및 납치와 테러, 암살 등을 담당했던 대외조사실은 대외정보 조사부로 분리되었다.

당시 중앙당 조사부장은 해상침투 공작선 선장 출신의 임호군이었고 조사부의 작전 담당 부부장은 이완기, 납치 임무를 실행하는 대외조사실 담당 부부장은 강해룡이었다. 그러니까 한국인이든 일본인이든 납치를 기획하고 지휘한 실질적인 책임자는 당시 조사부장 임호군과 부부장들인 이완기·강해룡 등이라 할 수 있다.

한편, 한국인이나 일본인 납치를 포함하여 김정일 생존 기간에 이루어진 대남공작과 관련된 모든 것은 비록 사소한 것일지라도 당시 북한의 후계자로 내정된 후 대남공작 기관을 완전히 장악했던 김정일의 승인이 없으면 절대로 이행할 수 없는 일이다. 그런 측면에서 일본인과 **한국인 납치의 최고 책임자는 두말할 필요 없이 김정일**이다.

신상옥·최은희 납치 사건 외에도 북한은 1970년대 중후반부터 한국과 일본에서 민간인들에 대한 납치를 집중적으로 감행했는데 이들을 납치한 것은 전적으로 대남공작을 위한 목적이었다. 다시 말하면 한국인과 일본인을 납치한 다음 이들에게 공작에 필요한 교육과 훈련을 시킨 후 대남, 대일 공작원으로 활용하기 위한 반인륜적 행위다.

사실 북한이 한국인과 일본인 납치에 나서게 된 데에는 1970년대에 들어서면서 대남공작원으로 활용할 수 있는 인적 자원이 급격히 감소한 것과 직접적으로 연관되어 있다.

위에서 언급한 바와 같이 북한은 6·25전쟁이 끝난 후 대남공작을 추진하면서 한국에 살다가 북한으로 들어온 월북자들, 한국말을 잘하고 한국의 문화를 잘 알고 있으며 한국에 연고가 있는 남한 출신들을 공작원으로 선발해 활용했다. 그런데 1970년대에 들어서면서 대남공작원으로 활용할 수 있는 월북자들의 수가 급격히 줄어들게 되었다. 웬만한 월북자들은 이미 공작원으로 선발하여 활용했기 때문이기도 하지만 1970년대에 들어서면서 월북자들의 나이가 많아지면서 엄청난 육체적, 정신적 고통이 동반되는 대남공작에 활용하기에는 분명히 한계가 있었다. 결국 공작원 세대교체가 필요한 상황에 이른 것이다.

이와 같은 한계를 극복하기 위해, 그리고 공작원 세대교체를 위해 고안해낸 중요한 방안의 하나가 한국을 잘 아는 젊은 한국인들을 공작원으로 양성한 다음 한국 현지에 파견해 공작임무를 수행하도록 한다는 것이었다.

그런데 문제는 당장 북한이 대남공작원으로 활용할 만한 젊은 한국인들이 북한에 없었다는 것이다. 이에 따라 북한은 공작원으로 써먹을 만한 한국인들을 확보하기 위한 작업, 즉, 한국인들을 북한으로 데려오기 위한 공작을 시작하게 되었다. 북한이 공작원으로 활용할 한국인들을 확보하는 방법에는 두 가지가 있었다.

첫 번째가 바로 대남공작원으로 써먹을 만한 한국인들을 납치한 다음 공작원으로 양성해 남파하는 방법이었다.

한국인 납치는 크게 두 갈래로 추진되었다. 첫 번째는 기존부터 해오던 대로 한국 어선을 납치한 다음 납북어부들 가운데 공작원으로 활용할 만한 인물을 골라내 공작원으로 양성한 후 남파하는 방법이었다. 두 번째는 한국 해안에 납치전담 요원 즉, 납치범들을 침투시켜 공작원으로 양성하기에 적합한 고등학생 또래의 나이 어린 한국인을 납치한 다음 공작원으로 양성해 한국에 다시 파견하는 방식이었다.

한편 당시 김정일은 일본을 무대로 하는 대일, 대남공작에도 상당한 관심을 돌리고 있었다. 대일공작은 북한 공작원들을 일본에 침투시켜 일본인 또는 재일교포들을 포섭한 다음 그들을 통해 일본과 관련한 정보수집과 외화벌이, 그리고 한국을 넘나들면서 대남공작을 벌이도록 하는 것이었다. 특히 일본에 사는 재일교포들을 포섭한 다음 그들을 북한에 데려다 공작으로 양성한 후 한국에 침투시켜 간첩망을 만들거나 첩보를 수집토록 하는 등 대남공작에 적극적으로 활용했다. 이를 위해 일본 해안에도 납치 전담 요원들을 침투시켜 나이 어린 일본인들을 납치한 후 북한에 데려다 공작원으로 양성한 다음 일본에 다시 파견하기도 했다.

적구화 강사가 된 납북자들

무엇보다 북한이 대남공작원 후비 역량 확보 및 세대교체 차원에서 실행에 옮긴 것이 상대적으로 납치하기 쉬운 국내 해안에 납치범들을 직접 침투시켜 고교생들을 납치한 사건이었다.

지난 2011년 10월 24일자 『주간조선(2178호)』은 평양시민 210만 명의 신상 자료를 단독으로 입수해 보도하면서 「납북자 21명 평양에 살고 있다」 제하의 기사를 통해 홍도에서 납치된 고교생 납북자 4명이 평양에 살고 있다는 사실을 밝혀냈다.

『주간조선』은 "생존 사실이 확인된 4명의 '고교생 납북자'는 1977년 전남 신안군 흑산면 홍도에서 납치된 이민교(당시 18세)·최승민(당시 17세) 씨와 1978년 같은 장소에서 납치된 홍건표(당시 17세)·이명우(당시 17세) 씨"라고 확인했다. 아울러 "입수 자료에 따르면 이민교·최승민·홍건표 씨 등 3명은 112연락소(간첩 교육기관) 지도원으로 근무하고 있다. 만경대구역 팔골 2동으로 주소지도 같다. 또 이명우 씨는 인민경제대학 학생 신분으로 룡성구역 룡성 1동에 거주하고 있었다"고 강조했다.

또한 "이들 외에 1978년 군산 선유도에서 실종됐던 고교생 김영남(당시 16세) 씨는 2006년 6월 14차 남북 이산가족 상봉 행사장에서 어머니와 재회해 살아 있음이 밝혀졌다"고 보도했다.

이렇게 『주간조선』에 의해 1977~1978년 전남 신안군 홍도와 전북 군산의 선유도에서 실종된 고등학생 5명이 북한에 납치된 뒤 대남공작 기관에서 근무하고 있음이 처음으로 밝혀졌다.

원래 북한은 한국 고교생들을 납치한 다음 이들을 대남공작 관련 훈련 및 교육기관인 금성정치군사대학 공작원 양성반에 입학시켜 일정 기간 공작 교육 및 훈련을 받도록 했다. 이렇게 공작원으로 양성한 다음 공작임무를 부여해 다시 남파시키겠다는 것이 북한 공작지도부의 생각이었다.

그러나 너무도 나이가 어렸던 이들이 공작원 교육 및 훈련 과정에 필연적으로 동반되는 육체적, 정신적 고통을 감내하기에는 분명 한계가 있을 수밖에 없었고 결국 남파공작원으로 만드는 데 실패했다. 그렇다고 죄 없는 어린 고교생들을 죽일 수도 없었고 다시 한국으로 돌려보낼 수도 없는 노릇이었다.

이러한 상황에서 이들을 활용할 수 있는 제2의 방법을 찾아낸 것이 바로 남파요원에게 한국의 말과 문화를 가르쳐주는 적구화 강사의 역할을 부여하는 것이었다.

뒤에서 언급하겠지만 북한은 1970년대 후반부터 공작원 세대교체 문제가 제기되자 남한의 고등학생들과 어부들을 납치해 공작원으로 양성하기 위한 작업과 함께 순수 북한 출신들을 공작원으로 선발하여 양성하는 작업을 병행했다.

그런데 납치해 간 남한 출신들을 공작원으로 양성하면 그들을 상대로 한국의 말과 문화를 배우는 별도의 적구화 교육이 필요치 않았으나 북한에서 태어나 자란 순수 북한 출신 공작원은 한국의 말과 문화를 전혀 모르기 때문에 이런 것을 배우는 적구화 교육이 필요했다는 것이다.

결국 북한 공작지도부는 공작원으로 활용할 수 없는 한국 고교생들과 어부 출신 납북자들을 순수한 북한 출신 공작원들의 적구화 교육 강사로 활용함으로써 제2의 목적을 달성했다고 할 수 있다.

이와 관련하여 『주간조선』은 1977년 납치된 경기도 평택 출신의 이민교(당시 18세)·최승민(당시 17세) 씨와 1978년 같은 장소에서 납치된 충남 천안 출신의 홍건표(당시 17세) 씨 등 3명이 '112연락소(공작원 양성 기관) 지도원으로 근무하고 있다'고 보도했다.

고교생 납북자들이 근무하는 곳으로 알려진 '112연락소는 공작원 양성 기관인 봉화정치학원의 대외명칭'이며 납북 고교생들은 필자가 북한에 있을 때인 1995년 당시 112연락소 산하 '남조선환경관' 강사로 활동하고 있었다. 남조선환경관은 앞서 언급한 것처럼 평양시 용성구역의 산 중턱에 터널을 뚫은 다음 그 안에 영화 촬영 세트장과 같이 한국의 거리를 조성해놓고 남파공작원들에게 한국의 말과 문화를 가르치고 현장실습을 하는 곳이다.

한편 충남 천안 상고 출신인 홍근표씨와 함께 납북된 천안농고 출신 이명우씨의 직업이 '인민경제대학 학생'이라고 확인되었는데, 이명우씨 역시 원래는 다른 고교생 납북자들과 같이 남파공작원들에게 한국 문화를 가르치는 적구화 강사로 활동하다 '인민경제대학'에 입학했다는 사실도 필자가 알고 있던 내용이다.

귀환하지 못한 납북어부들

지난 2005년 2월 2일자 『동아일보』와 『중앙일보』, 2013년 8월 23일자 『조선일보』 등에는 납북어부 37명이 북한 묘향산에서 단체로 찍은 사진이 기사와 함께 게재되었다.

이 사진은 1972년 12월 서해에서 홍어를 잡다 북한에 끌려간 쌍끌이어선 오대양 61, 62호 선원 24명과 1971년 1월 서해에서 납북된 휘영 37호 선원 12명 등 총 37명(북한 공작지도원 포함)이 묘향산에 갔다가 찍은 것인데 37명 가운데도 적구화 강사로 임명되어 공작원들에게 서울말을 가르치는 납북어부가 있다.

한편, 1970년 서해에서 조업 중 북한군에 납치된 후 30년 동안 북한에 억류돼 살다가 지난 2000년 남한에 돌아온 납북어부 이재근 씨는 언론과의 인터뷰에서 이렇게 언급했다.

> 우리가 원래는 남지나 동지나에서 작업을 하는데 산동 반도 부근에서 작업하던 한국 배에서 무전이 왔는데 고기가 많이 잡힌다. 원래 서로 고기 많이 잡히면 다른 배에다 알리게 돼 있단 말이오. 그래서 뱃머리를 돌려서 북상했죠. 북상해서 백령도 등대가 보이더란 말 이에요. 이제 한국에 다 왔구나. 우린 이렇게 생각했지. 한참 그물을 놓고 잠을 자는데 배가 맞닿는 소리가 나더란 말 이에요. 유리창 밑을 내려다보니까 군대들이 올라오더란 말 이에요. 한 열 명 올라왔는데 총 쏘면서 다 내려오지 않으면 죽인다고 그러니까. 보니깐 결국 인민군 대란 말이에요. 그래서 손들고 결국은 북에 끌려갔지, 뭐.

선박과 선원 20명은 같은 해(1970년) 11월 29일 한국으로 송환됐다. 이씨를 비롯한 7명은 그대로 억류됐다. 그는 "젊고 건강한 사람을 추려 남파간첩으로 써먹을 계획이었던 것 같다"며 다음과 같이 말했다.

> 납치 후 북한 당국은 나를 중앙당 정치학교에 입학시켰다. 졸업하면 엘리트로 대우받는다고 하더라. 그러나 실상은 남파간첩을 양성하는 곳이었다. 사격·수영·지형학 등 다양한 훈련을 받았다. 고된 훈련에 죽은 사람도 있다. 청진 앞바다에서 침투 훈련을 했는데 보트로 30분 가량 걸리는 먼바다에 빠뜨리고 육지로 헤엄쳐 오라는 식이었다.
>
> 한번 훈련소에 들어가면. 3년을 피눈물을 삼키면서 했는데 나는 왜 그때 견뎠냐면, 자살할 생각도 많이 했는데. 졸업하면 한국에 남파시킬 게 아니냐. 한국에 침투시키면 손들면 살 수 있다. 난 그렇게 계획하고. 옛날에는 중국을 통해서 올 엄두도 못 내고 분계선을 넘어올 힘은 더 없고, 바다로 가면 헤엄을 쳐야 되는데. 합법적으로 한국에 들어와서 손들면 그게 좋을 거 같아서 그렇게 마음먹었는데. 결국은 내 사상이 나쁘다는 이유로 졸업과 동시에 사회에 배치 받았다.

졸업이 다가오자 중앙당 지도원이 '건강과 기술은 좋은데 사상적으로 병이 있다'며 사회로 배출한다고 했다. 완강하게 대들었지만 소용없었다고 한다. 결국 이재근 씨는 함경남도 함주군 선박 전동기공장 선반공, 양수기 운전공으로 30여 년간 일하다 탈북하여 한국으로 돌아온 것이다.

『주간조선』이 입수한 자료에 의하면 납북어부 여러 명도 평양에 거주하면서 직장을 갖고 있는 것으로 확인되었다.

'금융호' 선원이었던 강원도 고성 출신 김명회 씨, '홍덕호' 선원이었던 전남 무안 출신의 이광원 씨, '풍복호' 선원이었던 전북 군산 출신 문경식 씨는 모두 112연락소 소속이었다. '안영호' 선원이었던 전남 보성 출신 신태용 씨와 '창명호' 선원이었던 강원도 강릉(주문진) 출신 조규영 씨는 130연락소, '만복호' 선원이었던 전북 김제 출신 장진구 씨와 '태양호' 선원이었던 조석원 씨, 강병일 씨는 '조선노동당 26연락소'에 근무하는 것으로 밝혀졌다.

여기에서 언급한 '연락소'는 2000년대 당시 중앙당 대남공작 부서인 대외연락부 및 작전부 산하 기관으로, 대남공작 관련 업무를 수행하는 곳이다. 예를 들면 112연락소는 노동당 대외연락부 산하 공작원 양성기관인 '봉화정치학원', 130연락소는 노동당 작전부 소속으로 침투 요원 즉, 전투원들을 전문적으로 양성하는 기관인 '김정일정치군사대학'의 대외명칭이다. 또한 26연락소는 노동당 통전부 산하 기관으로 내부적으로 '칠보산연락소'라고도 하는데 대남 전용 「구국의 소리」 방송을 전담하는 곳이다.

적구화 강사가 된 자진 월북자들

위에서 언급한 바와 같이 북한은 납북어부 가운데 공작원으로 활용할 만한 사람들은 일단 귀환시키지 않고 금성정치군사대학 공작원 양성반에 입학시켜 3년 동안 대남공작에 필요한 교육과 훈련을 받도록 했다.

그런 다음 공작교육과 훈련 과정을 성공적으로 마친 대상들은 공작원으로 임명하고, 공작원 자격은 없지만 성실하고 신뢰가 가는 대상들은 공작 관련 기관에 배치해 강사 등으로 활용했다. 연락소에 배치된 납북어부들이 바로 그런 경우이다.

그러나 이재근 씨와 같이 대남공작 기관에서 검증한 결과 사상에 문제가 있다고 판단되는 대상들은 공작원으로 임용하거나 공작기관에 배치하지 않고 사회로 배출됐다.

북한 출신 공작원들에게 한국의 말과 문화를 가르치는 적구화 강사가 된 사람들 가운데는 납북자만 있는 것이 아니라 자진 월북한 한국인들도 있다.

대표적인 인물이 남파공작원들에게 서울말과 문화를 가르치는 서울말 강사 오태식이다.

오태식은 서울시 용산구 후암동에서 태어나 용산고등학교를 졸업하고 1960년 봄 한국외국어대학교 불어과에 입학했던 60학번으로 1학년 때 4·19 민주혁명에 참가했던 인물이다. 외국어대학교 불어과를 졸업한 다음에는 당시 용산에 있던 공군본부에서 프랑스어 통역장교로 군 복무를 하였으며 그후 프랑스로 유학갔다가 1979년경 북한으로 월북했다.

영어와 프랑스어 등 6개 국어를 구사할 정도로 엘리트였던 오태식이 구체적으로 어떤 이유로 자진 월북한 것인지는 알 수 없지만, 그는 한국인들이 널리 사용하는 외래어만 별도로 편집해 '한국 외래어 사전'을 만든 다음 남파공작원들에게 서울말과 함께 외래어를 가르칠 정도로 수재였다.

적구화 강사가 된 월북자 가운데는 하영길도 있었다. 전라도 출신의 하영길은 무역선 선원으로 근무하던 중 제3국에서 북한 대사관을 통해 월북했는데, 공작원들에게 한국의 노래와 춤을 가르치는 강사로 활동했다.

또한 북한으로 들어가 공작원들에게 한국의 말과 문화를 가르치는 강사로 임명된 월북자들 가운데는 김원석과 호경옥도 있다.

한국에서 여행사를 운영하던 김원석은 1990년대 초반 회사가 자금난을 겪게 되자 부도를 내고 여행사 경리로 일하던 나이 어린 내연녀 호경옥을 데리고 해외를 거쳐 월북했다.

월북 후 마침 서울말과 문화를 전문적으로 가르치는 서울말 강사가 부족하던 대남공작 부서의 필요에 따라 김원석과 호경옥 두 사람이 모두 적구화 강사로 발탁된 것이다.

혁명 2세를 대남공작원으로

북한이 앞서 언급한 바와 같이 한국인 납치와 함께 대남공작원으로 써먹을 만한 한국인들을 확보하기 위한 작업의 일환으로 추진한 두 번째 방식은 혁명 2세 즉, 남한 좌익분자의 자녀들을 공작원으로 활용하는 것이었다.

북한은 국내에 구축한 간첩 조직들을 동원해 6·25 전후 남한에서 빨치산이나 남로당 및 간첩 활동을 하다가 희생된 좌익분자들의 자녀들을 찾아내도록 한 다음 남파요원들을 보내 그들을 북한으로 데려다 공작원으로 양성한 후 다시 남파하는 작업을 추진했다.

1940년대 초반 경북 포항에서 태어난 최 모 씨는 부친이 남로당 출신으로 빨치산 활동을 하다가 희생되자, 고향에서 고등학교를 졸업하고 남파공작원들을 따라 북한으로 월북했다.

포항 출신이라서 누구보다 수영을 잘했던 그는 월북 후 노동당 중앙위 정치학교(금성정치군사대학 및 김정일정치군사대학의 전신)에 들어가 공작교육과 훈련을 받은 다음 대남공작원에 임명되어 여러 번 국내에 침투해 부여된 공작임무를 성공적으로 수행하고 북한으로 복귀했다. 그는 남파 공작임무를 성공적으로 수행한 공로로 김일성의 이름이 새겨진 스위스산 오메가 시계(일명 명함시계)와 국기훈장 제1급을 수여 받기도 했다.

한편, 그는 국내에 침투했을 때 누나가 너무도 보고 싶어 고향인 포항에 찾아갔지만 누나 집 근처에 사는 동네 사람들이 보고 신고하면 체포될 수 있다는 생각에 누나 집에 직접 들어가지는 못하고 먼발치에서 누나의 뒷모습만 보고 돌아왔다고 한다.

그러던 중 1980년대 초 또다시 공작임무를 수행하기 위해 공작선을 타고 해상으로 침투하던 중 높은 파도를 만나 공작선이 크게 흔들리는 바람에 제대로 걷지 못할 정도로 허리를 심하게 다쳐 침투를 포기하고 북한으로 되돌아갔다고 한다. 그후 집중적인 치료를 통해 다쳤던 허리는 완치되었으나 이번에는 귀가 들리지 않는 증상이 생겨 더는 공작원으로 활동할 수 없는 상황에까지 이르고 말았다.

그러자 북한 대남공작 부서에서는 최 모 씨를 북한 출신 남파공작원들에게 경상도 말(구체적으로 포항 언어)을 가르치는 적구화 강사로 임명하여 대남공작 부서에서 지속적으로 근무하도록 했다.

순수 북한 출신을 대남공작원으로

북한이 남한이나 일본에서 현지인들을 납치하거나 좌익분자의 자녀들을 데려다 공작원으로 양성하려 했으나 어느 것 하나 쉬운 일은 아니었다.

무엇보다 남한이나 일본에서 무작위로 현지인들을 납치하다 보니 그 가운데 공작원으로 활용할 만한 사람들은 거의 없었다. 또한 좌익분자의 자녀들도 부모의 대를 이어 대남혁명을 하겠다는 결심과 각오는 되어 있으나 공작원의 자질과 능력이 있는 인물들은 불과 몇 명 되지 않았다.

한마디로 납치와 송환을 통해 확보한 공작원 숫자가 얼마 안 되었고 그렇다고 해서 필요한 인원이 충족될 때까지 무한정 납치할 수도 없었기 때문에 납치와 송환을 통한 공작원 역량 확보 및 보충은 불가능했다.

이에 따라 북한 대남공작 부서에서는 순수 북한 출신들을 선발해 공작원으로 양성하기로 했다.

대남공작 부서에서는 김정일의 승인을 받아 공작원의 자질과 능력을 가진 인물들은 학력과 경력, 지위고하를 불문하고 공작원으로 선발했다. 당시 공작원으로 선발된 북한 출신들 가운데는 시장·군수급 노동당 고위 간부도 있었고 청년동맹 간부도 있었으며 북한군 정찰국 등 특수부대 장교도 있었다. 또한 대학 재학생은 물론 대학 졸업생도 있었고 나이 어린 고등중학교 학생도 있었다. 참으로 다양한 학력과 경력을 가진 북한 전체 인민을 대상으로 공작원 선발 작업에 들어갔다고 해도 과언이 아니었다.

대남공작 부서에서 공작원들을 선발하면서 가장 먼저 고려하는 것이 출신성분이다. 대남공작이 첨예한 대적(對敵) 투쟁이기 때문에 계급적으로 문제가 있는 대상들은 공작원 자격이 없다는 것이다. 가족은 물론 8촌까지의 친척 가운데 남한 출신 또는 월남자가 있거나 해외에 살고 있는 친척이 있는 경우에는 공작원 선발에서 제외한다. 이러한 것들은 본인이 자필로 작성해 제출한 가족 및 친척관계 기록을 일차적으로 확인한 후 철저한 신원조회를 통해 재확인하는 방식으로 검증 작업을 진행한다.

다음으로 고려하는 것은 외모 즉, 키와 얼굴 생김새다. 지나치게 키가 크거나 작은 사람들은 눈에 잘 띄고 각종 훈련을 진행할 때 단점이 많아 중간 정도의 키, 즉, 165~175센티미터 정도 되는 사람들을 공작원으로 선발한다. 아울러 얼굴이 배우처럼 너무 잘생긴 사람, 큰 흉터가 있거나 험악하게 생겨 다른 사람들의 눈에 잘 띄는 사람들 역시 상대가 기억하기 쉽거나 혐오감을 줄 수 있어 선발하지 않고 오히려 평범한 얼굴이면서 호감이 가는 인물들을 공작원으로 선발한다.

건강 상태와 가족력 또한 중요한 공작원 선발 기준이라 할 수 있다. 이에 따라 먼저 시·군 단위의 종합병원에서 일차적으로 신체검사를 진행하여 신체 건강 상 문제가 있는 대상들을 걸러낸 다음 최종적으로 각 도 의과대학 병원에서 정밀한 신체검사를 진행해 건강상 조금이라도 문제가 있으면 탈락시킨다.

이를테면 똑같은 정밀 신체검사를 일정 기간을 두고 5~6회 정도 실시해 단 한 번이라도 혈압이 높게 나오거나 안경을 쓸 정도로 시력이 나쁜 경우, 지방간이 있거나 간염, 결핵 등 전염병에 걸렸다면 절대로 공작원으로 선발하지 않고 탈락시킨다. 심지어 가족력까지 따지는데 부모나 조부모 가운데 암에 걸렸거나 전염병에 걸린 적이 있으면 자신이 암이나 전염병에 걸리지 않았다 해도 공작원으로는 선발하지 않는다.

순발력과 당에 대한 충성심도 중요한 선발 기준

지적 능력과 기억력, 순발력과 응용력 등은 가장 중요한 공작원 선발 기준의 하나다. 우선 공작원을 하려면 기억력이 좋고 공부를 잘해야 하는데 이는 각급 학교에서 작성 관리는 생활기록부를 보면 쉽게 확인할 수 있다. 문제는 순발력과 응용력을 어떻게 확인하느냐 하는 것이다. 이를 위해 각급 당조직의 간부들이 공작원 선발자를 상대로 10회 이상 면접을 진행하는 과정에 종합적으로 테스트한다.

공부를 잘하는지, 못하는지 그리고 순발력과 응용력이 뛰어난지 가늠하는 테스트는 이런 식으로 한다.

그리스가 어느 대륙에 있는지 압니까?

알고 있다면 질문이 끝나자마자 바로 "구라파(유럽)에 있습니다"라고 할 것이고 모르면 "모르겠습니다"라고 할 수밖에 없다.

또한 "라틴아메리카를 왜 라틴아메리카라고 하는 거죠?"라는 물음에 대해서도 마찬가지다.

알고 있다면 곧바로 "라틴아메리카는 라틴어를 사용하는 중남미 국가들을 포괄하는 개념으로 알고 있습니다"라고 하면 되지만 모르면 "모르겠습니다"라고 하면 그만인 것이다. 그러나 아래와 같은 질문은 바로 답변할 수 있는 성질의 것이 아니다.

방금 면접하러 3층으로 올라올 때 계단으로 올라왔죠?

네.

그럼 한 개 층에 계단이 몇 개인지 대답해 보세요.

물론 위와 같은 질문이 나올지 미리 알고 계단을 걸어 올라올 때 계단 개수를 세면서 다니는 사람이 없으므로 "몇 개인지 모르겠습니다"라고 간단히 대답해도 되겠지만 그러면 바로 순발력과 응용력이 없는 사람으로 단정짓고 말 것이다.

그러나 머릿속으로 신속하게 대략적인 사무실의 높이(3.5~4미터)에서 계단 1개의 높이(20센티미터 정도)를 나눈 다음 "정확하지는 않지만 한 개 층의 계단이 20개 정도 되는 것 같습니다"라고 답변하는 이도 있다.

바로 위와 같은 답변의 차이가 순발력과 응용력 유무를 결정하는 기준이 된다고 할 수 있다.

노동당과 지도자에 대한 충성심 역시 중요한 공작원 선발 기준이다. 노동당에 대한 충성심을 테스트하고 확인하는 작업은 굉장히 간단하면서도 직설적이다.

처음 선발 작업을 시작한 이후 면접할 때마다 간부들이 가장 많이 하는 질문 가운데 하나가 "앞으로 중학교(예전에는 고등중학교, 현재는 고급중학교)를 졸업하면 무엇을(또는 어떤 일을) 하고 싶어?"라는 질문이다.

북한의 중학생들은 나이가 어리기 때문에 노동당 간부로부터 위와 같은 질문을 받으면 대체로 거짓말을 못하고 본인이 정말 하고 싶은 것을 솔직하게 답변하는 편이다. 이를테면 "인민군대에 입대해 조국을 지키겠습니다." 아니면 "대학 가서 공부를 열심히 해서 과학과 기술로 조국에 기여하고 싶습니다"라는 식의 답변이다.

그러나 위와 같은 답변은 공작원 선발을 담당한 노동당 간부들이 원하는 내용의 답변이 아니다. 그러면 자신들이 원하는 답변이 나올 때까지 유도 질문을 한다.

지금 어디(어떤 기관)에서 불러서 여기에 와 있소?

당에서 불러 왔습니다.

그러면 당에서 동무를 왜 불렀겠소?

중요한 일을 시키려고 부른 것 같습니다.

그럼 어떻게 대답하는 것이 정답이겠소?

당에서 하라는 대로 하겠다는 답변이 정답입니다.

"옳소. 바로 그것이 정답이요"라는 식으로 답변을 유도하는 것이다. 또한 이런 질문도 한다.

> 지금 당의 유일적 지도 체제를 세우는 사업이 진행되고 있는데 당의 유일적 지도 체제를 세운다는 것은 무엇을 의미하는지 말해보시오.
>
> 당의 유일적 지도 체제를 세운다는 것은 친애하는 지도자 동지(김정일)의 사상과 의도대로 사고하고 행동하며 친애하는 지도자 동지께서 가리키시는 길은 승리와 영광의 길이라는 것을 굳게 믿고 친애하는 지도자 동지의 사상과 영도를 목숨 바쳐 충성으로 받들어 나간다는 것을 의미합니다.
>
> 동무도 그렇게 할 수 있소?
>
> 네, 할 수 있습니다.

이와 같은 질문을 반복적으로 하면서 사상을 검증하고 확인하는 작업을 반복하는 것이다.

물론 이러한 답변 유도에도 눈치 없이 그들이 원하는 대답을 하지 못하는 대상은 바로 탈락이다.

예의 도덕과 품성도 중요한 선발 기준의 하나다. 이는 면접 때마다 말과 행동이 얼마나 예의 바르고 품행이 단정한지 순간순간 검증하는 방법으로 확인한다. 물론 학교에 보관된 생활기록부 확인 및 주변인들을 대상으로 신원조회를 통해서도 확인 작업을 진행한다.

시장·군수급 고위 당 간부도 대남공작원으로

북한 공작지도부가 순수 북한 출신을 대남공작원으로 선발하는 과정에서 가장 눈에 띄는 것은 노동당 현직 고위 간부들을 직접 공작원으로 선발했다는 것이다.

국내에서 지하당 구축 공작임무를 전담하고 있는 중앙당 연락부는 노동당을 실질적으로 장악하고 있던 김정일의 허가를 받아 시장·군수급의 노동당 고위 간부들 즉, 시·군당 조직비서들을 대남공작원으로 선발했다.

중앙당 연락부가 시·군당 조직비서들을 대남공작원으로 선발하면서 내세웠던 첫 번째 논리는 남한에 구축하는 지하당도 북한의 각 지역에 조직되어 있는 노동당의 하부조직과 같은 조선노동당의 하부조직이기 때문에 북한의 합법 당 조직에서 하는 방식과 똑같이 당적 지도가 필요하다는 것이었다. 아울러 북한에서 하는 것과 같은 방식으로 남한의 지하당 조직을 상대로 당적 지도를 올바로 실행하기 위해서는 시·군당의 실무적 책임자로서 당적 지도를 실제로 해본 경험과 능력이 있는 시·군당 조직비서들을 대남공작원으로 양성해 남파해야 한다는 것이 두 번째 이유였다.

원래 북한에서 시·군당 조직비서는 노동당의 최고 지도기관인 당중앙위원회 비서국 비준 대상으로서 최고지도자(당시 김정일)의 직접적인 결재에 따라 임명하는 최고위급 간부에 속하는 직책이다. 한마디로 북한의 시·군당 조직비서는 최고지도자만이 직접 임명하고 해임할 수 있는 시장·군수급 고위 간부들이다. 이들은 시·군당 조직비서 직책을 3~5년 정도 역임하면 곧바로 시·군당 책임비서 또는 중앙당 조직지도부 과장급에 임명될 사람들이고 시·군당 업무를 실질적으로 지휘·조종하는 간부들이기 때문에 북한 통치자들이 가장 중요시하게 여기고 아끼는 핵심 중의 핵심 간부들이다. 따라서 아무리 대남공작이 중요하다 해도 김정일의 승인이 없으면 시·군당 조직비서를 대남공작원으로 선발할 수 없다.

그런 점에서 볼 때 김정일은 대남공작 기관을 장악한 후 자신의 업적을 과시하기 위해 대남공작 부서에 자신이 가장 아끼는 시·군당 조직비서들을 대남공작원으로 선발해 활용하도록 허락한 것이다.

북한에는 200여 개의 시·군당이 조직되어 있고, 시·군당과 같은 기능을 하는 연합당 위원회에도 조직비서 직제가 있기 때문에 전체적으로 250~300명 정도 되는 조직비서들이 있는데 이들이 모두 대남공작원이 될 수 있는 자질과 능력이 있는 것은 아니었다.

이들은 출신성분이나 노동당에 대한 충성심, 학력과 당 간부 경력 등 기본적인 자질 측면에서는 대남공작원으로서 나무랄 데 없었지만 신체 건강상 측면 즉, 각종 질병에 걸렸거나 체력이 약해 대남침투 및 공작과 관련된 특수훈련을 감내하기에 무리가 있는 대상들이 많았다. 특히 나이가 많거나 질병이 있는 조직비서들은 건강과 체력에 문제가 있어 이들 역시 공작원 선발 대상에서 제외되었다.

이에 따라 일차적으로 40세 전후의 젊은 시·군당 조직비서들 가운데 신체가 건강한 대상들을 선발한 다음 종합병원에서 수차례에 걸쳐 정밀 신체검사를 통해 건강상 문제가 없는 대상들을 선발하는 작업부터 진행했다.

아울러 북한 사람들 누구든지 평소에는 당과 수령을 위해 목숨을 바칠 수 있다고 말은 할 수 있지만 당장 죽을 수도 있는, 사지에 들어가야 하는 대남공작을 하라고 하면 시·군당 조직비서라도 마음이 약해질 수 있으므로 이에 대한 검증작업도 철저하게 병행했다.

중앙당 연락부에서는 시·군당 조직비서들이 고위급 당 간부들이라는 점, 오랫동안 품을 들여 양성한 고위 간부로서 귀중한 인적자원이라는 점 등을 고려하여 이들을 보호할 특별한 장치를 마련했다. 그것은 시·군당 조직비서들과의 면접 과정에 공식적으로 "앞으로 당신에게 목숨을 잃을 수도 있는 대남사업을 맡기려는데 할 수 있겠느냐? 물론 못하겠다고 대답하더라도 불이익은 없을 것이다"라 질문하고 생각을 정리할 시간적 여유를 준 다음 결심을 청취하는 방식으로 정말 대남공작을 할 마음이 있는지, 목숨을 바칠 수 있는지를 판단하는 것이었다. 아울러 대남공작을 못하겠다 하더라도 결코 불이익이 없도록 했다.

1970년대 말부터 시작된 시·군당 조직비서들에 대한 대남공작원 선발 작업은 1980년대 초반에 이르러 일단락되었다. 위와 같은 과정을 통해 시·군당 조직비서들 가운데 최종적으로 대남공작원으로 선발된 인원은 필자와 함께 1990년 남한에 침투해 공작임무를 수행하고 복귀한 공작조 조장 권중현 등 2명이었다. 물론 2명 가운데 권중현을 제외한 1명은 해임되었다.

대남공작원으로 선발된 시·군당 조직비서들은 학력을 비롯한 여러 자질 측면에서 나무랄 데 없었기 때문에 1년제 금성정치군사대학 공작원반에 입학시켜 공작원 기본교육 및 훈련과정을 이수하도록 했다. 1년제 공작원반을 졸업한 시·군당 조직비서들 가운데 정신력이나 육체적 능력 등에서 완벽한 극히 일부 인원만 대남공작원으로 임명했는데 당시 최종적으로 공작원에 임명된 시·군당 조직비서는 단 한 명이었다고 한다. 나머지는 대남공작 부서인 중앙당 연락부 지도원으로 임명했다.

시·군당 조직비서들과 함께 당시 북한 출신들 가운데 대남공작원으로 선발된 대상들은 고등중학교 졸업생과 대학 재학생 또는 대학 졸업생들도 있었다. 그리고 인민무력부 정찰국 소속 현역 장교들 가운데 출신성분이 좋고 대학 졸업 및 육체 기술적 능력이 뛰어난 대상들도 공작원으로 선발했다.

공작원으로 선발된 대상들은 학력과 나이 등을 고려하여 금성정치군사대학 공작원반 2년 또는 3년 과정을 이수하도록 했다. 고등중학교 졸업생의 경우에는 필자의 경우와 같이 금성정치군사대학 전투원반에 입학시켜 위탁교육을 받도록 한 다음 공작원으로 임명하기도 했다.

물론 앞서 언급한 것처럼, 북한 출신 공작원들은 예외 없이 한국인들과 24시간 같이 숙식을 같이하며 그들에게서 한국의 말과 문화를 배우는 적구화(敵區化) 교육 즉, '북조선 사람을 남조선 사람 만들기' 교육과정을 필수적으로 이수하도록 했다.

연고자를 포섭해 구축한 엄호거점

순수 북한 출신을 선발해 대남공작원으로 양성하기 시작한 1970년대 후반에 들어와서도 기존부터 해오던 연고자 중심의 대남공작은 계속되었다.

이 시기 대남공작의 특징은 해상을 통한 공작원 침투와 내륙 지역에서의 공작을 성공적으로 추진하는 동시에 북한 공작지도부와 남한 현지 간첩망 간의 연락을 원활하게 할 수 있도록 인적이 드문 외딴섬에 엄호거점을 구축하는 공작을 집중적으로 전개한 것이다.

엄호거점이란 공작원들의 침투와 복귀에 필요한 정보를 제공해 주는 것은 물론 공작원들이 침투 및 복귀 과정에 은신처로 활용함으로써 신변을 안전하게 보호할 수 있게 해주고 북한 공작지도부와 현지 지하조직 간의 연락을 원만하게 실현할 수 있도록 중간에서 지원해주는 임무를 전문적으로 수행하는 조직을 말한다.

보통 엄호거점의 임무를 수행하는 지하조직의 경우 다른 사람을 포섭하거나 정보 수집 등의 임무를 부여하면 그 임무를 수행하다 노출될 위험성이 높기 때문에 다른 임무는 부여하지 않고 음식점이나 무역회사 등을 차려놓고 그것만 운영하면서 연락 및 엄호 임무를 수행하게 하는 경우가 많다.

대표적인 엄호거점 구축 공작 사례는 전남 여천군 거문도 간첩단 사건이라 할 수 있다.

거문도에 구축했던 엄호거점은 전남 여천 출신의 김창호와 김재석, 순천 출신의 김병철 등 3인 공작조가 1973년 8월 거문도에 침투해 그곳에 살고 있던 김재석의 사촌 형 김재민을 포섭하고 이후 그의 처자식까지 모두 포섭하여 만들었던 간첩 조직이었다.

원래 위에서 언급한 공작원 3명은 그전에 각자 연고자 포섭 공작을 위해 남한에 침투한 후 연고자들에 대한 생사 확인 및 포섭 공작을 시도했으나 다른 공작원들은 모두 실패하고 김재석만 사촌 형인 김재민이 거문도에 살고 있다는 정도의 소식을 확인하고 복귀한 바 있다.

이러한 상황에서 북한 공작지도부는 출신 지역이 같거나 비슷한 이들 3명으로 집체공작조를 편성한 다음 '김재석의 사촌 형 김재민을 포섭하여 엄호거점을 구축하고 가능한 김재민과 대동 입북하라'는 공작임무를 부여해 거문도로 침투시켰다.

이렇게 김재석 등 3명의 집체공작조가 거문도에 침투한 시점이 1973년 8월이었으며 이들은 공작 지령을 받고 나온 대로 거문도에 살고 있던 김재민의 소재를 확인한 뒤 그를 접촉해 포섭하는 데 성공했다. 그러나 김재민의 거부로 그를 대동하고 복귀하는 데까지는 이르지 못했다.

1974년 3월 또다시 거문도에 침투한 3인 공작조는 김재민의 아내와 아들, 딸까지 포섭하여 '가족당' 조직을 구축하고 동 조직에 공작원들이 해상으로 침투하고 복귀하는 과정에 필요하면 은폐시켜 줌으로써 신변안전을 보호해주는 한편 북한 공작지도부와 남한 내륙에서 활동하는 지하조직 간의 연락을 이어주는 연락거점의 임무도 수행하도록 했다.

연락거점이란 말 그대로 북한 지도부와 남한 현지 지하조직 간의 연락을 중간에서 이어주는 매개체 역할을 전문적으로 하는 조직을 말한다. 예를 들면 북한과 연계되어 남한 현지에서 활동하는 간첩 조직들이 북한에 보내는 문서(보고서, 정보자료 등)나 선물 등을 우편 또는 인편을 통해 엄호 및 연락거점인 김재민의 집으로 보내놓으면 이를 은닉하고 있다가 북한에서 침투한 공작조에 넘겨주는 임무를 수행하는 것이다.

그후 1974년 7월과 1975년 4월에는 김창호와 김병철이 거문도에 침투하여 남한 현지 간첩 조직들이 김재민의 집으로 보내 놓은 연락물(서류, 선물 등)을 수거해가는 연락 임무를 수행했고 1975년 7월에는 다시 김창호·김재석·김병철 등 3명이 침투하여 연락 임무를 수행했다.

1975년 11월에도 김창호와 김병철이 또다시 침투하여 연락 임무를 수행했으며 1976년 3월에는 김창호·김병철과 함께 새롭게 편입된 김용규 등 3명의 공작조가 거문도에 침투하여 연락 및 정보 수집 임무를 수행했다. 그리고 1976년 5월에는 김창호와 김용규 등 2명이 거문도에 침투하여 연락 임무를 수행했다.

그러나 1976년 9월 중순 김창호·김용규·김영철 등 3명이 연락 임무 수행을 위해 침투했을 때 김용규가 동료들을 사살하고 자수함으로써 김재민 가족 일당이 일망타진되었다.

김재민과 그의 가족들은 김창호 등 공작원들의 활동을 엄호했을 뿐 아니라 내륙 침투에 필요한 해안 지역 경계 상황 및 검문검색 관련 정보와 교통 및 여행 관광자료, 남파공작원들의 활동에 필요한 주민등록증과 주민등록등본 등을 수집하여 북한 공작지도부에 보고했다. 이와 함께 포섭공작에 필요한 연고자들의 주소 등 인적 사항과 신변 안전 상태 등도 확인하여 보고하는 등 엄호 및 연락거점의 임무를 수행하다 적발되었다.

김재민과 그의 가족들이 일망타진된 후 북한 공작지도부에서 김용규를 담당 지도했던 지도원과 과장 등이 해임되었으며 특히 담당 지도원은 김용규의 약점 등을 사실대로 보고하지 않고 은폐했다는 이유를 들어 협동농장원으로 강직당했다고 한다.

연고자 중심의 대남공작은 계속되고

북한이 전남 완도군 평일도에 구축해 놓았던 간첩 조직 역시 엄호 및 연락거점 성격의 지하조직이었다.

평일도에 엄호거점 성격의 지하 간첩망을 구축했던 인물은 평일도 출신으로서 6·25전쟁 때 월북했던 김석태였다.

김석태는 6·25전쟁 전에는 서울에서 대학을 다니면서 좌익계 학생운동단체 간부로 활동하다 구속되었으며 6·25전쟁 때 탈옥해서도 좌익활동을 하다가 9·28 서울수복 때 북한군에 입대해 1954년까지 복무했다. 북한군에서 제대한 김석태는 김일성종합대학 경제학부를 졸업하고 남포공산대학 교수로 재직하던 중 1960년 5월 대남공작원으로 선발되었다.

공작원으로 선발된 김석태는 초대소에 수용되어 공작에 필요한 교육 및 훈련을 받은 후 1960년 11월 당시 민주당 출신 국회의원이며 친척 형이었던 김선태를 포섭하기 위해 침투했으나 포섭에 실패해 복귀했다. 복귀 후 공작원 양성기관인 695정치대학에 들어가 3년 동안 공작원 전문교육과 훈련과정을 이수한 후 또다시 공작 일선에 투입되었다.

김석태는 1965년 3월 '평일도에 침투해 연고자들을 포섭한 다음 동생 가운데 한 명을 대동월북하며 동 조직은 향후 내륙지역 공작 엄호거점 임무를 수행하도록 하라'는 공작임무를 부여받고 해상을 통해 평일도에 침투했다. 고향에 침투한 김석태는 북한 공작지도부의 지시대로 부친 김종섭과 동생 김학태를 은밀하게 만나 포섭한 후 동생 김학태를 대동하고 복귀했다.

형 김석태를 따라 평양에 간 김학태는 5일 동안 초대소에 체류하면서 정치사상 교양을 받고 노동당에 입당했으며 그후 고향에 돌아와서는 면사무소 계장직을 사임하고 경기도 시흥으로 거처를 옮겨 양계업을 하면서 북한에서 받은 지령을 수행했다.

그후에도 남파공작원 김석태는 1965년 12월과 1967년 3월, 1968년 3월과 1971년 4월, 1975년 2월 등 수차례에 걸쳐 평일도에 침투해 북한 공작지도부와 남한 현지에서 활동하고 있던 간첩망들과의 지도 연락 임무를 성공적으로 수행하고 복귀했다.

그러나 1977년 5월 평일도 간첩 조직의 비밀을 알고 있던 한 연고자의 신고로 일망타진되고 말았다.

연고자 중심의 공작에서 탈피하라

1977년 1월 김정일로부터 중앙당 대남공작 부서 전반에 대한 집중검열(특별감사) 결과를 보고 받은 김일성은 "대남사업에서 연고자(緣故者) 중심의 공작과 회색분자, 기회주의자들을 대상으로 하는 대남공작에서 탈피해야 한다"고 강조했다.

이와 함께 '앞으로의 대남사업은 남조선 정세 변화에 주도적으로 대응할 수 있고 적구(敵區)의 어려운 환경을 스스로 극복할 수 있는 능력을 갖춘 지도핵심 공작원의 육성으로 전환할 것' 등을 지시했다.

특히 1979년 6월 적발된 삼척거점 간첩단 사건을 계기로 김일성은 "현 단계에서 남한 내에 지하당 건설은 하지 말고 지지자, 동정자 대열 확대에 주력해야 한다. 투쟁 방식에 있어서는 폭력적인 좌경 모험주의를 극복하고 혁명역량을 축적하고 대중을 교양하는 데 적절한 투쟁 구호와 투쟁 형식을 취해야 한다"고 다시 한 번 강조했다.

김일성의 지시 가운데 '대남사업'이라는 표현은 북한에서 대남공작 전반을 포괄하는 개념이다. 공작원 남파, 지하당(간첩망) 구축, 대남심리전, 테러 및 암살, 남북대화 등 북한이 남한을 상대로 전개하는 모든 것을 '대남사업'이라고 표현한다.

김일성이 강조한 바와 같이 북한은 8·15광복과 함께 대남공작을 시작한 후 1970년대 후반까지 남한과 연고가 있는 인물들을 포섭한 다음 이들을 활용해 정보 수집과 지하 간첩망 구축 등의 방식으로 대남공작을 전개해왔다. 그런데 남한 연고자 중심의 대남공작은 포섭된 남한 현지 조직원들이 변절하거나 자수하는 경우가 많아 그로 인한 간첩망 파괴 및 관련자 체포, 접선자 사망 등 각종 사고가 끊임없이 발생한다는 것이 중요한 단점이었다.

특히 1970년대에 이르러서는 남과 북에 사는 연고자들이 장기간 떨어져 살아온 관계로 가족 친척 사이임에도 상호간의 혈연 의식이 희박해졌을 뿐 아니라 남한의 연고자들이 본인의 신변 안전을 우려해 자신들을 찾아온 남파공작원들을 밀고하거나 자수를 권유하는 경우가 많이 발생했다.

이와 함께 남한 수사기관에서도 연고자 공작에 대한 취약점을 파악한 뒤 포섭 및 간첩활동이 예상되는 인물들에 대한 감시활동을 강화하는 등 특별히 관리하고 있었기 때문에 간첩망 노출 가능성이 높은 것이 사실이었다.

김일성은 위와 같은 현실을 고려해 연고자 중심의 대남조직 공작을 지양하고 공작원들이 국내에 연고가 없는 상태에서도 포섭 공작을 포함하여 어떤 임무도 독립적으로 수행할 수 있는 자질과 능력을 갖춘 지도핵심으로 준비되어야 한다고 강조했다. 또한 지도핵심 공작원들은 남한에 침투한 후 서두르지 말고 장기적으로 매복(몰래 숨어)해 생활하면서 포섭 대상을 물색하고 이들과의 관계를 점차적으로 발전시켜 최종적으로 포섭 공작을 추진하도록 하는 전술로 전환할 것을 지시했다.

이에 따라 기존부터 해오던 연고자 중심의 공작을 위해 각 초대소에 입소해 공작 교육 및 훈련을 하고 있던 남한 출신 공작원들을 일단 사회에 내보내 대기하도록 했다.

그러나 북한 공작지도부에서는 대남공작원들을 지도핵심으로 육성해 남파하라는 김일성·김정일의 지시에도 기존부터 해오던 연고자 중심의 대남공작을 칼로 두부 자르듯 딱 잘라 그만둘 수는 없는 일이었다. 이에 따라 한편에서는 김일성·김정일 지시에 따라 공작원들을 지도핵심으로 육성하기 위한 작업을 진행하면서 다른 한편으로는 연고자를 통한 대남공작을 지속적으로 추진할 수밖에 없었다.

김일성·김정일의 지도핵심 육성 방침 이행 과정에 발생한 삼척 간첩단 사건은 북한 지도부 입장에서 볼 때 연고선 공작의 단점을 그대로 드러낸 전형적인 사례라는 측면에서 의미가 있다고 본다.

김일성이 교훈 삼은 삼척 간첩단 사건

1979년 6월 14일 경찰(강원)은 북한 공작원에게 포섭되어 현지에서 노동당에 입당한 후 강원도 삼척 지역을 거점으로 지하당 조직(간첩망)을 구축하고 북한 지령에 따라 10여 년간 간첩 활동을 해온 진항식·진장식·김태룡·김상희 등 일당 9명을 검거했다고 발표했다.

경찰은 춘천에 거주하는 작명가로부터 "수년 전 삼척 원덕면 갈남리에 간첩으로 남파된 형을 숨겨주었던 사람이 있다는 말을 들었다. 형이라는 사람은 6·25 당시 월북했다고 한다"라는 내용의 첩보를 입수한 후 장기간 수사를 통해 간첩 조직을 적발·검거하는 데 성공한 것이다.

사건의 발단은 1965년 7월경 정윤규를 조장으로 하여 진현식·김홍로 등 3명으로 구성된 남파공작조가 강원도 삼척에 침투한 후 진현식의 연고자들인 진항식·김태룡·진장식 등 여러 명을 포섭하는 것으로부터 시작되었다.

당시 공작조의 조장으로 남파되었던 정윤규는 강릉에서 태어나 강릉상업학교를 중퇴하고 서울에서 대학재학 중 좌익계 학생운동에 참가했으며 6·25전쟁 시에는 강릉에서 청년단체 간부로 활동하다 9·28 서울수복 때 월북했다. 월북 이후에는 북한이 남한 출신들을 간부로 양성하기 위해 세운 개성 송도정치경제대학을 졸업(1955~1958년)한 다음 강원도 당위원회 지도원으로 재직하던 중 1964년 3월경 공작원으로 선발되어 695정치대학에서 공작 교육 및 훈련을 받은 인물이었다.

삼척 출신의 조원 진현식 역시 정윤규와 마찬가지로 강릉상업학교를 나온 후 삼척 지역에서 좌익활동을 하다가 남로당에 입당하여 간부로 활동했으며 6·25전쟁 시기에는 삼척 인민위원회 간부로 부역하던 중 9·28 서울수복과 함께 월북하여 북한군에 입대했다. 1955년까지 군 복무를 하고 제대한 진현식은 남포공산대학을 졸업한 다음 평남도 행정위원회 간부로 재직하다 1963년 10월경 공작원으로 선발되었다.

조원 김홍로도 조장 정윤규와 같은 강릉(명주) 출신에 강릉상업학교를 졸업한 인물로 서울에서 대학 재학 중 좌익계 학생운동에 참가했다. 6·25전쟁 시기 의용군에 자진 입대한 김홍로는 1956년에 북한군에서 제대해 김일성종합대학을 졸업(1956~1961년)하고 국가건설위원회 간부로 재직하던 중 1964년 초 공작원으로 선발되어 695 정치대학과 초대소에서 공작 교육 및 훈련을 받은 인물이다.

이들 3명은 강원도 내에서도 인접 지역 출신들인 데다 강릉상업학교 선후배 사이여서 예전부터 잘 알고 있었으며 남로당에서도 같이 활동한 동지로서 서로가 신뢰하는 사이였다.

중앙당 연락부에서는 바로 이들이 출신 지역 및 과거 인간관계 등에 있어서 공통점이 많다는 점을 고려하여 이들 3명으로 남파공작조를 편성한 다음 3명이 상호 협력하여 각각 고향에 살고 있는 연고자들에 대한 포섭 공작을 진행하라는 임무를 부여해 남한에 침투시켰다.

1965년 7월 중순 북한 지역인 강원도 고성에서 공작선을 타고 출발한 3인 공작조는 삼척 해안으로 침투해 먼저 진현식의 친동생 진항식에 대한 포섭 공작에 착수했다.

이를 위해 삼척 원덕면 진항식 주거지 근처로 이동해 다른 공작원들이 엄호하는 가운데 진현식이 진항식의 집에 찾아가 그를 포섭하는 데 성공했다. 이와 함께 진항식의 도움을 받아 연고자들인 김태룡·진장식·김상희·진윤식 등을 설득 및 포섭한 다음 이들로서 진항식을 책임자로 하는 지하당 조직을 내오도록 하고 북한 공작지도부와의 통신 연락체계도 구축해 주었다. 아울러 '지하당 조직 확대, 노동조합 등을 장악한 후 노사분규 배후 조종, 해안경비 상태와 군부대 이동 및 군사시설 관련 정보 수집 보고' 등을 향후 공작임무로 부여한 다음 김홍로의 연고 지역인 명주(강릉)로 이동했다.

명주로 이동한 공작조는 김홍로를 내세워 그의 연고자들을 포섭하기 위해 주거지 등을 찾아보았으나 연고자들이 사망 또는 다른 지역으로 이사해 결과적으로 포섭에 실패했다. 이에 따라 마지막으로 정윤규의 강릉 지역 연고자들을 포섭하기 위해 그가 살던 지역으로 이동해 포섭 대상들을 찾아보았으나 역시 이렇다 할 공작 성과를 거두지 못한 채 북한으로 복귀했다.

복귀 후 공작 성과를 인정받아 공작조 조장이었던 정윤규는 공작 일선에서 은퇴해 대남침투를 담당하는 중앙당 조사부 지도원으로 임명되었다.

계속되는 삼척 간첩단에 대한 공작

이러한 가운데 연락부 강원도 담당과에서는 앞서 남파되었던 진현식 등 3인 공작조의 공작 성과를 더욱 발전시키기 위해 남한에 구축된 진항식 조직을 확대하기 위한 2차 공작을 추진하기로 했다. 참고로 1970년대 당시 대남공작 부서인 중앙당 연락부에서는 1과는 경상도 담당과, 2과는 서울 및 수도권 지역 담당과, 3과는 전라도 담당과, 이런 식으로 과별로 남한 지역을 할당하고 지역별로 공작을 전개하도록 하고 있었다.

연락부에서는 이 같은 2차 공작 추진 결정을 실행하기 위해 1968년 10월 초 진현식과 김홍로 등 2명으로 구성된 남파공작조를 이들이 기존에 침투했던 강원도 고성-삼척 루트를 통해 침투시켰다.

삼척 해안을 통해 침투에 성공한 2인 공작조는 조직책인 진항식 및 조직원들과 접선한 다음 6개월 동안 이들의 도움을 받으면서 조직원들에게 정치사상 교육과 통신 연락 교육 등을 실시했다.

그런데 이들이 복귀하기로 약속한 1969년 4월 복귀 접선에 실패하자 북한 공작지도부에서는 이들에게 장기 공작으로 넘어가라는 지시를 하달했다. 이에 따라 1973년 10월 복귀할 때까지 4년 이상을 남한에 잠복해 있으면서 공작을 추진했다. 이들은 장기 잠복 공작을 진행하는 동안 김홍로와의 연고가 있는 강원도 영월과 강릉지역을 여러 차례 방문해 연고자들과의 접촉 및 포섭을 시도했으나 최종적으로 그들을 포섭하여 지하조직을 구축하는 데는 실패했다.

1973년 10월 북한으로 복귀한 2인 공작조는 약 5년간의 장기 공작 성과를 높이 평가받았으며 그후 진현식은 중앙당 연락부 지도원으로, 김홍로는 중앙당 조사부 산하 연락소 책임지도원으로 임명되었다.

북한 공작지도부에서는 1970년대 중반에 이르러 이미 조직되어 활동하고 있던 지하조직들을 재정비하여 도단위 지역지도부로 발전시키기로 방침을 정했다. 그리고 도단위 지하당 지도부가 여러 가지 형태의 합법·반합법 대중조직을 건설하고 거기에 광범위한 대중을 참여시켜 조직의 대중적 지반을 더욱 공고히 하는 동시에 혁명의 결정적 시기를 앞당기기 위한 대중투쟁과 사회 혼란 조성을 위한 활동을 보다 강화하는 것을 당면과제로 제시했다.

이 같은 방침을 실현하기 위해 연락부 강원도 담당 공작과에서는 진항식·김태룡 중심의 지하조직과 강원 지역의 다른 지하조직 2개를 지도할 공작조를 침투시켜 총 3개의 지하조직을 재정비하여 강원도 지역지도부로 발전시킬 것을 계획했다.

그리고 동 계획을 실행에 옮기기 위해 같은 강원도 출신이면서 남파공작 경험이 있는 김명기·이장석 2인 공작조를 침투시키기로 하고 진항식 조직을 직접 구축한 진현식·김홍로 등을 만나 그들로부터 공작 진행 전 과정에 대해 청취하는 방식으로 조직 내부 상황을 구체적으로 파악하도록 하는 등 남파공작 준비를 빈틈없이 했다.

당시 김명기·이장석 공작조가 받은 임무는 우선 '강원도 삼척과 영월, 명주 지역에 이미 구축되어 활동하고 있는 3개의 지하당 조직을 접선·검열하고 3개 조직의 핵심들로서 통일혁명당 강원도 지역지도부를 건설'하는 것이었다.

다음으로 '강원도 지도부와 각 지역 지하조직이 각각 기층조직(하부조직)을 건설하도록 지도하는 동시에 지하당 조직들이 여러 가지 형태의 합법 및 반합법 대중조직을 만들고 여기에 각계각층을 참여시켜 혁명의 대중적 기반을 확대하도록 지도'하는 것이었다.

이와 함께 '삼척과 영월 등 노동자 밀집 지역에서 대중 투쟁을 더욱 활발히 벌이고 이들의 투쟁을 폭력 투쟁으로 발전시켜 혁명의 결정적 시기를 앞당겨 조성할 수 있도록 지하당 조직과 당원들을 지도'하는 것이었다.

이렇게 철저한 대남침투 준비와 함께 남한에서 수행할 공작임무를 부여받은 김명기·이장석 공작조는 1974년 7월 휴전선 동부 지역을 통해 명주 북부 지역까지 침투하는 데 성공했다.

침투에 성공한 김명기·이장석 공작조는 먼저 명주에 있는 지하조직과의 접선을 시도했으나 조직원들의 접선 기피로 접선에 실패했다. 명주에 구축해 놓았다는 지하조직이 사실상 실체가 없는 가짜 조직이었기 때문이다.

원래 1960년대 중반 명주 출신의 북한 공작원이 해당 지역에 침투한 다음 연고자들을 접촉, 포섭해 지하조직을 만들려고 시도했다. 그러나 당시 남파공작원을 만난 연고자들이 "서로가 위험하니 빨리 돌아가라"며 더 이상의 만남을 거부하는 바람에 포섭 공작을 추진하지 못하고 산악에 잠복했다가 사전에 정한 접선 날짜에 침투조와 접선해 복귀하고 말았다. 빈손으로 복귀한 명주 출신 남파공작원은 복귀 후 사실대로 공작 결과 보고를 하지 않고 '연고자들을 포섭해 당원으로 입당시켜 지하조직을 구축했다'고 허위로 보고했다. 허위 보고 내용이 사실인 것처럼 공작지도부의 기록으로 남아 있었기 때문에 존재하지도 않는 지하당 조직이 존재하는 조직처럼 되어 있었고, 따라서 존재하지도 않는 가짜 조직, 허위 조직과의 접선에 실패한 것은 당연한 일이었다.

물론 김명기·이장석 공작조가 북한으로 복귀한 후 명주에서의 지하조직 접선 실패 결과를 사실대로 보고했고, 이에 따라 명주에 남파되어 지하조직을 구축했다고 보고했던 공작원을 추궁한 결과 그가 허위 보고했음을 실토했다.

명주에서의 접선 지도 공작에 실패한 김명기·이장석 공작조는 영월에 조직되어 있다는 지하조직과의 접선을 위해 영월 지역으로 이동했다.

영월에 침투한 공작조는 북한에서 접선하기로 한 대상(조직원)과의 접선에는 일단 성공했으나 그가 기존에 침투했던 공작원이 보내는 편지조차 접수하기를 거부하는 상황이 벌어졌다. 영월의 접선 대상(지하조직원)을 포섭했던 북한 공작원은 그의 친형이었는데 결과적으로 형이 보낸 편지마저 거부한 것이다. 그는 "자식들 거느리고 벌어 먹고살기도 힘든 상황에서 다른 것 생각할 여유가 없고, 신변이 위험하니 다시는 접근할 생각조차 하지 말고 빨리 돌아가라"며 2차 접촉을 강력히 거부했다. 결과적으로 영월에서의 지하조직 지도 공작도 실패한 것이다.

마지막으로 삼척으로 이동한 김명기·이장석 공작조는 삼척 지역 지하당 조직책인 진항식과의 접선에 성공했다.

접선에 성공한 김명기·이장석 공작조는 지하조직 현황을 구체적으로 파악한 후 동 조직이 살아 움직이는 조직이며 조직원들 또한 혁명성이 높고 조직 규율 측면에서도 손색이 없는 견고하고 믿음직한 사람들이라고 평가했다.

그러나 진항식 조직을 제외한 2개 조직이 허위 조직 또는 사실상 죽은 조직으로 밝혀지는 바람에 3개의 지하당 조직 핵심들을 묶어 강원도 지역지도부로 확대하려던 본래의 계획 즉, 북한 공작지도부로부터 부여받은 공작임무는 실행에 옮길 수 없었다.

이러한 상황에서 공작조 독단으로 문제를 해결하려고 할 것이 아니라 북한 공작지도부에 보고한 후 결론에 따라야 한다고 판단하고 북한으로 복귀하여 보고하기로 했다.

삼척 간첩단의 싱거운 종말

북한에 복귀한 김명기·이장석 공작조는 중앙당 대남담당 비서 김중린과 연락부장 정경희 등 대남공작 부서 고위 간부들이 참석한 가운데 진행된 공작 결과 보고 회의에서 자신들이 진행한 3개 지하조직에 대한 지도 검열 결과를 사실대로 보고했다.

회의 전에 큰 기대를 하고 있다가 3개 간첩 조직 가운데 2개가 허위 또는 쓸모없는 조직이라는 뜻밖의 결과를 보고받은 김중린은 노발대발하면서 연락부장 정경희에게 화를 돌렸다. 그는 정경희에게 "허위 보고한 공작원들을 재검토하여 처벌하고 담당 간부들에 대해서는 당적으로 강하게 문제를 세우라"고 호통치는 등 극도로 신경질적인 반응을 표출했다. 이에 따라 과거 명주와 영월 지역에 남파되었던 공작원들을 불러 추궁한 결과 공작 성과를 허위로 보고하거나 과장해 보고한 사실이 밝혀지게 되었으며 그로 인해 해당 남파공작원과 간부들은 처벌을 면할 수 없었다.

1975년에 이르러 북한 공작지도부에서는 남한의 각 도에 도당 지도부를 복선으로 구축하는 한편, 각 지도부는 일정한 지역 또는 부문 중심의 조직 활동을 전개하도록 공작 방침을 새롭게 제시했다.

구체적으로 설명하면 우선 각 도에 산발적으로 만들어 놓은 지하당 조직 가운데 조직력과 활동성이 강한 2개 이상의 조직을 도급 지도부 조직으로 승격시켜 각 도에 도급 지도부 조직을 복선으로 구축해 놓겠다는 것이다. 다음으로 도급 지도부로 격상된 조직들에는 '강원 남부 지역 지도부' 또는 '경기 북부 지도부' 등의 조직명을 부여하거나 '경기 남부 지역 노동운동 지도부', '전남 북부 지역 농민운동 지도부' 등의 명칭을 부여해 도급 지도부 기능을 수행하면서 일정한 지역 또는 부문을 관장하도록 하겠다는 것이었다.

이 같은 대남공작 방침을 실현하기 위해 중앙당 연락부 강원도 담당과에서는 1975년 4월 김명기·이장석 공작조에 "삼척 지역 진항식 조직을 강원도 지도부 형태로 발전시킬 것"을 공작임무로 부여해 또다시 남한에 침투시켰다.

기존에 침투했던 경로를 통해 삼척 지역으로 재침투에 성공한 김명기·이장석 공작조는 진항식 등과 접선하고 그들의 도움을 받아 1개월 가량 잠복하면서 부여받은 공작임무를 수행했다. 이들은 진항식 등 전체 조직원들을 소집해 회의를 열고 "노동당 중앙위원회의 결정에 따라 진항식·김태룡·진장식을 도급 지도부 성원으로 임명하며 진항식을 위원장으로, 김태룡·진장식을 부위원장으로 하는 통일혁명당 강원도 지도부를 내온다(세운다)"는 것을 선포했다.

이후 지하당 조직원들에 대한 사상교육과 함께 연락체계를 다시 구축해준 다음 신형 무전기와 암호표, 난수표 등 통신 연락 수단과 문건들을 전달하고 필요한 교육과 실습도 진행했다.

김명기·이장석 공작조가 1975년 5월 말 북한으로 돌아갈 때는 진항식 등 '통일혁명당 강원도 지도부' 성원들이 김일성에게 충성하겠다는 맹세문을 작성하도록 한 다음 이것을 가지고 복귀했다.

1975년 5월 진항식을 중심으로 하는 '통일혁명당 강원도 지도부'가 만들어진 후 북한 공작지도부와 40여 회의 무전 및 무인포스트를 통한 연락을 주고받으면서 북한의 지령에 따라 간첩 활동을 진행했다.

이들은 노동자·농민들을 상대로 상조계, 일심계 등 친목단체를 조직하여 대중을 조직화하는 한편 이들을 배후에서 조종하여 노사분규를 일으키고 사회 혼란을 조성하도록 했으며 각종 군사기밀을 탐지하여 북한에 넘겨주는 등 활발하게 활동했다.

북한 공작지도부에서는 이들의 공작 성과를 높이 평가하여 북한 정권 수립 30주년이 되는 1978년 9월 통일혁명당 강원도 지도부 성원들인 진항식·김태룡·진장식, 그리고 남한에 침투하여 이들을 직접 포섭 지도한 남파공작원 5명 모두에게 국기훈장 제1급을 수여하기도 했다.

그러나 북한 공작지도부가 그토록 신임하고 크게 기대를 걸고 있던 통일혁명당 강원도 지도부 조직은 핵심 조직원의 가족이 점쟁이에게 점을 치러 가서 말을 잘못하는 바람에 허무하게 일망타진되고 말았다.

당시 점을 보러 갔던 핵심 조직원의 가족은 점쟁이가 "어느 쪽에서 온 사람이 집안에 큰 화를 미칠 것"이라고 막연하게 이야기했는데 '도둑이 제 발 저리다'는 속담처럼 "이 양반이 내가 북한에서 나온 공작원들을 은신시켜 준 것을 알고 하는 말인가"라는 식으로 착각하고 실언을 한 것이다. 이것이 단서가 되어 점쟁이의 신고로 간첩조직 전체가 노출·검거된 것이다.

북한은 관련 사실이 발표되자 방송을 통해 한국 정부를 '애국자, 혁명가들을 탄압 학살하는 파쇼 폭압 정권'이라고 매도하면서 자신들이 개입된 공작이라는 사실은 숨긴 채 "검거된 사람들은 통일혁명당 강원도 지도부 성원들인 열렬한 애국자, 혁명가"라며 높이 평가하기도 했다.

Chapter 6
|6장

폭발 뒤의 침묵
_테러의 시대

1980년대 북한 공작지도부의 대남정세 판단

1970년대 말~1980년대 초까지는 한반도에 있어서 대격변의 시기였다고 평가할 수 있다. 북한에서는 1980년 10월 노동당 제6차 대회를 통해 김정일을 김일성의 후계자로 공식화함으로써 김일성-김정일 시대가 열리게 되었다.

김정일은 1974년 김일성의 후계자로 공식 결정된 후 '당의 유일사상체계 확립의 10대 원칙'을 발표하고 이를 기반으로 후계체제 구축 작업을 본격적으로 진행해왔다. 이에 따라 김정일이 김일성의 후계자임을 대외적으로 공식화한 1980년에 이르러서는 당·정·군은 물론 대남공작기관까지 완벽하게 장악한 상태였다. 따라서 이때부터는 김일성-김정일 공동정권이 아니라 명실상부한 김정일 1인 정권이라고 해도 과언이 아닐 정도였다.

이와 같이 북한이 정치적으로는 후계 구도 완성에 나름대로 성공했으나 경제는 서서히 병들어가고 있었다. 이는 무엇보다 김일성·김정일 부자의 호화사치 생활과 우상화 작업에 막대한 자금을 투자한 것과 무관하지 않다. 여기에다 나라와 인민을 위해 특별히 해 놓은 것 없이 통치자의 아들이라는 이유 하나만으로 후계자로 등극한 김정일이 측근들과 주민들의 환심을 얻기 위해 선심성 선물을 남발하는 데 거액의 자금을 탕진했기 때문이다.

반면 한반도의 남쪽인 대한민국은 일대 혼란기에 접어들었다. 1970년대 말 박정희 정권의 유신 체제에 반대하는 청년 학생들의 격렬한 반독재 민주화 시위와 노동운동이 고양되는 등 대중투쟁이 활발하게 전개되었고, 이같은 전체적인 민심이반은 부마항쟁으로 폭발했다.

이러한 가운데 불행하게도 1979년 10월 26일 박정희 대통령이 궁정동 안가에서 김재규 중앙정보부장에 의해 암살되는 '10·26 사태'가 발생했다. 이는 전두환 신군부에 의한 12·12 군사반란으로 이어졌고 이후 '서울의 봄'으로 민주화 열기가 더욱 거세지자 반란군의 5·17 비상계엄 전국 확대, 5·18 광주 민주화 운동으로 연결되었다.

군사쿠데타로 권력을 잡은 전두환 신군부는 공안기관을 앞세워 강압적인 통치를 실시했으며 이에 따라 전두환 정권을 반대하는 반군부·반독재 민주화 운동이 끊임없이 전개되었다. 이 과정에 '미국이 5·18 무력 진압을 용인했다'며 미국의 책임을 묻는 목소리가 고조되었으며 이는 해방 이후 최초로 대중적 차원에서의 반미 구호가 전면에 등장하고 반미투쟁이 활발하게 전개되는 계기가 되었다.

이같은 상황에서 북한 대남공작지도부는 10·26을 1970년대 후반 격렬하게 전개된 청년 학생들의 반파쇼 민주화 운동이 가져온 필연적인 결과로 평가했다. 아울러 반미 구호의 등장에 이어 반미투쟁이 고조된 것을 1980년대 대남정세의 가장 큰 진전인 동시에 특징이라고 판단했다.

이와 함께 남한의 민주화 운동 세력이 의식화·조직화 되면서 대중투쟁이 새로운 단계로 발전했다고 파악했다. 말하자면 민주화 운동 과정에 의식화된 청년 학생들이 노동현장에 침투하여 노동자들을 의식화·조직화함으로써 노동운동을 새로운 높은 단계로 발전시켰으며 이에 따라 노동자 계급이 청년 학생들과 함께 반파쇼민주화·반미자주화 투쟁에서 주도적인 역할을 하게 되었다고 평가했다.

또한 민주화 운동 세력의 좌경화 경향이 뚜렷해지는 등 운동 세력의 질적 변화가 일어났다고 분석했다. 청년 학생들이 공산주의 사상인 마르크스-레닌주의를 지도이념으로 받아들이기 시작했으며 더 나아가 주체사상(또는 NL)을 지도이념으로 받아들이는 세력까지 나타나게 된 것에 특별히 주목했다.

특히 민주화 운동 과정에 주체사상을 신봉하고 추종하는 세력(주사파)이 대거 배출되었다고 탄성을 지르면서 주사파를 어떤 방식으로 조직화하고 나아가서 북한 공작지도부가 남한의 주사파 세력을 어떻게 장악하고 지도할 것인가에 대해 고민하기까지 했다. 일부 대남공작부서 간부들은 남한 청년 학생들이 김일성과 김정일을 '위수김동(위대한 수령 김일성동지)', '친지김동(친애하는 지도자 김정일 동지)'이라는 약어로 된 존칭사를 쓰면서 투쟁에 나서고 있다며 흥분하기도 했다.

통일운동의 대중화가 이루어진 것도 북한 대남공작지도부가 긍정적으로 평가한 부분이었다. 북한은 4·19혁명 이후 20여 년 만에 통일운동이 반미자주화·반파쇼민주화 구호와 함께 대중투쟁의 기본 구호로 전면에 등장한 것에 대해 높이 평가하면서 큰 관심을 돌렸다.

그러나 김정일과 북한 대남공작지도부에서는 전두환 군부정권이 민주화 운동 세력에 대한 감시와 통제를 그 어느 때보다 강화하는 등 '파쇼적이고 폭압적인 정치'에 매달리고 있기 때문에 대남공작을 공격적으로 전개하기에는 여건과 환경이 상당히 불리하다고 판단했다.

5·18을 아쉬워한 김정일

이러한 가운데 발생한 5·18 광주 민주화 운동은 김일성의 후계자로서 북한 권력을 실질적으로 장악한 김정일과 북한 대남공작지도부에 큰 충격을 주었을 뿐 아니라 이들을 당황하게 만들기에 충분했다.

김일성과 김정일, 그리고 북한 대남공작지도부는 광주에서 민주화 운동이 시작된 초기에는 서울이나 여느 지역에서 일어나는 시위와 별반 다르지 않다고 생각하고 있다가 시민군이 광주를 완전히 장악(05.21)한 소식이 알려지자 흥분을 감추지 못하면서도 크게 당황하지 않을 수 없었다. 그렇지 않아도 그로부터 20년 전인 1960년 4·19 민중 봉기가 일어났을 때 무력 남침을 단행하지 못한 것을 두고두고 천추의 한으로 품고 있던 김일성이었고 그의 아들 김정일이었다.

그런 김정일이었기에 1980년 10월에 진행되는 노동당 제6차 대회를 앞두고 후계 체제 구축 작업에 여념이 없던 상황에서도 노동당 대남담당비서 겸 통전부장 김중린과 대남침투 및 특수공작임무를 수행하는 중앙당 조사부 임호군 부장 등 대남공작부서 고위간부들을 급히 불렀다.

김정일은 조사부장 임호군에게 "몇 년 전 나에게 격술과 사격 등 특수훈련 시범을 보여준다며 전투원(침투요원) 100여 명을 동원해 행사 준비를 한다고 보고받았던 기억이 나는데 이들이 지금 어디에서 무엇을 하고 있느냐?"라고 다급하게 물었다고 한다.

김정일의 갑작스런 질문에 조사부장 임호군은 "1976년 남조선에 파견했던 전투원 1명(김용규)이 동료들을 쏴죽이고 자수하는 바람에 지도자 동지를 모시고 진행하려던 1호 행사(김부자가 참석하는 행사)를 취소했는데 그때 행사 준비에 동원되었던 100여 명의 전투원들은 조사부 산하 각 연락소에 분산 배치했습니다"라고 대답했다는 것이다.

조사부장 임호군의 말을 들은 김정일은 "100여 명의 전투원들을 뿔뿔이 배치하지 않고 그냥 유지하고 있었다면 이럴 때 정말 좋았을 텐데 …"라며 못내 아쉬워했다는 후문이다.

사실 김정일의 생각대로 100여 명의 전투원들이 각 연락소에 분산 배치되지 않고 모여서 훈련하고 있었다 해도 단기간 내에 이들을 준비시켜 남파하는 것은 쉽지 않은 일이었을 것으로 생각한다.

알려진 바와 같이 광주 시민군이 예비군 무기고에서 무기를 탈취해 광주를 자신들의 해방구로 만들었던 기간은 5월 21일~5월 27일까지 '불과' 일주일이다. 일주일이라는 기간이 대규모 군 병력 투입이 임박한 상황에서 최대의 긴장감을 유지하고 있던 시민군이나 무력화된 공권력을 회복해야 하는 정부의 입장에서는 긴 시간이었을지 모르지만 완벽한 준비를 바탕으로 한 치의 실수도 없이 대남침투와 함께 주어진 공작임무를 수행해야 하는 특수요원들의 입장에서는 너무도 짧은 기간이라고 할 수 있다.

일부의 주장처럼 북한이 인민군 특수병력이나 간첩들을 대규모로 광주에 들여보내 민주화 운동에 개입했다면, 불과 일주일이라는 짧은 기간 안에 대남침투에 필요한 모든 준비를 마치고 실제로 남한에 침투해 작전(공작임무)을 완수한 뒤 무사히 복귀해야 했을 것이다. 그러나 일주일 만에 대남침투를 포함한 특수 작전을 준비하고 작은 사고나 실수조차 없이 완벽하게 성공시킨다는 것은 인간의 능력으로는 불가능한 일이다.

물론 전쟁이 일어나기 직전에 전쟁 발발을 전제로 하는 경우, 또한 전쟁이 진행되고 있는 상황이라면 단기간 내에 대규모 병력에 의한 대남침투 및 작전이 가능하다. 즉, 1976년에 발생한 8·18 판문점 도끼 만행 사건 직후처럼 전쟁이 일어날 가능성이 상당히 높은 경우 전쟁 발발에 대비하기 위해, 또는 전쟁이 한창 진행되고 있는 상황이라면 단기간 내에 특수병력을 남한에 침투시켜 군사작전을 수행하는 것은 가능하다는 이야기다.

그런 군사작전은 전쟁이 발발한 다음이나 전쟁 와중에 진행되는 것이므로 상대방에 대해 어디에서 어떤 규모의 군사공격을 감행하더라도 전혀 이상하지 않고 오히려 정상이라고 할 수 있기 때문이다. 또 그와 같은 작전과정에 침투했던 인원이 체포되거나 사망하는 등 실수를 하거나 작전 자체가 실패하더라도 전쟁이라는 이유로 정당화될 수 있기 때문이다.

그러나 전쟁이 아닌 평화 시기에 상대방의 후방에 군 병력을 대거 침투시켜 무력으로 공격하다 실수하거나 발각될 경우에는 곧바로 전면전으로 이어질 수 있기 때문에 그와 같은 무모한 행위는 정상적인 사고방식을 가진 지도자라면 할 수 없을 것이다.

제2의 5·18에 대비하라

1981년 4월 어느 날, 김정일정치군사대학(당시 금성정치군사대학) 전투원반 입학생들이 신병훈련을 받던 내무반으로부터 얼마 멀지 않은 곳에 있던 3층짜리 대학병원 건물에 100명의 신입생이 갑자기 입교해 별도로 신병훈련을 시작했다.

25명씩 4개 소대로 편성되어 신병훈련을 받고 있던 이들은 한 눈에 보기에도 전투원 양성과정 신입생들처럼 고등중학교 졸업생이 아니었다. 전투원 양성과정 신입생들은 이미 같은 해 2월에 입학해 2개월간의 신병훈련을 마치고 본과 배치를 앞둔 상황이어서 이들을 지켜보고 있던 많은 이들이 궁금해하는 것은 당연했다.

결과적으로 긴 시간이 흐르면서 이들에 대한 궁금증이 풀렸는데 이를 설명하자면 다음과 같다.

김정일이 중앙당 작전부장 등 대남공작부서 고위 간부들을 소집했을 때 5·18 광주 민주화 운동에 개입하지 못하게 된 것을 못내 아쉬워하는 모습을 곁에서 지켜본 노동당 대남담당비서 김중린은 오랫동안 대남공작에 종사한 전문가답게 김정일을 기쁘게 할 아이디어를 생각해냈다.

자신의 아이디어를 구체화한 김중린은 김정일에게 "우리가 이번에 일어난 5·18은 사전에 준비를 하지 못해 어쩔 수 없이 기회를 놓쳤지만 이와 같은 상황이 다시 발생한다면 또 놓칠 수는 없다.

그러기 위해서는 5·18과 같은 상황이 발생할 경우 훈련된 특수요원들을 즉시 침투시킬 수 있게 철저히 준비시켜야 한다.

그 준비의 일환으로 전국의 대학생들 가운데 100명의 무장선전대원을 선발해 훈련시키려고 한다"라고 보고했다.

말하자면 광주 5·18과 같은 사태가 발생할 경우 이들 100명을 즉시 투입해 북한이 원하는 방향으로 상황을 이끌어가겠다는 의도였다.

이러한 내용의 보고를 올려 김정일의 허락을 받은 김중린은 곧바로 자신이 부장으로 있던 통일전선부에 지시해 전국의 대학생들 가운데 정예분자 100명을 선발하는 등 실제 행동에 돌입했다.

이에 따라 통일전선부는 중앙당 조직지도부의 협조로 각 시·도당 조직부 간부과에 지시를 내려보내 김일성종합대학을 비롯한 각 대학의 1~2학년 재학생들 가운데 무장선전대 요원을 선발하는 작업에 착수했고 최종적으로 정예요원 100명을 선발했다.

이와 함께 당국은 김정일정치군사대학에 지시를 내려 무장선전대 요원들에 대한 교육 및 훈련 계획안을 구체적으로 만들도록 했다. 김정일정치군사대학에서는 과거 울진·삼척 무장공비 침투 사건 당시 교육과 훈련을 실제로 담당했던 관계자 및 사건 관련자들을 불러 무장선전대반 교육 및 훈련 계획을 구체적으로 수립하는 작업을 진행했다.

이와 같이 모든 준비를 완료한 다음에는 전국 대학에서 최종 선발된 1~2학년 재학생 100명을 소환해 25명씩 4개 소대로 편성하고 1개월간의 신병훈련을 받도록 했다.

신병훈련을 마친 다음에는 1984년 초까지 3년간 무장선전대 전문 교육과 훈련 과정을 이수하도록 했다. 물론 교육 내내 전투원반 학생들과는 기본적으로 분리시켜 생활하도록 했다.

한편 무장선전대반 교육생들에 대한 교육과 훈련은 김정일정치군사대학의 공작원반 담당 교수 및 교관들이 담당하도록 했고, 과거 울진·삼척 무장공비 침투 사건에 관여했던 일부 관계자들도 투입되었다. 그래서인지 이들의 교육 및 훈련 내용은 공작원반과 전투원반의 커리큘럼을 반반씩 짜깁기해 놓은 것과 유사했다. 예를 들면 공작원반 교육생들에게 필수적으로 가르치는 '지하당 건설'이 이들의 교과목으로 편성되었고 그외에도 전투원반 교육생과 마찬가지로 격술과 사격, 게릴라전 훈련 등이 비중있게 병행되었다.

이렇게 100명으로 시작한 3년간의 무장선전대반 교육 및 훈련 과정에 1명이 실탄 사격 훈련 도중 오발사고로 팔에 관통상을 입은 후 치료를 받고 제대했으며 다른 1명은 건강상의 문제가 생겨 도중에 전역함으로써 98명이 최종적으로 졸업했다.

그런데 무장선전대반 교육생들이 졸업을 몇 개월 앞둔 1983년 말

무장선전대 요원 양성을 기획하고 지휘했던 김중린이 노동당 대남담당비서 겸 통일전선부장 직책에서 해임되는 사건이 발생했다. 당시 김중린은 1983년 가을 미얀마에서 발생한 아웅 산 묘소 폭파 사건 실패에 대한 책임을 지고 노동당 대남담당비서 겸 통일전선부장 직책에서 물러나 조선중앙통신사 사장으로 임명되었다. 북한 특수요원들에 의한 아웅 산 묘소 폭파로 남한 정부요인들이 대거 사망했음에도 북한이 이를 실패했다고 평가하는 이유는 전두환 대통령을 시해하려던 원래의 목적을 달성하지 못했기 때문이다.

사실 3년간 양성한 무장선전대원들을 5·18과 같은 상황이 발생할 경우에 즉시 침투시키기 위해서는 기본교육 및 훈련 과정이 끝난 후에도 인원 유지는 물론 보다 강도 높은 교육과 훈련을 통해 전투능력 또한 그대로 유지한 상태에서 대기하도록 해야 하는데 그렇게 할 수 있는 상황이 아니었던 것이다.

무장선전대반이 교육 및 훈련을 받는 3년 사이에 제2의 5·18이 일어나기는커녕 일어날 조짐도 보이지 않는 데다, 무장선전대반 양성을 기획하고 지휘했던 김중린마저 노동당 대남담당비서 겸 통일전선부장 직책에서 물러나는 바람에 이들은 졸지에 '낙동강 오리알' 신세가 되고 말았다.

이에 따라 무장선전대반 졸업생 98명 가운데 7~8명 정도는 통전부 소속 공작원으로 선발되고 2~3명은 김정일정치군사대학 교관으로 배치되었으며 나머지 인원은 통일신보사와 조국통일사, 대남방송을 담당하는 칠보산연락소 등 통전부 산하 연락소와 기관들에 뿔뿔이 흩어졌다. 결과적으로 제2의 5·18을 기대하고 준비했던 북한의 대남무장선전대원 양성은 용두사미로 끝나고 말았다.

당시 무장선전대반을 졸업하고 통전부 산하 기관에 배치되었던 대표적인 인물이 바로 2015년 조국통일연구원 부원장 직책으로 미국 CNN 방송과의 인터뷰에 출연했던 박영철이다.

박영철은 1980년대 후반 통일신보사 기자 신분으로 월북자 기자회견에 나와 질문을 한 바 있는데 지난 2015년 5월 7일 방영된 미국 CNN방송과의 인터뷰에서는 조국통일연구원(통전부 산하) 부원장 직책으로 출연했다.

그는 당시 미국이 압박할 경우 "우리는 이미 핵을 보유했다"며 미국 본토에 핵미사일을 발사할 수 있다고 경고했다. 미국 본토를 타격할 수 있는 장거리 미사일을 보유했느냐는 물음에는 "물론이다"라고 주장하기도 했다. 이어 "북한이 그 무기(장거리 핵미사일)를 사용할 것을 고려하느냐"는 질문을 받자 "미국이 우리에 대해서 그걸 강요할 때 그렇게 할 것"이라고 대답한 바 있다.

당시 조국통일연구원(통전부 산하) 부원장 박영철(출처_CNN)

이와 같이 5·18과 관련하여 김정일이 아쉬워했던 내용이나 5·18 이후 북한이 취했던 조치에 대해 필자가 직접 목격하거나 대남 공작부서 간부들로부터 들어서 알고 있던 내용을 간략하게 서술했다.

그러나 당시 김일성과 김정일을 위시로 하는 북한 최고지도부가 5·18과 관련해 구체적으로 어떤 조치들을 취했었는지에 대해서는 필자로서도 전부 알 수 없기 때문에, 오해가 없도록 하기 위해 위에 서술한 내용이 전부가 아닐 것이라는 점을 강조해두고 싶다.

'신순녀'로 둔갑한 이선실

1979년 11월 어느 날 밤, 원산항으로 정체불명의 선박이 조용히 입항하고 있었다. 선박에는 키가 작고 통통한 60대 중반의 세련된 할머니가 타고 있었는데 그가 바로 일본에 침투했다 복귀하는 이선실이다.

일본에 살고 있던 전주 출신 재일교포 여성 신순녀의 호적을 자신의 것으로 만듦으로써 완벽하게 신분을 세탁하는 데 성공한 이선실이 의기양양한 모습으로 김일성을 만나기 위해 공작선을 타고 '조국'으로 복귀한 것이다.

원산항에 도착한 이선실은 그곳에 미리 나와 기다리고 있던 중앙당 연락부 부부장 등 고위간부들과 반갑게 포옹한 다음 그들과 함께 승용차를 타고 평양으로 향했다. 평양에 도착해서는 특별초대소에 체류하면서 그동안 일본에서의 공작활동 결과를 구체적으로 보고하는 한편 김일성을 접견할 준비도 빈틈없이 했다.

그로부터 얼마 지나지 않은 12월 어느 날, 김일성을 만난 이선실은 김일성으로부터 "여성으로서 나이도 적지 않은데 정말 대단한 일을 했다"는 칭찬과 함께 앞으로 남조선에 침투해 수행할 공작임무와 함께 활동 방향에 대해서도 구체적으로 지시를 받았다.

사실 이선실이 재일교포 신순녀로 완벽하게 신분을 세탁하는 것은 쉬운 일이 아니었다.

이선실은 신순녀로 신분을 세탁하기 위해 먼저 일본에 살고 있던 신순녀를 공작선이 있는 해안으로 유인한 다음 공작선에 태워 북한으로 보내는 작업부터 진행했다. 사실상 납치였다. 북한 공작지도부에서는 공작선으로 북송된 신순녀로부터 본인의 신상정보는 물론 그가 살아온 과정, 가족 및 친척관계와 가족사 등을 구체적으로 파악했다. 이렇게 파악한 신순녀의 신상정보와 가족사, 가족 및 친인척 관련 정보를 이선실에게 넘겨주어 그가 신순녀로 완벽하게 둔갑할 수 있도록 지원했다.

특히 이선실은 신순녀가 어렸을 때 언니와 함께 지내면서 겪었던 일 가운데 언니가 기억할 만한 몇 가지 일을 전후 사연과 함께 구체적으로 파악한 다음 그대로 머릿속에 입력했다.

이와 같은 방식으로 감쪽같이 신순녀로 둔갑한 이선실은 1970년대 중반 '재일동포 모국방문단' 일원으로 두세 번 한국을 방문해 전주에 살고 있던 신순녀의 친언니를 찾아갔다.

당시 80대였던, 신순녀의 친언니는 동생인 신순녀와 너무도 오래 전, 신순녀가 너무도 어렸을 때 헤어졌고 그때까지 한번도 만나지 못하고 지내왔기 때문에 신순녀의 어릴 적 모습밖에 기억하지 못하고 있었다고 한다. 그런 상태에서 이선실이 나타나 본인이 '신순녀'라며 어렸을 때 겪었던 일, 언니와 공유할 수 있는 기억 한두 가지를 구체적인 상황까지 곁들여가며 이야기하자 이선실을 정말 자신의 친동생(신순녀)으로 착각할 수밖에 없었던 것이다.

이러한 방식으로 이선실은 한국에 살고 있던 신순녀의 언니와 친인척들은 물론 일본에 거주하고 있던 신순녀의 연고자들로부터 본인이 '신순녀'가 맞다는 증언을 받아냈다. 그리고 이를 바탕으로 재판을 통해 말소되었던 신순녀의 호적을 되살림으로써 법적으로 '신순녀'의 신분을 획득하는 데 성공했다. 말 그대로 신분세탁을 완벽하게 한 것인데 이를 대남공작 용어로는 '법적 합법을 쟁취하는 데 성공했다'고 표현한다.

이선실이 '법적 합법을 쟁취하는 데 성공'한 것은 김정일이 노동당 대남공작부서를 장악한 후 기존부터 해오던 연고선 공작에서 탈피해 '공작원들이 남한에 침투한 다음 토대를 구축하고 장기적으로 매복해 공작을 진행하라'고 강조하고 있던 때여서 김정일의 칭찬을 받기에 충분했다.

이선실이 적지 않은 나이임에도, 그것도 여성으로서 완벽한 신분세탁을 통해 '법적 합법을 쟁취'하는 데 성공했다는 보고를 받은 김정일은 만족을 표시하면서 이선실이 남한에 침투하기 전에 잠깐 북한으로 불러들여 김일성을 접견하게 해주라고 지시했다.

사실 공작원을 포함하여 모든 북한 주민들은 김일성과 김정일 등 김 씨 일가를 직접 만나는 것을 최상의 영광으로 간주한다는 점에서 김정일이 이선실을 데려다 김일성을 만나도록 해준 것은 대단한 선물이었다고 할 수 있다.

이선실, 조선노동당 남조선 지역 총책임자로 임명되다

이런 과정을 거쳐 이선실을 만난 김일성은 "나이도 적지 않은데 여성으로서 법적 합법을 쟁취"한 것에 대해 "대단한 일을 했다"고 칭찬한 다음 대남공작부서에서 만들어준 보고서를 토대로 이선실에게 구체적인 활동방향과 공작임무를 부여했다.

당시 김일성이 이선실과 공작부서 간부들을 만난 자리에서 지시한 내용은 대략적으로 이런 것들이었다.

> 동무는 앞으로 남조선에 들어가 조선노동당의 남조선 지역 총책임자로 활동할 것.
>
> 남조선에 침투하면 장기토대구축 공작 전술에 따라 활동할 것. 다시 말하면 무엇보다 안전하게 생활할 수 있는 토대(엄호거점)를 구축한 다음 의심받을 만한 행동은 일체 자제한 상태에서 장기적으로 잠복해 본부와 정상적으로 연락하면서 공작활동을 전개할 것.
>
> 남조선에 장기적으로 잠복해 공작활동을 전개하는 데서 중요한 것은 혁명의 지지자·동정자를 확보하는 것이며 이를 위해 노동자·농민·청년 학생 등 기본계급 속에 들어가 그들과 친분관계를 맺은 다음 그들이 어떤 생각과 사상을 갖고 있는지 파악할 것.

그 과정에 남조선 혁명과 조국통일에 대한 확고한 의지를 가지고 있는 대상을 발견하면 그와 생각이나 사상을 공유하는 정치적 관계로 발전시키고 시간을 두고 충분히 검증한 다음 뜻을 같이 하는 동지적 관계로 발전시킬 것.

동지적 관계를 형성한 다음에는 동일한 투쟁목표를 실현하기 위한 지하당 조직을 만들어 활동하는 조직적 관계로 발전시켜야 하는데 지금은 남조선 당국이 진보인사들에 대한 탄압을 그 어느 때보다 강화하고 있기 때문에 조직적 관계까지는 나가지 말 것.

따라서 현 단계에서는 당중앙위원회(북한 공작지도부)에서 지시를 내리면 언제든지 노동당에 입당시킬 수 있을 정도까지 관계를 만들어 놓고 대기할 것. 말하자면 언제든지 빨간 모자를 씌울 수 있게 점찍어 놓을 것.

김일성의 지시를 요약하면 우선 이선실을 조선노동당 남조선 지역 총책임자로 임명한다는 것이다. 과거 박헌영이 김일성의 지시를 받으면서 남로당 총책으로 활약했던 점을 감안하면 당시 김일성이 이선실에게 하사했던 직책이 '조선노동당 남조선 지역 총책임자'라는 점에서 박헌영급이라고 해도 과언이 아닐 것이다.

다음으로 남조선에 침투한 후 사상적으로 준비된 인물을 발견하면 곧바로 그를 포섭해 지하당 조직을 만들지 말고 북한 공작지도부의 지령이 떨어지면 언제든 입당시킬 수 있도록 머릿속에 입력해 놓고 눈도장만 찍어놓으라는 것이었다.

노동당 대남공작부서를 장악한 지 얼마 안 되었던 김정일은 이선실의 신분세탁을 대단한 공작 성과로 평가하면서 그에게 김일성을 접견할 수 있는 영광만 선사한 것이 아니었다.

김정일은 이선실이 1980년 4월 '재일교포 영주귀국' 형식으로 국내 침투에 성공한 후 그해 10월 개최된 노동당 제6차 대회에서 이선실을 당 정치국 후보위원으로 선임하도록 했다. 당시 노동당 대남공작부서 중 하나였던 연락부 부장(장관) 정경희도 당 정치국 후보위원에 선임되었다는 점에서 볼 때 이선실에 대한 김정일의 신임이 얼마나 대단했는지 가늠할 수 있을 것이다.

그로부터 2년 뒤인 1982년에는 제7기 최고인민회의 대의원 선거를 통해 이선실을 최고인민회의 대의원(국회의원)으로 선출하기도 했다.

아마도 현직 남파공작원 신분으로 최고인민회의 대의원, 노동당 정치국 후보위원에 선출되었던 인물은 이선실이 유일할 것이다.

반미의식 확산과 대구 미문화원 폭파

알려진 바와 같이 1982년 3월 18일에 발생한 부산 미문화원 방화 사건은 문부식과 김현장, 최인순과 김은숙 등 부산 지역 대학생들이 부산 미문화원에 들어가 불을 지른 사건이다. 부산 미문화원이 전소된 뒤 소방차가 현장에 도착해 화재를 완전히 진화했지만 당시 미문화원 도서관에서 공부하고 있던 동아대학교 학생 장덕술(당시 22세)이 사망하고 같은 대학의 김미숙·허길숙 외 3명은 중경상을 입고 말았다.

당시 부산 미문화원 근처에서 대기하던 대학생들은 미문화원에 불길이 치솟은 직후 미국과 전두환 정권 등을 반대하는 내용이 담긴 수백 장의 유인물을 살포했다. 대학생들이 살포한 유인물에는 '살인마 전두환 북침 준비 완료', '전두환의 북폭 작전', '민주주의를 염원하는 광주 시민을 무참하게 학살한 전두환 파쇼정권을 타도하자', '최후발악으로 전두환 정권은 무기를 사들여 북침 준비를 이미 완료하고 다시 동족상잔을 꿈꾸고 있다' 등의 내용과 함께 '미국은 더 이상 한국을 소국으로 만들지 말고 한국에서 물러가라'는 반미 주장도 담겨 있었다.

전두환 정권은 부산 미문화원 방화 사건을 북한의 사주를 받은 대학생 또는 반사회성을 지닌 성격이상자들의 난동으로 몰아 관련자들을 구속했는데, 그 과정에 천주교와 한국교회사회선교협의회 관련자들까지 체포하면서 전두환 정권과 종교계 간의 싸움으로 비화되기도 했다. 부산 미문화원 방화 사건 관련자인 문부식·김현장 등은 대법원에서 사형확정 판결(1983.03.08)을 받았다가 일주일 뒤에 무기징역으로 감형(1983.03.15)되었다.

당시 부산에서 발생한 미문화원 방화 사건은 국내에서 미문화원과 미대사관 등 미국 관련 시설물에 대한 점거와 방화, 투석과 기물 파손 등 극단적인 반미투쟁의 단초를 제공하는 데 톡톡히 기여했다.

중요한 것은 부산 미문화원 방화 사건이 '전국적 범위에서 민족해방 인민 민주주의 혁명을 완수하는 것'을 노동당의 당면목표로 내세우고 한반도에서 미국을 몰아내려던 김정일과 북한 대남공작지도부에 남한 내에서 반미의식과 반미투쟁을 확산시킬 수 있는 결정적인 힌트를 제공해주는 '의도치 않은' 결과로도 연결되었다는 것이다.

김정일과 북한 대남공작지도부에서는 부산 미문화원 방화 사건이 남한 민중의 반미의식을 고취시키고 반정부투쟁을 반미투쟁에로 발전시키는 데 결정적인 계기를 조성해 주었다고 자평하고, 반미의식과 반미투쟁을 전국적인 범위에로 확산시키기 위한 충격적인 요법을 고안해냈다. 그것은 바로 남파공작원을 국내에 은밀히 침투시켜 대구 미문화원을 폭파하는 것이었는데 여기에서 김정일의 폭력적인 성격을 엿볼 수 있다.

김정일과 북한 대남공작지도부에서는 부산 미문화원 방화 사건이 발생한 지 얼마 지나지 않은 시점에 부산에서 멀지 않은 대구의 미문화원을 폭파하면 부산에서 시작된 반미투쟁이 대구를 거쳐 서울로 이어지고 나아가서 전국으로 확산될 수 있다는 판단하에 대구 미문화원 폭파를 기획한 것이었다.

2인 공작조가 감행한 대구 미문화원 폭파 사건

가급적 이른 시일 내에 대구 미문화원을 폭파함으로써 부산에서 시작된 반미투쟁의 불씨를 전국으로 확산시키라는 김정일의 지시는 대남공작 전문부서인 중앙당 연락부에 하달되었다.

김정일의 지시를 받은 연락부장 정경희와 대남담당 부부장 이명곤은 먼저 즉각적으로 대구 미문화원 폭파임무 수행에 투입할 수 있는 공작조를 물색했으나 해당 임무수행에 적합한 공작조를 찾을 수 없었다.

이에 따라 국내침투 경험이 풍부한 베테랑 공작원과 미문화원 폭파임무 수행에 적합한 공작원을 각각 선발하여 새로운 남파공작조를 편성한 다음 해당 공작조에 대구 미문화원 폭파임무를 부여하기로 하고 적임자 선발 작업에 들어갔다.

위와 같은 기준을 가지고 최종적으로 남파공작원 2명을 선발했는데 당시 선발된 공작원은 40대 중반의 이 모(某) 공작원과 '이철'이라는 이름을 가진 20대 초반의 공작원이었다.

40대 중반의 이 모 조장은 1970년대부터 국내에 여러 번 침투하여 공작임무를 성공적으로 수행한 바 있는 베테랑 공작원이었다. 그러나 20대 초반이었던 조원 이철은 필자의 대학교 2년 선배로, 부산미문화원 방화사건이 발생한 때로부터 불과 1년 전인 1982년 3월 김정일정치군사대학을 졸업하고 정식 공작원으로 임명된 풋내기 공작원이었다.

그런 데다 개성 출신이었던 공작조원 이철은 한국말과 문화를 배운 적이 없었다. 남한에 침투하려면 먼저 한국의 말과 문화부터 배워 익혀야 하는 문제를 해결해야 하는 상황이었다.

그럼에도 연락부장 정경희와 대남담당 부부장 이명곤이 새내기 공작원 이철을 중차대한 대구 미문화원 폭파임무를 수행할 공작조의 조원으로 최종 낙점한 것은 그의 외모가 결정적이었다. 이철은 키가 160~165센티미터 정도로 작은 데다 얼굴색이 하얗고 동안이어서 외모를 보면 누구라도 고등학생이라고 할 정도였기 때문에 고등학생 차림을 하면 어떤 활동이든지 가능하다는 장점을 가지고 있었다.

이에 따라 40대 중반의 베테랑 공작원을 공작조장으로 하고 20대 초반의 새내기 공작원 이철을 조원으로 하는 2인 공작조가 편성되어 대구 미문화원 폭파임무 수행을 위한 준비에 돌입했다.

공작조는 대남침투로부터 북한에로의 복귀에 이르는 대남공작활동계획을 구체적으로 수립하는 한편, 대남침투를 위한 훈련과 함께 대구 미문화원 폭파를 가정한 폭파훈련을 실전과 같이 진행했다. 이와 함께 공작조원 이철은 경상도 출신의 강사로부터 경상도 말과 함께 한국의 문화, 생활방식 등을 속성으로 배우기도 했다.

6개월도 안 되는 짧은 기간에 대구 미문화원 폭파임무 수행을 위한 대남침투 준비를 완벽하게 끝낸 공작조는 동해안을 통해 국내에 침투한 다음 북한에서 계획한 대로 대구로 이동해 미문화원을 폭파하는 데 성공했다.

대구 미문화원 폭파 당시 북한 공작원들이 구사했던 전술은 고등학생 차림을 한 공작조원 이철이 폭발물이 들어있는 책가방을 가지고 대구 미문화원에 들어가 적당한 위치에 놓고 나온 다음 일정하게 떨어진 곳으로 이동한 후 원격으로 조종해 폭파하는 방식이었다. 물론 디데이(D-day) 전에 이철이 미리 대구 미국문화원에 들어가 폭발물이 든 가방을 놓아둘 만한 장소 몇 곳을 돌아보고 나와 공작조장과 협의하에 최종적으로 폭발물 설치 위치(가방을 놓아둘 장소)를 결정하는 작업을 진행했다.

그들은 이와 같은 준비작업을 거쳐 1983년 9월 22일 오후 9시 33분 대구 미문화원을 폭파하는 데 성공했다. 대구 미문화원이 폭파 당시 영남고 1학년이었던 허병철(17세) 군이 사망하고 경찰과 미국문화원 경비원 등 5명이 중경상을 입었으며 5층으로 된 대구 미문화원 건물 2층 현관과 도서관이 크게 부서졌다. 그리고 미문화원 옆에 있던 대구시 교육회 건물 전면과 경북대학교 의과대학 부속병원 수위실 유리창이 모두 파손되기도 했다.

대구 미문화원 폭파임무를 성공적으로 수행한 이 모와 이철 공작조는 현장에서 신속히 이탈하여 해안으로 이동한 다음 안내원들과 접선해 북한으로 무사히 복귀했다.

김정일은 대구 미문화원 폭파임무를 성공적으로 수행하고 돌아온 공작조 조장 이 모에게 공화국영웅칭호와 함께 국기훈장 제1급, 김일성 이름이 새겨진 스위스산 고급시계를 수여했다. 조원 이철에게는 국기훈장 제1급과 김일성 이름이 새겨진 스위스산 고급시계를 수여함과 동시에 화선입당 혜택을 부여했다. 화선입당이란 북한에서 노동당원이 아닌 사람을 입당시킬 때 후보당원 기간(과거에는 1년, 현재는 2년)을 거치지 않고 곧바로 정당원(正黨員)으로 입당시키는 것을 의미한다. 그러니까 당시 20대 초반의 사로청원(현재의 청년동맹원)이었던 이철이 정당원으로 노동당에 입당한 것이다.

그후 공작조 조장 이모는 북한 최고위 당간부를 양성하는 김일성고급당학교에 들어가 공부한 다음 1990년대 초반 자신이 몸담고 있던 공작부서인 중앙당 연락부 지도원으로 임명되어 필자를 담당한 적이 있다..

공작조 조장과 달리 공작조원 이철은 계속해서 남파공작원으로 남아 있으면서 1987년경 김 모 공작원과 함께 두 번째로 남한에 침투해 공작임무를 수행한 후 북한으로 무사히 복귀했다. 북한에 복귀해서는 공작임무를 성공적으로 수행한 공로를 인정받아 공화국 영웅칭호와 함께 국기훈장 제1급을 수여받았다. 그후 이철 역시 대구 미문화원 폭파임무를 같이 수행했던 이 모 공작조장처럼 1990년대 초반 김일성고급당학교에 입학해 3년간 공부한 후 대남공작 관련 부서에 배치받았다.

미얀마 아웅 산 묘소 폭파 사건의 배경

1980년 10월 노동당 제6차 대회를 계기로 김일성의 후계자로 공식화된 김정일은 국가와 인민을 위해 특별히 해 놓은 것 없이 김일성의 아들이라는 이유 하나로 북한의 지도자가 되었다는 것을 스스로 알았는지 무리를 해서라도 자신의 업적을 과시하고 싶어했다.

여기에다 김정일에게는 자신의 욕망을 실현시켜 줄 수단도 이미 준비되어 있었다. 그것은 바로 김정일 명령 한마디면 국내도 아니고 해외에서, 그것도 대낮에 대한민국의 유명한 배우와 감독을 납치해 오는 것은 물론이거니와, 하늘의 별이라도 따오고 죽으라면 죽는 흉내까지 낼 수 있는 대남공작조직과 거기에 소속되어 있는 호전적이고 충실한 심복들이었다.

북한 대남공작기관 간부들은 1970년대 후반 김정일이 후계자의 신분으로 대남공작기관을 장악한 이후부터 그에게 신임을 얻기 위해 수단과 방법을 가리지 않았고 그것이 죽음을 동반하는 일이라도 결코 마다하지 않고 경쟁적으로 뛰어들고 있었다.

1977~1978년 대남공작부서인 중앙당 조사부에서 영화광이었던 김정일에게 대한민국의 유명한 배우 최은희와 그의 남편이자 영화감독인 신상옥을 백주대낮에 홍콩에서 납치해 '선물'로 상납한 것이 대표적인 사례라고 할 수 있다.

시간이 갈수록 대남공작부서 간부들은 '김정일에게 기쁨과 만족을 드리는 일'이라면 전쟁도 불사할 태세였다.

이렇게 북한 대남공작기관 간부들의 열기가 뜨겁게 달아오르던 1980년대 초반 그들이 김정일에 대한 충성심 과시 차원에서 준비하고 실행에 옮긴 것이 바로 대한민국 **전두환 대통령에 대한 암살시도 즉, 미얀마 아웅 산 묘소 폭파** 사건이라고 할 수 있다.

북한 대남공작기관 간부들이 1983년 10월 9일에 발생한 아웅 산 묘소 폭파 사건을 자행한 목적 즉, 전두환 대통령을 암살하고자 했던 이유는 대략 두 가지였다고 말할 수 있다.

첫 번째는 당연히 김정일의 폭력적인 취향을 만족시켜 줌으로써 그에게 신임을 얻고 싶어서였던 것이다. 물론 김정일로서도 전두환 대통령에 대한 암살에 성공할 경우 그것을 자신의 업적으로 만드는 것은 물론 자신이 대담하고 용기 있는 지도자라는 점을 대내외에 과시할 수 있다는 생각을 갖고 있었다고 본다.

두 번째는 북한 대남공작기관 간부들의 시각에서 볼 때 한국은 군부독재자가 지배하는 사회이고, 따라서 독재자를 제거하면 민중봉기가 일어나 자유민주주의 체제를 붕괴시키고 곧바로 민주화가 실현될 것이라는 생각도 한몫 했다고 할 수 있다.

북한 공작지도부 간부들은 당시 남한도 북한과 같은 1인 독재 국가라는 인식하에 독재자만 제거되면 체제가 붕괴할 것이라고 판단했다. 다시 말하면 아웅 산 묘소 폭파 사건은 단순히 전두환 대통령 제거 자체가 최종 목적이 아니었다는 것이다. 전두환 대통령을 제거함으로써 당시 남한에서 극렬하게 전개되고 있던 반미·반정부 투쟁을 더욱 고조·확산시키고 이를 통해 결과적으로 주한미군을 철수시키고 대한민국 정권을 붕괴시킨 다음 노동자·농민·청년 학생 등 '대남혁명의 기본 동력'이 주도하는 민족 자주 정권을 수립하거나 적어도 민족 자주 정권 수립에 유리한 국면을 조성하기 위한 목적으로부터 감행한 사건이었다고 할 수 있다.

이러한 북한 지도부의 인식은 박정희 대통령 시절에 싹트기 시작하여 전두환 대통령 시대까지 유지되었다. 이와 같은 북한 지도부의 인식은 바로 1968년 1·21 청와대 습격기도 사건이나 1970년 6월 현충문 폭파 사건, 1974년 8월 문세광에 의한 박정희 대통령 암살 미수 사건(또는 육영수여사 피살 사건)과 1983년 10월 미얀마 아웅 산 묘소 폭파 사건 등으로 표출되었던 것이다.

독재자만 제거하면 대한민국이 곧바로 붕괴할 것이라는 북한 지도부의 인식은, 선거에 의해 평화적으로 정권이 교체되기 시작한 노태우 정권 시절에 이르러서는 '대통령을 제거하더라도 대한민국의 자유민주주의 체제가 붕괴되지는 않는다'는 인식으로 비로소 바뀌게 되었다.

대통령 암살작전, 그후

다시 본론으로 돌아가 보자. 김정일의 직접적인 명령 하에 당시 노동당 대남담당비서 김중린과 인민무력부장 겸 총정치국장 오진우, 그리고 인민무력부 정찰국 간부들이 비밀리에 전두환 대통령 암살 작전을 계획하고 치밀한 준비에 들어갔다.

이렇게 이야기하면 "김정일이 직접 전두환 대통령 암살작전 지시를 하는 걸 봤느냐"고 묻는 사람들이 있는데, 대남공작과 관련한 사안에 대해서는 단순 침투 같은 사소한 일이라도 반드시 김정일(현재는 김정은)에게 보고하고 승인을 받은 후에만 실행에 옮길 수 있었다는 것을 밝히고 싶다.

그러니까 일부 좌경 모험주의자들이 김부자에게 잘 보이기 위해 보고도 하지 않고 독단적으로 대남침투 및 테러와 암살을 감행한다는 것은 말이 안 된다. 그런데 대통령을 암살하는 작전인 데다 자칫하면 남북간의 전쟁으로까지 확전될 수 있기 때문에 전쟁을 각오해야 하는 민감하고 중차대한 공작을 김정일의 지시 없이, 김정일에게 보고하지 않고 실행에 옮긴다는 것은 더더욱 어불성설이라고 할 수 있다.

김정일의 명령을 받은 북한 공작지도부에서는 미얀마를 방문하는 전두환 대통령을 암살하기로 하고 직접적인 암살작전은 인민무력부 정찰국에서 담당하도록 했으며 해당 장소까지 암살요원들을 이동시켜 안전하게 침투시키는 임무는 중앙당 조사부가 담당하기로 역할을 분담했다.

이에 따라 인민무력부 정찰국에서는 정찰국 직속 정찰대대 소좌 김진수(일명 진모), 상위 강민철(본명 강영철)·신기철(본명 김치오) 등 3명을 선발하여 침투 및 폭파훈련을 실전과 같이 진행하도록 한 다음 임무수행에 투입했다.

중앙당 조사부는 일본 조총련 재일교포가 기증한 상선 '동건애국호'의 비밀 객실에 테러범 3명을 승선시킨 후 랑군부두를 통해 미얀마에 무사히 침투시키는 데 성공했다.

당시 북한에는 동건애국호와 함께 수근호, 승리호, 염분진호 등 재일교포들이 기증한 상선이 여러 척 있었는데, 이 상선들은 모두 대남공작부서인 중앙당 조사부가 운영하면서 공작원들을 상선에 몰래 태워 일본과 동남아 등에 침투시키는 등 대남공작에 활용하고 있었다.

9월 17일 중앙당 조사부 소속의 5천톤급 상선 '동건애국호'를 타고 미얀마 랑군 부두를 통해 미얀마 침투에 성공한 정찰국 요원 3명은 은밀히 미얀마주재 북한 대사관에 들어가 잠복했다. 그리고 테러 3일 전인 10월 6일 아웅 산 묘소에 접근해 현장을 둘러본 후 북한에서 미리 휴대하고 간 폭발물을 건물 천장에 설치했다. 그러고는 3일간 근처에서 노숙하다 10월 9일 진혼 나팔 소리에 맞춰 원격조종장치를 눌러 폭파했다.

이 테러로 한국의 서석준 부총리 등 고위각료 17명이 사망하고 14명이 중상을 입었으며 미얀마인도 4명이 사망하고 32명이 부상을 입는 등, 대규모 인명피해가 발생했다. 미얀마 아웅 산 묘소 폭파 사건의 보다 자세한 내용과 사건발생 이후 한국 정부가 취한 입장과 조치에 대해서는 여러 문헌에 구체적으로 설명되어 있으므로 여기에서는 생략하겠다.

다만 미얀마 당국은 테러 발생일로부터 25일이 지난 1983년 11월 4일 마침내 테러범이 북한군 특공대원임을 밝히고 "범죄집단인 북괴와 외교 관계를 단절하는가 하면, 북괴 정권의 승인 자체를 취소하기로 결정했다"고 공식 발표했으며 대한민국에 위로 및 사과 사절단을 보냈다.

당시 암살작전에 투입되었던 북한군 정찰국 요원 3명 가운데 1명(신기철)은 체포 과정에서 총격전을 벌이다 사살되었고 2명은 체포되었다. 체포된 2명 가운데 1명(김진수)은 자국 국가원수 및 우방국 국가원수에 대한 암살을 시도할 경우 사형에 처해지는 미얀마 형법에 따라 1985년 4월 사형이 집행되었다. 나머지 1명(강민철)은 수사에 협조한 점을 참작해 무기징역을 선고받은 후 미얀마 인세인 교도소에 수감되었다가 25년 후인 2008년 5월 18일에 중증 간질환으로 감옥에서 사망했다.

강민철이 사망하기 6개월 전인 2007년 말 북한과 미얀마 간의 외교 관계가 복구되었다는 점에서 물증은 없지만 북한 공작부서가 강민철 사망에도 관여했을 가능성이 높다고 생각한다.

북한은 미얀마 아웅 산 묘소 폭파 사건에 대해 당시나 지금이나 "독재자 전두환 전 대통령을 제거하려던 남조선 인민 스스로의 의거이지 우리(북한)가 개입한 게 아니라"고 주장했고, 그런 까닭에 "강민철은 공화국의 인민이 아니라 대한민국 인민"이라는 공식 입장을 유지하고 있다.

1997년 한국에 망명한 전 북한 노동당 비서 황장엽에 의하면, 미얀마 아웅 산 묘소 폭파 사건 당시 북한의 김일성·김정일 부자는 동 사건을 수습하는 과정에 자신들의 소행임을 인정하는 문제를 놓고 대립했다고 한다. 김일성이 예전의 1·21 사태와 같이 "부하들 중에 일부 과격분자가 이런 일을 저질렀다고 이야기하는 게 어떻겠느냐?"고 먼저 제안했으나 김정일은 "절대로 안된다. 무조건 부인해야 한다"며 강경하게 반대했고 결국 김정일의 의견이 반영되어 북한이 끝까지 오리발 모드로 나간 것이라고 한다.

대남비서 교체와 기구 개편

김정일은 전두환 대통령 암살에 실패하자 그 책임을 물어 1983년 말 노동당 대남담당비서 김중린을 해임하고 그 자리에 당시 정무원 외교부장을 역임하고 있던 허담을 임명했다.

허담의 처 김정숙은 김일성 고모인 김형실의 딸이었으므로 김일성에게는 고종사촌이었고 김정일에게는 오촌 되는 인척이었다. 그러니까 김정일에게 허담은 오촌 고모부 즉, 내종숙부(内從叔父)가 되는 셈이다. 그래서인지 김정일은 허담이 갖고 있던 수첩에 "너는 허담, 나는 정일"이라고 친필사인을 해줄 정도로 허담을 절대적으로 신뢰했으며 허담이 사망할 때까지 김정일과 허담의 관계는 정말 각별했다.

김정일과 허담과의 관계가 얼마나 가깝고 각별했는가를 보여주는 한 가지 사례가 있어 소개한다.

허담이 노동당 대남담당비서에 취임한 후 연락부 소속 공작원들이 격술훈련과 자동차 및 오토바이 운전연습을 전문으로 하는 '719종합훈련장'을 방문한 적이 있다.

719종합훈련장은 1980년대 초반 평양시 순안구역 초대소 구역에 새로 지었는데 실내 체육관에서는 각종 헬스기구들을 갖춰 놓고 육체단련과 격술훈련을 하도록 해 놓았고 이를 위해 태권도 공인 유단자를 사범으로 선발해 훈련을 지도하도록 했다. 또한 운전교관 지도하에 일본에서 생산한 토요타, 닛산 승용차와 SUV, 혼다와 야마하 오토바이, 그리고 독일제 벤츠 승용차 등을 가지고 운전연습을 하도록 하고 있다.

허담은 당시 중앙당 연락부장이었던 정경희와 강 모 부부장 등 고위간부들과 함께 719종합훈련장을 돌아본 후 그곳을 담당하는 연락부 교육담당과 엄모 부과장에게 "혹시 공작원들 훈련시키는 데 어려운 것이나 더 필요한 것이 없느냐?"고 물었다.

그러자 엄모 부과장은 나름 큰 맘 먹고 "재일 조총련에서 해마다 김부자에게 충성의 편지 이어달리기를 할 때 만경봉호에 오토바이를 싣고 와서 평양 시내를 한 바퀴 돌고 편지를 전달한 다음 오토바이는 모두 그냥 놔두고 간다고 하는데 그 오토바이를 2대만 넘겨주면 좋겠다"고 대답했다.

엄모 부과장으로부터 오토바이 2대가 더 필요하다는 이야기를 들은 허담은 그 내용을 수첩에 메모하면서 "오토바이 2대면 되겠느냐? 더 필요한 건 없느냐?"라고 재차 물었다. 이에 부과장은 오토바이 2대만이라도 주면 정말 대단한 것이라고 생각하고 "오토바이 2대만 있으면 된다"고 답변했다.

그후 허담은 자기 사무실로 들어가 김정일에게 곧바로 전화를 걸어 "남파공작원들이 훈련하는 데 오토바이 2대가 필요하다. 지난번 조총련에서 편지 전달 이어달리기를 하면서 가져온 오토바이 20여 대를 호위국에서 보관하고 있는데 그걸 좀 가져다 쓰도록 해주시면 좋겠다"라고 이야기했다는 것이다. 이에 김정일은 "허담 비서가 공작원 훈련을 위해 필요하다는데 가져다 써야지. 내가 호위국에 이야기해 놓을 테니 필요한 만큼 몇 대라도 가져다 써라"고 흔쾌히 허락했다는 것이다.

그렇게 되어 허담에게 요청한 지 얼마 지나지 않아 일본산 야마하 오토바이 2대가 719종합훈련장에 전달되자 공작원들은 이를 오토바이 운전연습에 사용했다고 한다.

다른 간부 같으면 제의서를 작성한 다음 절차를 밟아 결재를 받아도 될까 말까 한 일이 전화 한 통으로 곧바로 해결된 것인데 이를 보면 당시 허담과 김정일과의 관계가 어떠했는지 잘 알 수 있을 것이다.

이런 일을 경험한 엄모 부과장은 "그럴줄 알았으면 오토바이 2대가 아니라 10대쯤 보내 달라고 할걸"이라며 아쉬워했다는 후문이다.

이와 함께 김정일은 중앙당 조사부와 인민군 정찰국 등 대남공작기관에 대한 개편도 단행했다.

무엇보다 중앙당 조사부 내에서 남한 및 일본에 침투하는 공작원들에 대한 호송 안내와 유사시 남진하는 북한군의 길 안내 임무를 수행하는 기능과 인원을 분리해 작전부를 창설하고 작전부장에 공작선 선장 출신으로 남파 경험이 많은 임호군을 임명했다.

또한 조사부에 소속되어, 김정일 집무실이 있는 본부당 청사에 별도의 사무실을 두고 대외정보수집과 당자금 마련 등 김정일의 특명을 수행하던 대외조사실을 대외정보조사부로 확대 독립시키고 북한에서 테러와 납치의 주도자였던 허명욱을 부장으로 임명했다. 아울러 대외정보조사부는 다른 중앙당 공작부서들처럼 평양시 모란봉구역에 있는 3호 청사에 사무실을 두지 않고 예전처럼 김정일이 업무를 보는 노동당 본부 청사에 두도록 했다.

미얀마 아웅 산 묘소 테러를 통해 전두환 대통령을 암살하려던 작전에 실패한 인민무력부 정찰국의 테러 및 암살 등 특수공작임무는 노동당 대외정보조사부로 이관하고 대일 및 대남공작 관련 업무, 인원 등은 연락부로 이관했다.

김정일이 조사부를 작전부와 대외정보조사부로 분리하고 임무를 재조정한 이후 일어난 가장 큰 변화는 대외정보조사부가 테러범을 선발하여 체계적으로 양성했다는 것이다.

대외정보조사부가 창설된 후 허명욱은 곧바로 1984년 초 김정일정치군사대학을 졸업하는 인원 가운데 두뇌회전과 육체적 능력이 뛰어난 소수의 인원을 선발하여 테러팀을 만들고 이들이 그 어떤 테러 및 암살 임무도 수행할 수 있도록 역량을 키워주기 위한 훈련을 강화했다.

1984년 당시 테러팀에 선발된 인원은 김정일정치군사대학 제18기 졸업생 전명석 등 5명이었고 그 이듬해인 1985년에 졸업한 제19기 졸업생들 가운데도 선우철 등 6명이 테러팀에 선발되었다.

이후에도 해마다 김정일정치군사대학 졸업생들 가운데 5~10명 정도를 테러팀 멤버로 선발해 영어와 일본어 등 외국어 교육과 사제 폭탄 제조, 각종 저격무기 사격과 격술 등 테러 및 요인암살에 필요한 훈련을 혹독하게 시키는 등 임무수행에 대비했다.

세상에 잘 알려진 1987년 11월 **KAL기 폭파 사건**도 구체적으로는 김정일이 당시 테러 및 요인암살을 창설했던 **중앙당 대외정보조사부가 감행**한 것이다.

장기 잠복공작의 전말

앞서 언급한 것처럼 1980년대 초중반은 연고자 중심의 대남공작에서 탈피해 공작원들을 지도핵심으로 양성한 다음 남파시켜 적구(敵區)에서 장기적으로 잠복해 활동하면서 연고가 없는 인물들을 포섭해 지하당 조직을 구축하는 공작 전술로 전환하기 위해 준비하던 시기였다.

그렇다고 예전에 연고자를 포섭해 만들어 놓은 지하당 조직들에 대한 지도 및 공작을 중단할 수는 없는 노릇이었다.

따라서 한편에서는 남한에 연고가 있는 남한 출신 공작원들을 남파해 예전부터 해오던 연고선을 통한 지하당 구축 및 지도 연락 공작을 전개하면서 다른 편으로는 북한 출신 또는 남한 출신이지만 남한에 연고가 없는 공작원들을 지도핵심으로 양성해 남파하는 작업도 병행했다.

1983년 4월 검거된 정해권 관련 간첩 사건은 남한에 연고가 없는 공작원들을 지도핵심으로 양성해 침투시켰던 대표적인 사례라 할 수 있다.

6·25전쟁 당시 의용군에 입대해 북한으로 들어간 정해권은 대학을 졸업하고 간부로 활동하던 중 1968년 대남공작원으로 선발되어 1년 동안 대남침투 및 공작에 필요한 교육과 훈련을 받았다.

1975년 1차로 국내에 침투해 군사시설 정찰임무를 수행하고 무사히 복귀하는 데 성공한 정해권은 1976년 김정일이 제시한 지도핵심육성방침에 따라 지도핵심 공작원으로 선발되었다. 이후 1977~1981년까지 초대소에 수용되어 각종 사상교육과 함께 대남침투 및 공작에 필요한 훈련을 실시했고 합법적인 신분위장 및 남한 생활 적응을 위해서는 직업기술이 필요하다며 목공기술도 익혔다. 아울러 남한 사회와 시장경제 체제를 체험하는 차원에서 남한과 생활환경이 비슷했던 마카오로 해외 실습도 다녀왔다.

이같은 교육과 훈련을 마친 정해권은 1982년 10월 공작선을 타고 전투원들의 안내를 받아 서해 공해상을 통해 남해의 경남 통영군 미금도로 침투하는 데 성공했고 침투 후에는 통영, 마산을 거쳐 대구로 이동한 다음 대구 팔공산에 있는 동화사 약수암에 하숙했다.

당시 정해권이 북한 대남공작지도부로부터 부여받은 임무는 통일이 될 때까지 국내에 장기적으로 잠복해 생활하면서 합법적인 신분을 취득하는 동시에 전투적이며 탄력성 있는 지하당 조직을 건설하기 위해 준비를 철저히 하는 것이었다.

구체적으로 설명하면 1년~1년 반 동안 국내에 정착해 주변사람들과 어울려 생활하면서 그들로부터 본인이 한국 사람이라는 것을 인정받는 '사회적 합법을 쟁취'하고 나아가 가능한 수단과 방법을 동원해 호적을 취적함으로써 법적으로 완벽한 대한민국 국민이 되는 '법적인 합법을 쟁취'하는 것이 선차적으로 수행해야 할 공작임무의 하나였다.

이와 함께 노동자·농민·청년 학생 등 주력군에 속하는 계급·계층과 어울려 생활하면서 그들 가운데 반미, 반정부 성향이 강하고 북한을 지지·동정하는 인물들을 찾아내고 그 역량을 확대하는 것이다. 마지막으로 지지자, 동정자 가운데 남조선 혁명에 대한 신념이 확고한 사람들을 점찍어(머릿속에 입력해) 놓았다가 혁명의 결정적 시기가 도래하면 노동당 지도부의 지시를 받아 그들을 곧바로 노동당에 입당시켜 지하당 조직을 구축하는 것이 또 하나의 중요한 공작임무였다.

대구에 잠입한 정해권은 부산에서 품팔러 온 목수로 위장하고 대구 시내 건설 현장에 취직해 건설노동을 했다. 그는 하숙생활을 하면서 평소에는 건설 현장에서 일하고 신정·구정 등 명절 때는 고향에 다녀온다면서 숙소를 나와 실제로는 서울과 부산 등 전국을 돌아다니며 한국 사회의 현실을 파악하기 위한 활동을 전개했다. 김정일 생일(02·16)에는 무전으로 충성을 맹세하는 축전을 북한에 보내기도 했다.

그러나 정해권의 거동이 수상한 점을 발견한 하숙집 대학생의 신고로 그는 1983년 4월 1일 하숙집에서 검거되었다.

30여 년간 암약하다 1985년 검거된 김철 일당 사건은 북한 공작지도부가 연고선을 통해 구축해 놓은 지하당 조직 공작을 장기 잠복공작으로 전환해 추진했던 대표적인 사례라고 할 수 있다.

김철은 광복 후 남로당 경북도당 간부로 활동하다 1948년 월북했으며 1년간 당학교에서 교육을 받고 1949년 남쪽으로 내려와 남로당 경북도당 위원장으로 활동했다. 6·25전쟁이 일어나자 다시 북한으로 들어가 노동당 간부로 활동하던 김철은 1953년 대남공작원으로 선발되어 공작교육과 함께 대남침투에 필요한 훈련을 받았다.

1954년 북한 공작지도부로부터 남한 내 월북 연고자, 남로당 가담자, 부역자들을 포섭해 지하당 조직을 구축하라는 임무를 받고 남파된 김철은 서울과 대구 등지를 오가며 임무를 수행하다 1957년 경찰에 검거되었다. 경찰에 검거된 김철은 수사에 적극 협조할 것을 맹세하고 사상을 전향하며까지 호적을 취적하는 등, 합법적인 신분을 획득했다.

하지만 그는 1960년 남파된 동향 출신 배창환을 접선한 후 다시 대남공작에 발을 들여놓게 된다. 결국 그의 사상전향은 가짜였던 셈이다. 북한 공작지도부에서는 김철을 접선한 뒤 북한으로 복귀한 배창환의 보고를 받고 김철의 사상전향이 진짜냐, 위장이냐 논란을 벌였지만 김철의 해명과 배창환의 설명을 통해 그의 사장전향이 '위장'이라는 결론을 내리고 그를 다시 대남공작에 투입하기로 결정했다.

1970년 재남파된 배창환과 접선한 김철은 힘을 합쳐 지하당 조직 구축 공작을 전개했다.

이들은 월북 연고자와 구 남로당 출신 및 부역자들 가운데 합법적인 신분을 갖고 있으면서 사상이 변질되지 않은 인물들을 선별·포섭해 각종 형태의 친목모임을 조직했다. 김철과 배창환은 친목모임을 운영하면서 이들에 대한 사상교육을 하고 그 과정에 당원으로 입당시킬 대상을 선발하려 했다.

한편, 북한 공작지도부에서는 김철·배창환의 공작활동을 점검하기 위해 여성 공작원 김정임을 침투시키기도 했다. 배창환과 김정임은 김철 일당의 도움으로 국내에서 4~5년 동안 잠복해 활동하다 1975년 남한에서 주민등록증 갱신 교부가 전면적으로 시행됨에 따라 북한으로 복귀했다.

이때 배창환·김정임은 대남공작 성과를 인정받아 국기훈장 제1급을 수여받기도 했다. 그러나 국내에 남은 김철 일당은 10여 년간 더 활동하다 1985년 적발·검거됨으로써 일망타진되었다.

풍산호 사건, 이후

풍산호 사건은 한마디로 1983년 여름 '풍산호'라는 선명(船名)의 북한 공작선이 한국 해군에 의해 격침된 사건이다. 물론 이 정도는 알 만한 사람은 알고 있는 내용일 거라 생각한다.

그래서 여기부터는 지금까지 알려지지 않았던 내용과, 사건 발생 전후에 있었던 상황을 좀더 자세하게 이야기함으로써 사건의 진실을 알리고 당시 북한의 주장이 얼마나 기만적인 것이었는지 밝히고자 한다.

1983년 8월 중순 대남공작부서인 중앙당 조사부 산하 원산연락소 전투원들은 일본에 침투하는 연락부 소속 공작원을 공작선에 태우고 일본을 향해 출발했다.

사실 그때까지만 해도 일본 당국은 북한 공작선이 자국 해안에 침투할 것이라고는 생각조차 하지 않았던 것 같다. 그러니까 당연히 북한이 공작선을 일본 해안에 보내 납치한 일본인들을 북한으로 끌고 와도 모르고 있었던 것이 아닌가 싶다.

이처럼 당시에는 일본의 해안경계가 허술하다못해 무방비상태였기 때문에 일본에 침투하는 북한 공작선은 무장장비를 한가득 싣고 적지(敵地)인 남한에 몰래 침투하는 공작선과 달리, 무장장비도 갖추지 않은 상태였다. 공작선에 승선한 전투원들 역시 휴양가는 기분으로 선박에 맛있는 먹거리도 많이 싣고 자기집 드나들듯 긴장을 풀어놓은 채 편한 마음으로 오가고 있었고, 이같은 상황은 1983년 8월 중순 일본에 침투하고 있던 공작선(풍산호)도 다를 바 없었다는 것이 당시 풍산호에 승선했던 전투원의 전언이다.

특히 북한에서 공작선을 이용해 일본에 침투하려면 동해상을 가로질러야 하고 잘못하면 한국 영해를 침범할 수도 있기 때문에 해도와 레이더로 선박의 위치와 항로를 수시로 확인하고 조금이라도 항로를 이탈하면 바로 잡아야 하는데 여기에서 문제가 발생한 것이다.

당시 공작선(풍산호)에 승선했던 원산연락소 전투원들은 예전과 같이 마음이 한껏 들뜬 상태에서 한창 유행하던 카드게임을 하거나 긴장이 풀어진 상태에서 잠을 자면서 해도나 레이더도 제대로 들여다보지 않고 대충 일본 방향으로 맞춰놓고 가다가 자신들도 모르게 한국 영해를 침범하고 말았다.

1983년 8월 13일 울릉도 부근 해상에서 경계 작전 임무를 수행하고 있던 동해함대 소속 구축함 강원함(DD-922)은 먼 거리에서부터 풍산호의 움직임을 감시하고 있다가 동 선박이 한국 영해를 침범하자 곧바로 접근하면서 선박의 용도와 국적을 밝히라며 정선을 명령했다.

그때까지 긴장이 풀어져 한국 영해에 들어선 줄도 모르고 있던 북한 공작선 승조원들은 갑자기 한국 구축함이 나타나 정선을 명령하자 깜짝 놀라 전속력으로 도주하기 시작했다.

북한 공작선에는 1500마력짜리 엔진 4대가 장착되어 있어 전속력으로 항해하면 40놋트 정도의 속도를 낼 수 있었는데 구축함 강원함은 최고 속도가 30놋트에 불과해 북한 공작선을 따라 잡을 수는 없었다. 그러나 강원함에는 북한 공작선보다 훨씬 빠른 헬기가 실려 있었다.

정선 명령을 거부하고 빠른 속도로 도망치는 것으로 보아 정체불명의 선박이 분명 북한 간첩선일 것이라고 판단한 강원함은 헬기를 띄워 불상선박을 추격했다. 불상선박을 따라잡은 헬기는 장착하고 있던 대함 미사일을 발사했으나 공작선이 지그재그로 도망가는 바람에 명중하는 데 실패했다. 당시 공작선에는 무장장비가 탑재되어 있지 않아 헬기에 대응사격도 할 수 없었다.

강원함으로 돌아와 미사일을 다시 장착하고 빠른 속도로 도망치는 북한 공작선을 따라잡은 헬기는 공작선이 또다시 지그재그로 도망갔지만 이번에는 대함 미사일로 공작선의 조타실 부분을 명중시켜 격침시키는 데 성공했다.

북한 공작선을 격침시키는 데 성공한 헬기는 강원함으로 돌아와 착륙했고 강원함은 날이 어두어졌으므로 북한 공작선이 침몰된 해역 부근에서 밤을 보내고 다음날 아침 격침된 공작선의 잔해로 보이는 몇 가지 물품을 수거해 철수했다.

한편, 격침된 북한 공작선의 조타실에는 당시 공작선 전체를 책임지고 지휘하던 조장(선장)과 함께 기관장(엔지니어), 조타수, 그리고 무전통신 및 레이더 담당 등 5명이 타고 있었는데 이들 모두 미사일에 맞아 사망했고 선박과 함께 바다속으로 가라앉아 버렸다.

조타실 뒤편에 위치한 선실이나 갑판 밑에 있는 기관실 등에 몸을 숨기고 있던 일부 승조원들은 미사일 파편에 여기저기 크고 작은 부상을 입기는 했으나 더 이상 죽은 사람은 없었다.

이에 따라 공작선이 물속으로 가라앉는 상황에서 살아남은 승조원과 안내원들은 온힘을 다해 공작선 내부에 장착되어 있던 자선(子船)을 빼낸 다음 거기에 옮겨 타고 밤새도록 전속력으로 일본 해안을 향해 도주했다. 그 가운데는 일본에 침투하려던 공작원도 타고 있었는데 그는 털끝하나 다치지 않았다고 한다.

그들은 일본 해안으로 도주하면서 비상용 무전기로 북한 공작지도부에 관련 상황을 그대로 보고했다. 이에 따라 북한 공작지도부에서는 다른 공작선을 보내 그들을 북한으로 데려오는 데 성공했다.

당시 부상자를 태운 북한 공작선은 심야에 원산항으로 입항했는데 혹시라도 일반인들에게 노출될까 우려해 원산항의 조명을 모두 끈 상태에서 은밀히 입항했다. 그러고는 미리 와서 대기하고 있던 여러 대의 앰블런스에 부상자들을 모두 싣고 조용히 평양에 있는 915병원으로 이동했다.

915병원은 중앙당 작전부 소속 병원으로 '915연락소'라고도 하는데 평양 형제산구역에 위치한 대남요원 및 공작원 치료 전문 의료기관이다. 무장군인들이 경계를 서고 있고 외부인들의 접근이 완벽하게 차단되어 있기 때문에 철저한 보안유지가 가능한 곳이다.

한편, 한국 해군 구축함에 의해 격침된 공작선에 타고 있던 재일공작원은 다친 곳이 없었기 때문에 간단한 휴식을 취한 다음 다른 공작선을 타고 다시 일본으로 침투했다는 후문이다.

여기까지가 당시 있었던 북한 공작선(풍산호) 사건의 실체적 진실이다. 그런데 그 다음에 보인 북한의 반응이 참 가관이다.

북한은 언론매체를 동원해 '남조선 해군함정이 남포수산사업소 소속의 평화적인 어군탐색선(魚群探索船) 풍산호를 격침시켰다'며 극렬한 대남비난을 하는 것도 모자라 여러 차례에 걸쳐 대규모 군중대회를 열어 남조선의 만행을 규탄했다.

공작선이 동해 원산연락소 소속이라는 것을 숨기기 위해 풍산호가 서해에 있는 남포수산사업소 소속이라고 속이고, 공작선을 물고기를 탐지하는 민간선박으로 둔갑시키는 앙천대소할 촌극을 스스로 연출한 것이다.

당시 부상했던 전투원들은 915병원에서 치료를 받은 후 일부는 원산연락소로 복귀해 전투원으로서의 임무를 수행하고 부상이 심했던 일부 인원은 '영예군인(상이군인)' 판정을 받고 제대했다.

그 가운데는 미사일이 선박에 맞고 폭발하면서 생긴 파편에 무릎부위를 크게 다치는 부상을 입었던 문시준도 있었다. 문시준은 1981년 김정일정치군사대학을 우수한 성적으로 졸업한 16기생으로 대학시절 기관반 중대장을 역임했던 인물이다. 졸업 후 원산연락소에 배치된 지 2년만에 실력을 인정받아 공작선에 기관수(엔지니어)로 승선했다. 그러나 문시준은 공작선이 미사일에 맞아 격침될 당시 무릎부위 부상이 너무 심해 북한에 돌아온 후 치료를 받고 제대할 수밖에 없었고, 제대 후에는 고향인 평양 동대원구역 당위원회 조직부 지도원으로 배치되었다.

풍산호 사건과 관련된 사실은 필자가 동대원구역당 조직부장으로 간부현실 체험할 때 지도원인 문시준으로부터 직접 들은 것이다.

청사포 사건의 숨겨진 진실

청사포 사건 역시 잘못 알려진 사실이 있다. 청사포 사건은 1985년 10월 20일 부산 해운대구 청사포 앞바다에 침투한 반잠수정이 격침된 사건이다. 당시 해군은 청사포 해안을 향해 침투하던 북한 반잠수정을 발견하고 사격을 가해 격침시켰다고 발표했다.

그러나 사실은 당시 북한 반잠수정이 청사포 해안을 향해 침투하는 과정에 격침된 것이 아니라 이미 청사포 해안에 침투해 남파공작원 2명을 무사히 상륙시킨 후 공해상에 대기하고 있던 공작선으로 복귀하다 격침된 것이었다. 한마디로 들어오다 맞은 것이 아니라 들어왔다 나가던 중에 맞았다는 이야기다.

당시 남파공작조는 조장 강 모와 조원 박 모 등 2명으로 구성되어 있었는데 이들은 반잠수정을 타고 안내원들의 안내를 받으면서 청사포 해안으로 무사히 침투·상륙하는 데 성공했다.

안내조와 헤어진 공작조는 가까운 마을까지 이동해 근처 산속에 은폐해 있다가 날이 밝은 후 옷을 갈아입고 도로에 나와 택시를 탔다. 강 모 조장은 한국에 침투했던 경험이 있기 때문에 운전기사와 자연스럽게 이야기하면서 이동하기 위해 운전기사 옆 좌석에 타고 대남침투가 처음이었던 조원은 대화에 익숙하지 않아 뒷좌석에 앉았다.

이들이 택시를 타고 부산 시내로 이동하는데 북한에서 침투준비를 하면서 연구할 때는 없었던 임시검문소가 나타났다. 군·경 합동 검문소였다. 경찰관은 이들이 타고 있던 택시를 세웠다. 그러고는 택시에 타고 있던 공작원들에게 신분증을 요구했다. 너무도 갑작스럽게 일어난 일이었다.

강 모 조장은 애써 침착한 태도를 유지하면서 경찰관에게 "무슨 일이 생겼느냐"며 신분증을 건네주었고 조원 박 모는 떨려서 한마디 말도 못한 채 신분증을 넘겨주었다고 한다. 경찰관은 공작원들이 제시한 신분증을 가지고 임시검문소로 들어가 한참 동안 조회하더니 신분증을 건네주고 경례를 하며 보내주었다.

신분증을 받아든 공작원들은 북한에서 공작선을 타고 며칠 동안 항해하면서 쌓인 피로를 풀기 위해 부산 시내 모처에 있는 목욕탕으로 이동했다.

목욕탕 안으로 들어간 공작원들은 다른 이들과 마찬가지로 탈의실에 설치된 TV를 무심코 보았는데 거기에서는 북한의 대남침투 관련 상황이 발생했다며 군에서 '진돗개하나'를 발령하고 경계강화에 들어갔다는 내용의 뉴스가 나오고 있었다.

이들이 한참 동안 뉴스를 보면서 도대체 무슨 일 때문에 그러는지 상황을 파악하고 분석해 보았는데 그 결과 자신들이 타고 침투했던 반잠수정이 공해상에 대기하고 있던 공작선을 향해 복귀하다가 해군에 포착되어 격침되었고 그 때문에 '진돗개하나'가 발령되었다는 결론에 이르게 되었다.

이와 함께 시간이 갈수록 부산 지역의 감시통제가 강화되고 있는 상황에서 더는 지체하면 안 되겠다는 생각에 이르렀다.

공작원들은 샤워만 간단히 하고 목욕탕을 빠져나와 가까운 곳에 있는 시외버스터미널로 이동, 광주행 버스를 타고 경상도와 반대편인 전라도로 피신하여 상황이 종료될 때까지 1개월을 보냈다.

강 모 조장과 박 모 조원은 그후 대전으로 이동해 2년 동안 잠복해 생활하면서 대전 및 충청 지역을 중심으로 공작활동을 하다가 1987년 가을 북한으로 복귀했다.

복귀 후 2명 모두 공화국영웅칭호와 함께 국기훈장 제1급을 수여받았고 1988년 평양에서 개최된 전국영웅대회에도 참석했다.

북한으로 복귀한 이들은 자신들이 청사포 해안으로 침투하는 과정에 발생했던 구체적인 상황과 2년 동안 한국에서 공작활동을 하면서 겪었던 내용 등을 자세하게 녹음해 필자를 비롯한 후배 남파공작원들에게 도움을 주기도 했다.

아울러 북한 공작지도부는 이들이 당시 겪었던 상황을 설명하면서 "공작원들이 소지하는 위조신분증은 남조선 경찰도 진위를 구별할 수 없을 정도로 완벽하기 때문에 검문·검색을 당하더라도 겁먹거나 당황하지 말라"고 강조했다.

대일공작에 투입된 신광수

1985년 6월 28일 국가안전기획부(현 국정원)는 1973년 7월 2일부터 12년 동안 6차례에 걸쳐 일본에 침투하여 공작활동을 해왔던 거물간첩 신광수(당시 56세, 노동당 조사부 소속)를 검거했다고 발표했다.

이와 함께 북한 공작원 신광수에게 포섭된 후 그의 지령에 따라 25회에 걸쳐 국내에 왕래하면서 간첩활동을 해온 재일교포 김길욱(당시 57세, 오사카 소재 의류 소매상), 방원정(당시 50세, 도쿄 소재 주점 운영) 등 2명의 간첩을 함께 검거하여 서울지검에 송치했다고 덧붙였다.

한편, 이들에게 포섭되어 국내에서 간첩활동을 해오다 자수한 예비역 장교 이성수(당시 47세, Y정밀 주식회사 부사장)에 대해서는 자신의 죄과를 깊이 뉘우치고 자수한 정상을 참작하여 관용을 베풀어 훈방처리했다고 발표했다.

신광수 간첩 사건은 북한 공작원이 일본인의 법적 신분을 가지고 합법적으로 한국에 침투한 후 암약하다 적발된 사건으로서 일본을 통한 우회 침투의 전형적인 사례라 할 수 있다.

신광수는 1929년 6월 27일 일본 시즈오카현에서 일본에 징용으로 끌려갔던 아버지와 어머니 사이에서 태어났다. 광복 이후 한국으로 귀국한 그는 포항중학교 재학 시 2·7 구국투쟁에 가담하여 좌익활동을 하다 서울로 도피했다. 도피처인 서울에서 보성중학교에 다니던 중 6·25전쟁이 발발하자 의용군에 입대해 월북했다. 휴전 이후 북한 당국에 의해 해외유학생으로 선발된 신광수는 1954~1960년까지 6년간 동유럽 국가인 루마니아로 유학가 기계공학을 전공했고 귀국 후에는 정무원 산하 과학원 기계공학연구소에서 10년간 연구사로 재직했다.

신광수가 공작요원으로 선발된 시기는 1971년 2월이다. 그는 당시 인민무력부 정찰국 산하 제198부대 대남요원으로 선발된 후 일본공작과에 배치받아 2년 반 동안 청진초대소에서 밀봉교육을 받았다.

그는 초대소에서 김일성 혁명 역사와 주체사상, 정보수집기술, 사격술, 지형학(독도법), 격술 및 수영, 간첩 지령 수신 방법, 암호 조립 및 해독 방법 등 각종 공작 관련 교육과 훈련을 받았다. 아울러 일본에 살고 있는 북송 재일교포 연고자들의 신상자료도 구체적으로 파악하는 한편 일본어교육도 받았다.

이와 같은 교육 및 훈련을 받은 신광수는 1973년 7월 당시 198부대장이었던 임호군으로부터 공작임무를 부여받고 대일공작에 투입되었다.

당시 신광수가 받은 공작임무는 일본에 침투한 후 북송 교포 연고자들을 접촉·포섭하여 재일 지하공작 토대를 구축할 것, 재일교포 가운데 혁명의식이 있는 동조자를 포섭하여 입북시킬 것, 남한 및 일본의 각종 정보자료를 수집하여 보고할 것 등이었다.

이러한 공작임무와 함께 공작금으로 미화 2만 달러, 무전기와 난수암호표 등을 받아가지고 공작선에 승선해 원산항을 출발, 일본 이시카와현 해안으로 침투하는 데 성공했다.

일본에 침투하는 북한 공작원들은 일본에 살고 있는 재일교포들의 신원정보를 기재해 넣은 위조 '외국인 등록증'을 만들어 소지하는 수법으로 신분을 위장한다.

일본에 침투한 신광수 역시 북한 공작기관에서 위조해 만들어준 외국인등록증을 휴대하고 북한에서 계획한 대로 오사카로 이동해 그곳에 살고 있던 북송 재일교포 연고자 홍경생(여, 65세)을 찾아갔다. 60대 여성인 홍경생을 만난 신광수는 그에게 협조하지 않으면 북송된 외아들의 신상에 좋지 않을 것이라고 협박해 포섭한 다음 일차적으로 그의 집에 은신처를 마련했다.

2개월 후인 1973년 9월 홍경생의 주선으로 조총련계 재일교포인 김차훈(51세)을 포섭하고 은거지를 그의 집으로 옮겼다. 그러고는 김차훈의 장인인 은무암(79세)을 만나 북송된 그의 차남 신상이 해로울 것이라는 협박과 회유의 방법으로 그를 포섭했다.

1976년 2월에는 조총련계 재일교포 은정웅(55세)를 만나 그의 주선으로 또 다른 조총련계 교포인 고기원(52세)를 포섭하고 그를 통해 조총련 오사카 초급학교 교장으로 재직하다 퇴직한 후 오사카에서 의료 소매상을 하고 있던 김길욱(57세)에게 접근해 재북 처남의 신상을 위협하는 등 수법으로 그를 포섭하는 데 성공했다.

포섭한 김길욱에게는 민단에 위장전향하여 남한에 자유롭게 왕래할 수 있는 여건을 만들 것, 남한에 살고 있는 친척 및 친구들을 포섭해 간첩망을 구축할 것 등 임무를 부여했다.

1976년 9월 북한 공작지도부의 지시에 따라 북한으로 복귀하게 된 신광수는 김길욱에게 '앞으로 북한 공작원의 접선연락이 있을 것이니 그 지시에 따라 입북할 것'을 지시한 다음 그의 도움으로 접선 장소인 도야마현 해안으로 이동하여 북한 안내요원들과 접선, 공작선을 타고 복귀했다.

김정일의 일본인 납치 지시와 신광수

공작선을 타고 북한으로 복귀한 신광수는 당시 북한 노동당 대남담당비서인 김중린과 조사부장 이완기 및 일본 공작과 간부들에게 자신이 처음으로 일본에 침투한 후 벌인 공작활동 결과에 대해 구체적으로 보고했다.

일본에서의 공작결과 보고를 마친 신광수는 평양 근교 초대소에서 3년 7개월간 간첩 밀봉교육을 받았다. 신광수가 3년 반이라는 긴 시간 동안 교육과 훈련을 받은 것은 그때가 김정일이 노동당 대남공작부서를 장악하기 위해 부서 전체를 쑥대밭으로 만들어 놓았던 시기여서 모두가 정신이 없는 상황이었기 때문인 것으로 보인다.

그후 신광수는 노동당 대남공작부서들이 모여 있는 3호 청사에서 김정일을 직접 만나 그로부터 공작임무를 부여받았다. 아마도 그가 첫 번째로 일본에 침투해 벌인 공작활동이 상당한 평가를 받았다는 방증일 것이다.

당시 김정일은 신광수에게 일본인을 납치해 북한으로 데려온 다음 그의 신원정보를 자기 것으로 만들어 완벽하게 일본인으로 변신한 후 일본에서 공작임무를 수행하라고 강조했다. 말하자면 일본인을 납치한 다음 그의 신분으로 완벽하게 위장해서 활동하라는 이야기다.

김정일로부터 일본인 납치 및 완벽한 신변위장 임무를 받은 신광수는 공작금과 무전기, 암호해독용 책자 등을 받아 1980년 4월 두 번째로 일본에 침투했다. 이번에는 원산항이 아닌 남포항에서 공작선을 타고 출발해 일본 미야자키현 해안으로 침투했다.

일본에 침투한 신광수는 1차 침투시 포섭했던 조총련계 재일교포 은정웅의 주선으로 도쿄에 거처를 잡은 다음 조총련 오사카 상공회 회장 이길병(73세)에게 접근했다. 그리고 북한에 살고 있는 아들 2명의 사진과 자필편지를 제시하면서 협조하지 않으면 아들들의 신상이 해롭다고 협박하여 포섭하는 데 성공했다.

이후 이길병과 예전에 포섭한 김길욱에게 북한에서 계획한 대로 납치 대상을 물색해 보고할 것을 지시했다.

신광수가 정해준 납치 대상의 기준은 미혼이면서 연고 가족이 없는 남자, 여권을 한 번도 발급받지 않아 관공서에 인물사진을 제출한 적이 없으며 전과기록도 없고 지문날인한 사실도 없는 자, 개인부채 등 금전거래는 물론 은행거래가 없는 대상이었다. 말하자면 장기간 행방불명되더라도 찾을 사람이 없고 노출될 위험이 없는 45~50세 일본인 남자를 물색하라는 것이었다.

그로부터 2개월이 지난 1980년 6월 신광수는 이길병으로부터 기준에 부합하는 납치 대상을 물색했다는 보고를 받았다. 납치 대상은 조총련 오사카 상공회 이사장 이삼준이 운영하는 중국음식점에서 요리사로 일하고 있는 '하라다다아키(당시 44세)'라는 일본인이었다.

신광수는 이길병, 이삼준 등과 모의해 해안가 별장으로 휴가가자는 구실로 하라다다아키를 미야자키현 아오지마 해안까지 유인하기로 한 다음 북한 공작지도부에 무전연락을 통해 계획을 보고했다. 북한 공작지도부에서는 신광수와 접선 일시와 장소를 정하고 공작선을 대기시키기로 약속했다.

이렇게 납치 준비를 끝낸 신광수는 1980년 6월 중순 이길병, 이준삼, 김길욱 등과 합세해 하라다다아키에게 좋은 직장에 취직시켜주겠다며 바닷가로 놀러가자고 유인해 그를 미야자키현 아오지마 해수욕장 어린이 놀이터 남쪽 끝 도랑으로 유인하여 술을 먹였다.

그곳에는 북한에서 보낸 4명의 납치범이 이미 대기하고 있었다. 신광수는 납치범 4명과 하라다다아키의 입을 틀어막고 손발을 묶은 뒤 자루에 넣어 대기하고 있던 고무보트에 실었다. 그런 다음 공해상에 대기하던 공작선에 옮겨 싣고 자신도 그와 함께 북한으로 복귀했다.

납치한 하라다다아키와 함께 북한으로 복귀한 신광수는 평양 근교 초대소에 5개월간 체류하면서 김정일 지시대로 하라다다아키의 구체적인 인적사항은 물론 그의 학·경력, 가족 및 친척관계, 거주지 이동 관계, 금전관계 등을 면밀히 파악하여 숙지했다. 하라다다아키가 중국음식점 요리사였던 점을 감안해 중국 요리기술까지 익혔다. 이렇게해서 완벽하게 '하라다다아키'라는 일본인으로 둔갑했다.

1980년 11월 말 대남공작부서인 노동당 조사부 부부장 강해룡으로부터 "상당히 힘들게 해결한 합법신분이니 위장신분을 더욱 공고히 하고 완벽한 일본인으로 행세하면서 재일공작을 더욱 강화하라"는 지시와 격려를 받은 후 세 번째로 일본에 침투하게 되었다. 참고로 조사부 부부장 강해룡은 신상옥, 최은희 씨 납치를 지휘한 인물이기도 하다.

이번에도 예전처럼 남포항에서 공작선을 타고 출발했는데 침투지역은 하라다다아키를 납치했던 아오지마 해안이었다.

아오지마 해안을 통해 일본에 침투한 신광수는 먼저 하라다다아키 납치에 가담한 이길병, 김길욱, 이삼준 등을 만나 "당신들은 하라다다아키 납치 공작에 직접 가담한 장본인들로서 책임이 크니 비밀을 철저히 지킬 것"을 강조했다.

또한 그는 도쿄에 거주하는 민단 간부 이동철을 포섭하라는 북한 지시에 따라 그에게 접근했다. 그런 후에는 북한에 살고 있는 숙부 이승규의 사진과 자필편지를 보여주는 한편, 이동철이 대학 재학 시 북한의 장학금을 받은 사실 등을 미끼로 약점을 공략해 포섭했고 사업자금으로 일화 3천만 엔을 지원하도록 협박과 회유를 병행했다.

일본인으로 둔갑한 신광수

1981년에 들어와서는 일본인으로 둔갑하기 위해 각종 신분증과 서류를 갖추는 작업을 진행했다.

이를 위해 먼저 1981년 5월 이길병의 소개로 일본 당국의 각종 신분증 발행 절차와 방법을 잘 알고 있는 방원정(50세)을 접촉해 재북 중인 처남 김봉기의 편의를 잘 보장해주고 사업자금도 적극 지원하겠다고 회유하는 수법으로 그를 포섭했다. 그런 후 방원정에게 부탁해 하라다다아키의 명의로 된 여권, 운전면허증, 인감등록증, 국민건강보험증 등을 발급받도록 했다. 그리하여 일본 정부가 공식적으로 발급하는 신분증까지 모두 갖춘 '완벽한 일본인'으로 둔갑하는 데 성공한 것이다.

그후 1982년 2월에는 포섭한 방원정을 데리고 동경 제국호텔로 가 북한 무역대표단 일원으로 위장해 공작검열차 일본을 방문한 노동당 조사부 부부장 강해룡을 만났다.

그 자리에서 강해룡은 방원정에게 "민단으로 위장전향하여 남한 입국 여건을 조성하는 동시에 남한에 사는 동향인, 동창, 친척들 가운데 영향력 있는 자를 포섭"하라는 임무를 부여했다.

1982년 3월 북한 공작지도부의 소환지시를 받은 신광수는 이번에는 하라다다아키 명의로 된 여권을 소지하고 합법적으로 여객기를 이용해 스위스, 파리, 모스크바 등을 거쳐 북한으로 복귀했다.

이때부터 신광수는 과거처럼 몰래 북한 공작선을 타고 일본 해안으로 침투하거나 복귀하지 않고 일본인의 합법적인 신분을 이용해 공개·합법적으로 일본을 마음대로 드나들 수 있게 되었다.

북한에 들어가서는 초대소에 체류하면서 정치사상 학습 등 사상교육을 받고 김일성 생일 70주년 축하행사에 참가해 국기훈장 제1급을 수여받은 후 두 번째로 김정일로부터 직접 공작임무를 부여받았다.

김정일은 신광수에게 "일본인의 합법적인 신분을 활용해 동남아 거점을 조속히 확보"하고 일본인 납치 사실이 노출되면 국제문제로 비화될 것이니 관련 비밀을 철저히 지킬 것과 재일 하부망을 활용해 대남침투 공작을 적극적으로 전개할 것 등을 지시했다.

1982년 5월 초 평양을 출발해 모스크바, 파리, 스위스 등 역순으로 일본에 다시 침투한 신광수는 이전에 포섭한 이동철을 만나 무전기를 넘겨주고 작동법과 암호해독 교육을 실시하는 등 그가 독자적으로 북한과 연계·연락을 통해 활동할 수 있도록 해 주었다. 아울러 그에게 민단의 신임을 획득해 중앙본부 간부로 진출할 것과 민단 내부 정보를 수집해 보고할 것, 포섭 가능한 인물을 선정해 보고할 것 등을 지시했다.

방원정에게도 북한 지령 수신 및 해독방법 등을 교육하고 김포공항의 대공포 진지 배치 상황, 현대조선소 위치 및 도크 규모, 대학생들의 반정부시위 현황 등을 보고받았다.

1983년 5월 복귀 지령을 받은 신광수는 또다시 하라다다아키의 여권을 소지하고 합법적으로 여객기를 이용해 북한으로 향했다. 도쿄 나리타공항을 출발한 신광수는 스위스 취리히, 비엔나 모스크

바를 경유해 평양 순안공항으로 입국했다.

북한에 복귀해서는 9월에 진행된 정권수립 35주년 기념행사에 참석한 뒤 노동당 조사부장 임호군으로부터 방원정을 통해 예비역장교 이성수를 포섭할 것, 이동철을 민단 중앙본부에 침투시킨 후 대동복귀할 것 등의 임무를 부여받고 11월 초 평양을 출발해 일본으로 다시 침투했다.

일본에 입국한 신광수는 방원정으로부터 이성수 포섭 진척 상황과 위장거점 운영 실태 등 그동안의 활동결과를 보고받은 후 자금을 지원할 테니 이성수 포섭에 전력을 다할 것을 지시했다. 그리고는 조총련 나가노현 상공회장 정무진을 협박해 일화 4천만 엔을 헌납하게 한 다음 방원정에게 이성수 포섭 자금으로 전달했다.

한편, 신광수가 포섭한 방원정은 1984년 3월, 이동철은 같은 해 8월 각각 제3국을 경유해 북한에 입국한 후 간첩 밀봉교육을 받도록 했다. 그리고 자신도 같은 해 3월 북한으로 들어가 10월까지 평양에 체류하면서 방원정과 이동철이 교육받고 있던 초대소를 방문해 공작책임자의 이미지를 각인시키기도 했다.

그러던 중 1984년 10월 하순 노동당 조사부장 임호군으로부터 "제3국에서 이성수와 본인(조사부장 임호군)이 직접 접선할 것, 동남아 거점을 구축해 젊은 공작원 4~5명이 일본에 침투할 수 있도록 양성할 것" 등의 임무를 부여받고 평양을 출발해 북경과 카라치 및 방콕 등을 경유해 여섯 번째로 일본에 침투했다.

일본에 침투한 후에는 방원정에게 이성수와 노동당 조사부장 임호군과의 제3국 접선이 차질없이 진행되도록 준비를 잘 하라고 독려하고 이동철에게는 민단 침투를 독촉했다.

그런 후 공작검열차 일본을 방문한 노동당 조사부 간부를 만나 활동상황을 보고한 후 재일교포 한성익 등 5명의 조총련 상공인들에게 접근해 북송 가족을 인질로 삼아 자금 헌납을 강요하는 등 공작자금 조달을 획책했다.

1985년 1월 하순에는 방원정을 만나 이성수로부터 입수한 '팀스피리트-85' 훈련 관련 정보를 전달받아 북한에 보고하고, 2월 초에는 한성익을 만나 일본 정부가 만든 정보자료를 넘겨받아 요코하마항에 정박 중이던 '만경봉호' 간부를 통해 북한에 보고했다.

1985년 2월 초에는 북한과 독자적으로 연계·연락을 주고받던 방원정으로부터 북한 공작지도부의 지령 내용을 전달받았다.

방원정은 신광수에게 북한 공작지도부에서 "이성수를 통해 지속적으로 한국군 관련 각종 군사기밀을 수집해 보고하며 이성수에게 팀스피리트-85 훈련 관련 정보를 수집한 노고를 치하할 것" 등을 지시했다고 보고했다.

아울러 방원정으로부터 위장거점인 뉴코리안 주점에 왔던 한국 연예인들이 귀국했는데 이들과 친하게 지내던 일본인들이 한국에 가려고 하니 이들과 함께 입국하면 의심을 사지 않을 것이라며 대남 침투 구상도 보고받았다.

신광수는 이번 기회에 방원정과 같이 한국에 침투해 국내 간첩망을 확인 검열하면 좋을 것이라고 판단하고, 북한 공작지도부에 자신의 계획을 보고해 허락받았다.

이런 과정을 거쳐 1985년 2월 24일 방원정과 같이 대한항공편으로 나리타공항을 출발해 김포공항으로 입국한 신광수는 이성수를 만나 북한의 조국통일 3대 원칙과 5대 방침, 고려민주연방공화국 창립 방안 등을 선전 교양하는 등의 활동 중 안기부에 검거되었다.

이로써 12년 동안 북한과 일본을 비밀리에, 혹은 공개 합법적으로 오가면서 일본인을 납치하고 그의 신분으로 정체를 위장한 후 일본을 거점으로 재일교포 포섭, 헌금 강요 방식의 공작자금 조달 등 활동을 해오던 북한 노동당 조사부 소속 공작원 신광수의 간첩활동이 막을 내리게 된 것이다.

검거된 신광수는 대법원에서 사형확정 판결을 받았다가 1988년 12월 무기징역으로 감형되었고 김대중 정부 시절인 1999년 12월 31일 광주교도소에서 석방되어 서울 관악구 봉천동 '만남의 집'에서 다른 장기수들과 함께 생활했다. 그리고 2000년 6·15 남북공동선언에 따라 9월 2일 비전향 장기수들과 함께 북한으로 송환되었다.

그후 2008년 9월 북한 언론에 등장했고 2016년 7월 21일 평양에서 열린 통일 운동 단체 결성 70주년 기념 중앙보고회 영상에 신광수로 보이는 인물이 등장하면서 김정은 정권에서도 건재한 것으로 파악되었다.

우리는 승리할 것이다

『우리는 승리할 것이다』는 1980년대 중반 북한 대남공작부서에서 소속 간부들과 공작원들에게 배포했던 책자의 제목이다.

이 책자에는 국내 운동권 세력이 제작·배포한 각종 이념 서적과 이적 표현물, 유인물에 실려 있던 내용이 그대로 편집되어 있었다. 그러니까 『우리는 승리할 것이다』는 운동권 내부자료 편집본이었던 셈이다.

당시 북한 공작지도부가 배포했던 『우리는 승리할 것이다』에는 서울대 출신 김영환이 쓴 품성론을 비롯해 서노련 의장 김문수의 옥중수기, 해방선언, 사구체 논쟁 관련 기고문 등 각종 자료들이 편집되어 있었다. 물론 품성론은 김영환의 실명을 알 수 없었기 때문인지 필자를 밝히지 않았던 것 같다. 이와 함께 내용이 긴 자료는 단행본으로 인쇄해 배포하기도 했다.

편집본이나 단행본에 실린 운동권 관련 자료들은 당시 북한과 연계를 가지고 국내에서 활동하고 있던 지하당 조직(고첩망)에서 입수한 후 일본과 유럽 등 해외연락망을 통해 북한에 들여보낸 것들이었다.

북한 공작지도부에서는 1980년대 중반을 넘어서면서 한국의 학생운동이 과거와 달리 마르크스-레닌주의와 주체사상을 운동에 접목하는 등 이념적인 성격을 강하게 띠자 이에 고무되어 그들의 생각과 행동 하나하나를 예의주시했다.

북한 공작지도부에서 운동권 내부자료를 편집해 간부들과 공작원들에게 배포한 것도 그것을 보면서 당시 남한 운동권 인물들이 어떤 생각을 하고, 어떤 방향으로 움직이고 있는지 파악하라는 취지였다.

당시 북한 대남공작부서 간부들은 한국에서 김근태의 민청련과 김문수의 서노련, 그리고 1980년대 말 이부영을 주축으로 하는 민주화 세력의 전민련 결성과 노동운동권 인물들의 전노협 결성을 지켜보면서 흥분과 기쁨을 감추지 못하기도 했다.

그것은 북한이 바라던 대로 대남혁명의 주력군인 노동자와 농민, 청년 학생은 물론 종교인을 비롯한 각계각층의 시민들이 의식화·조직화되어 반미·반정부 투쟁에 적극적으로 동참하고 있다는 사실 때문이었다.

이 때문인지 김일성과 김정일은 노골적으로 종교인들에 대한 공작을 강화하라고 강조할 정도였다.

더욱이 당시 국내 운동권 일부 세력들이 북한의 주체사상을 변혁운동의 지도이념으로 삼고 비밀집회에서 김일성과 김정일을 '위수김동'('위대한 수령 김일성동지'의 약어), '친지김동'('친애하는 지도자 김정일 동지'의 약어)으로 칭송한다는 소식에는 놀라지 않는 간부들이 없을 정도였다.

특히 데모를 하거나 좌익 성향의 지하조직을 만들어 활동하다가 검거되어 감옥에 들어간 국내 운동권 인물들이 이미 수감되어 있던 비전향 장기수들에게 사상교육을 집중적으로 받는 것은 물론 노동당에 가입시켜 줄 것을 희망하고 있다는 정보가 입수되고 있다며 머지않아 대남혁명이 승리할 것 같다고 '오버'하는 간부도 있었다.

일부 공작부서 최고위급 간부들은 어디서 입수한 정보인지는 모르겠지만 머지 않아 남한에서 노태우 정부가 당원명단을 제출하는 조건으로 공산당을 합법화시킬 것 같다며 그렇게 되면 정말 해 볼 만할 것이라며 기대감을 표출하기도 했다.

아무튼 1980년대 후반은 북한 대남공작지도부 간부들과 공작원들이 국내 운동권의 움직임에 한껏 흥분되어 당장이라도 대남혁명이 승리할 것 같은 분위기에 휩싸였던 시절이었다.

주사파를 포섭하라

이러한 상황에서 중앙당 연락부를 위시로 하는 북한 대남공작부서 내부에서는 국내 주체사상 신봉자들 즉, 주사파 운동권 인사들을 '알맹이', '투쟁패' 등으로 명명하고 이들을 어떻게 포섭해 조직화할 것인가에 대한 깊은 고민과 함께 열띤 논의에 들어갔다.

또한 남한에서 신문과 방송을 통해 수시로 보도되는 대학생 및 운동권 인사들에 의한 지하 혁명 조직 및 좌익 조직 사건 관련 기사를 듣고 보면서 그런 지하조직들과 핵심 인물들을 어떻게 찾아내고 포섭해 북한 노동당과 연계시킬 것인지 연구를 거듭했다.

이와 같은 고민과 연구를 통해 남파공작원들이 남한에 침투해 운동권 인물들을 포섭할 경우 구체적으로 어떤 인물을 포섭할 것인지 포섭 대상을 선별하는 기준을 마련했다.

당시 북한 공작지도부에서 정했던 포섭 대상의 첫 번째 기준은 **주체사상 신봉자**여야 한다는 것이었다.

말하자면 북한의 포섭 대상이 되려면 마르크스-레닌주의를 따르는 사람 즉, PD계열은 안 되고 주체사상을 신봉하는 대상, NL계열만 포섭 대상으로 삼으라는 것이었다. 특히 김 씨 일가에 대한 우상화와 후계세습에 대해 부정하거나 문제를 제기하는 인물은 그가 아무리 뛰어난 학생운동 지도자라도 포섭할 필요가 없다는 것이 당시 북한 공작지도부의 확고한 방침이었다.

포섭 대상의 두 번째 기준은 남조선 혁명 즉, 적화 혁명이 승리할 때까지 투쟁을 계속하겠다는 투철한 의지와 신념이 있어야 한다는 것이었다.

구체적으로 대학에 갓 입학한 20대 초반의 어린 나이에 충동적으로 다른 친구들이 학생운동을 하니까 그냥 나도 한번 해보자는 식으로 학생운동에 뛰어든 사람은 포섭 대상으로 삼지 말라는 것이다. 대학에서 학생운동을 한 것은 기본이고 대학을 졸업한 이후에도 계속해서 신념을 가지고 재야운동 등에 적극적으로 참여하고 있고, 지도적인 위치에서 운동을 이끌어가고 있는 대상을 포섭 대상으로 선정하라는 이야기다.

포섭 대상의 세 번째 기준은 조직 또는 대중 지도능력이었다. 이는 포섭 대상이 되려면 대학에서 공부하고 학생운동할 때 총학생회장 또는 정책위 의장 등 학생회 간부를 역임하면서 학생운동을 기획하고 지도해본 경험이 있어야 하고, 또 그러는 과정에 감옥에 갔다 온 경력이 있으면 더 좋다는 것이었다.

그렇기 때문에 사실 자신의 신분을 철저히 숨기고 언더에서 묵묵히 활동한 인물이 그러지 않은 인물보다 훨씬 많았을 텐데 그러한 운동권 인물들은 그가 아무리 골수 주사파라 할지라도 북한으로서는 파악할 수가 없었고 그들을 포섭한다는 것 역시 불가능한 일이었다는 것이다.

또한 포섭 대상을 선정할 때 올바른 도덕과 품성을 소유하고 있느냐, 그리고 가족 가운데 과거에 남로당이나 빨치산 등에 가담한 사람이 있느냐 하는 것도 고려 사항이었다.

제대로 된 지도자가 되려면 일단 도덕적으로 문제가 없어야 하고 품성 또한 좋은 사람이어야 한다는 것이다. 아울러 포섭 대상의 가족 가운데 좌익 계열에 가담했던 사람이 있다면 대를 이어 혁명투쟁을 한다는 의미에서 더 좋다는 이야기다.

당시 북한이 남파공작원들에게 과거 간첩 사건에 연루되었던 당사자 또는 좌익활동 관련자의 가족을 찾아보라고 지시하는 한편 그들을 다시 연계시키려고 했던 것도 바로 그 때문이라 할 수 있다.

북한 공작지도부에서는 위와 같이 포섭 대상 선별기준을 정해 놓은 다음 이러한 기준에 부합되는 인물을 찾기 위해 한국 TV와 라디오, 일간지와 주간지 및 월간지 등 언론매체들과 국내에서 발행된 운동권 관련 서적들을 가져다 놓고 집중적인 연구와 분석에 들어갔다.

김정일에게 '친미사대주의자'로 낙인찍힌 김대중

1980년대 중반 북한 대남공작부서 간부들을 흥분시킨 또 다른 사건은 바로 김대중의 대통령 선거 출마 선언이었다.

사실 미국으로 망명했던 김대중이 1985년 2월 망명생활을 끝내고 한국으로 귀국한 이후 동교동 자택에서 가택연금 상태에 들어갔을 때만 해도 북한 대남공작지도부 간부들은 별다른 반응을 보이지 않았다. 그러다가 1987년 4월 김대중이 사면·복권된 후 대통령 선거에 출마한다는 소식이 들려오자 북한 공작지도부 일부 간부들은 김대중이 완전한 북한편인 것처럼 이야기하면서 그가 대통령에 당선되면 당장이라도 통일이 실현될 것처럼 기대감에 잔뜩 부풀어 있었다.

김대중에 대한 환상과 기대를 노골적으로 표출하고 있던 대남공작부서 내부의 분위기를 보고받은 김정일은 "김대중은 친미사대주의자"라며 그에 대한 환상을 버리라고 강조하는 것으로 간부들의 기대에 찬물을 끼얹었다.

김정일의 지시가 떨어지자 대남공작부서 내부에서는 더 이상 김대중에 대한 이야기를 할 수가 없었다.

북한은 김대중이 미국 망명 생활을 접고 국내로 돌아온 때부터 10년이 지난 1995년 남파공작조에 김대중과의 핫라인을 구축하라는 공작임무를 부여해 남파한 바 있다. 말하자면 1995년으로부터 2년 후인 1997년 말에 실시되는 제15대 대통령 선거에서 김대중이 대통령으로 당선될 것이라는 판단하에 미리 김대중과의 핫라인을 구축하기 위해 남파공작조에 관련 임무를 부여해 남한에 파견한 것이다. 이와 관련하여 필자가 쓴 자서전 내용 가운데 '유명 정치인과의 핫라인을 구축하라'는 소제목의 내용을 일부 인용하겠다.

당시 김동식 공작조가 부여받았던 중요한 임무는 1980년 4월 스님으로 위장하고 남파되어 활동 중인 북한 공작원 '봉화1호'를 접선하여 대동복귀하는 것이었다. 동시에 그가 포섭했다고 보고한 '고봉산'을 통해 대통령 당선이 확실시되는 유명 정치인과의 핫라인을 구축하는 것이었다.

사실 필자의 자서전에서 이야기하는 '유명 정치인'은 김대중이며 '고봉산'은 고은 시인을 지칭한 것이었다.

1995년 당시 사회문화부(구 연락부) 이원국 부부장은 대남침투를 앞둔 김동식 공작조에게 이런 내용으로 이야기했다.

> 우리는 차기 남조선 대통령 선거에서 김대중이 당선될 것으로 생각하고 있소. 김대중은 과거에 우리가 도움을 많이 준 사람이오. 말하자면 우리 덕을 많이 입었소.
>
> 그렇기 때문에 지금 우리와의 비상연락선(핫라인)을 구축해 놓아야 대통령에 당선된 이후 원활한 연락을 유지할 수 있소.
>
> 그러기 위해 이번에 선생들이 파견되는 것이오. 현재 김대중의 주변에는 사람이 많지만 대부분 국회의원이거나 많이 공개되고 노출된 사람들이기 때문에 중간에서 비공개적으로 연락원 역할을 할 사람들이 많지 않소.

그런 의미에서 고은 시인은 김대중과 우리를 가운데서 연계시켜줄 적임자라고 할 수 있소.

봉화1호가 고은을 포섭했다고 보고했으니, 이번에 선생들이 나가서 봉화1호에게 고은을 넘겨받아 그를 통해 비상연락선을 만들어 놓고 와야 되겠소.

김동식 남파공작조가 부여받았던 이와 같은 공작임무는 스님으로 위장하고 남파되었던 '봉화1호'가 이미 검거되어 전향한 탓에 고은을 통해 김대중과의 핫라인을 구축하려던 북한의 계획은 모두 물거품이 되고 말았다.

그러나 실제로 2년 후에 김대중이 대통령에 당선되었으니 당시 북한 대남공작지도부의 정세분석과 판단은 적중한 것이었고 그에 기초한 핫라인 구축 시도는 상당히 치밀한 공작이었다고 할 수 있다.

한편, 2000년 6월 대한민국 대통령의 자격으로 평양을 방문한 '친미사대주의자' 김대중을 만난 김정일의 생각은 어떠했을지 무척이나 궁금하다.

정경희와 연락부의 몰락

1980년대 후반에 들어서면서 북한의 주요 공작부서 가운데 하나였던 중앙당 연락부가 통전부에 통폐합되는 일이 벌어진다.

김정일의 각별한 신임을 받아 공작원으로부터 '연락부장'이라는 공작부서 책임자에 전격 발탁되었던 정경희가 갑자기 좌천되고 그가 지휘하던 연락부도 통일전선부에 흡수·통합된 것이다.

앞에서도 언급한 것처럼 정경희는 원래 대구 출신으로서 6·25전쟁 이후부터 1960년대까지 일선에서 대남공작원으로 활동했던 전설 같은 인물이었다. 정경희는 1990년대 초반까지 통일전선사업부 부부장을 역임한 바 있는 유정숙과 1980년~1990년 10년 동안 남한에 침투해 공작활동을 벌이다 복귀한 후 2000년 사망할 때까지 노동당 정치국 후보 위원을 역임한 이선실과 함께 대남공작 분야의 여성 3인방 가운데 한 사람이었다.

1976년 중앙당 연락부장에 임명된 경경희는 1980년 10월 개최된 노동당 제6차 대회에서 남파공작원 이선실과 함께 노동당중앙위 정치국 후보 위원에 선임되었으며 1983년에는 중국을 비공식 방문하는 김정일을 수행하는 등 김정일로부터 각별한 신임을 받았다.

이렇게 김정일로부터 각별한 신임을 받고 있던 정경희는 1987년 여름 김정일 생모인 김정숙의 항일빨치산 시절 지하공작 경험을 대남공작에 받아들이지 않았다는 이유로 해임되었다. 연락부장에 임명될 때와 마찬가지로 전격적인 해임이었다.

사실 정경희를 연락부장 직책에서 해임하면서 내걸었던 이유는 상식적으로 봐도 잘 납득이 되지 않았다. 김정숙의 빨치산 시절 지하공작 경험은 역사가들이 조작한 허구에 지나지 않은 데다, 일제강점기와 1980년대 대한민국의 상황이 너무도 달랐기 때문에 그 허구마저도 대남공작에 참고하거나 받아들일 만한 것은 없었다.

결국 정경희의 해임은 김정일이 자신의 최측근인 노동당 대남담당비서 겸 통전부장 허담에게 정경희가 책임자였던 연락부를 포함하여 대남공작과 관련한 전권을 넘겨주기 위한 액션에 불과했다.

정경희는 중앙당 연락부장에서 해임된 후 다시 평범한 공작원으로 돌아가 평양시 교외인 삼석 초대소에서 자료정리를 하면서 노년을 보냈다.

정경희가 연락부장에서 해임되면서 그가 관장하던 연락부는 김정일 의도대로 통일전선부와 통합되면서 간판을 내리게 되는 비운을 겪게 되었다. 말이 통합이지 당시 김정일의 각별한 신임을 받으면서 통일전선부장 겸 대남사업 담당비서로서 막강한 권력을 행사하고 있던 허담의 통전부에 사실상 흡수된 것이나 다름없었다고 말할 수 있다. 당시 연락부가 통전부에 통폐합되면서 사용했던 통합부서의 명칭이 '대외연락부'였다.

연락부가 통전부에 흡수·통합된 후 대대적인 물갈이 인사가 단행되었다. 사실상 대규모 숙청이었다. 여러 명의 연락부 부부장들이 해임되어 지방으로 추방되거나 아래 직급인 과장으로 강등되었기 때문이다. 이들의 숙청도 정경희와 마찬가지로 김정일의 생모 김정숙을 우상화하는 작업을 제대로 하지 못했다는 것이 이유였다.

2개의 공작부서가 통폐합되면서 지역이나 업무가 겹치는 연락부의 해외담당 공작과 소속 간부들과 공작원들의 부침이 심했다. 특히 일본담당 공작은 통전부의 일본담당 공작과 인원만 남기고 연락부 소속이었던 일본담당과 공작원들 대부분이 해임되는 수모를 겪었다.

그런 와중에서 간신히 살아남은 연락부 소속 부서는 대남공작과가 거의 유일했다.

그것은 통전부가 일본과 유럽을 주무대로 하여 해외 공작을 하고 있었던 반면, 직접 남한에 침투해 지하당 건설 공작을 전개하는 대남공작과는 없었기 때문이었다. 따라서 기존 연락부 소속의 대남공작과 인원들을 대체할 만한 인원이 없었던 것이다.

한편, 대남공작과 공작원들이 연례적으로 실시하던 대남침투 훈련에 있어서도 육상침투 훈련을 중단하고 해상침투 훈련만 실시하도록 했다. 말하자면 해마다 지뢰를 해제하고 휴전선 철책을 돌파해 침투하는 훈련을 실시했는데 이때부터는 이를 중단하고 수영과 잠수 등 해상침투에 필요한 훈련만 실시하도록 했다는 것이다.

KAL기 폭파 사건의 또 다른 진실

독자들도 알다시피 KAL기 폭파 사건과 관련된 내용은 당사자인 김현희의 자서전을 비롯하여 이미 많은 증거자료들이 공개되고 발표되었으므로 여기서는 사건 자체를 구체적으로 나열하지는 않을 참이다.

다만 북한이 당시 왜 KAL기 폭파를 감행했는지, KAL기 폭파 사건 이후 북한이 어떻게 대응했는지 등에 대해 밝힘으로써 이 사건이 북한의 소행이라는 사실을 다시금 입증하는 데 도움을 주고자 한다.

우선 북한이 왜 KAL기 폭파를 감행했느냐 하는 것이다. 한마디로 1988년 9월 서울에서 개최될 예정이었던 88서울올림픽을 파탄시키기 위해서였다.

물론 일부 사람들은 아직도 KAL기 폭파 사건과 88서울올림픽은 직접적인 관계가 없기 때문에 북한이 서울올림픽을 파탄시키기 위해 KAL기 폭파를 감행했다는 것은 말이 안 된다고 주장한다.

그런 의미에서 북한이 왜 KAL기 폭파를 감행했는지를 정확히 파악하려면 KAL기 폭파를 감행한 시점과 서울올림픽 개최 시기를 연관시켜 보는 것이 중요하다고 생각한다.

알려진 바와 같이 북한이 KAL기 폭파를 감행한 정확한 날짜는 1987년 11월 29일이다. 88서울올림픽이 1988년 9월 17일에 개막되었으니까 올림픽 개막을 9개월 정도 앞둔 시점이었다.

올림픽을 9개월 앞둔 시점은 세계 각국의 올림픽 참가 선수들이 대회 일정에 맞추어 최상의 컨디션을 유지하기 위한 막판 준비에 집중할 때다. 그리고 각국이 올림픽에 참가하는 대표단과 선수단 인원을 최종적으로 확정하고 그들이 이동할 항공편과 체류할 호텔 등을 사전에 예약하는 등 실무적인 준비에 들어가는 시점이다. 바로 세계 각국의 올림픽위원회와 선수들이 88서울올림픽에 참가하기 위한 막바지 준비를 본격적으로 하는 결정적 시점에 북한이 KAL기를 폭파한 것이다.

구체적으로 살펴보면, '88올림픽이 개최되는 대한민국은 섬이 아니지만 바다와 휴전선으로 막혀 있기 때문에 섬이나 마찬가지다. 그래서 세계 각국의 올림픽선수단이 서울에 오려면 반드시 비행기를 이용해야 한다. 그런데 자신들이 타고 이동해야 하는 항공편이 안전하지 못하다면 올림픽에 참가하는 것이 아무리 중요하다고 해도 자신의 생명과 바꿀 수 없는 것이기 때문에 올림픽 참가를 포기할 수밖에 없다. 아울러 올림픽이 열리는 서울 시내에서 대규모 폭파 사건이 연이어 발생해 무고한 시민들이 사망하는 등 신변 안전에 위험이 조성될 경우에도 선수들은 올림픽 참가를 주저할 수밖에 없다.' 바로 이것을 북한이 노린 것이다.

말하자면 북한이 88서울올림픽을 앞둔 시점에 KAL기 폭파한 것은 세계 각국에 '서울올림픽에 참가하려다가 죽을 수 있다'는 인상을 심어주어 그들이 88서울올림픽을 보이콧하게 만들기 위한 것이었다. 그렇게 해서 88서울올림픽이 아예 열리지 못하게 하거나 최소한 반쪽짜리 올림픽으로 만들어 대한민국의 위상을 땅바닥에 떨어뜨리려는 것이 바로 김정일의 발상이었다.

이 때문에 김정일은 김현희 공작조를 통해 KAL기 폭파를 감행했음에도 세계 각국의 서울올림픽 참가 열기가 사그라지지 않으면 제2, 제3의 KAL기 폭파와 같은 강력 테러를 또다시 감행하는 방식으로 극도의 불안을 조성하려고 계획했다. 이렇게 테러를 통해 극도의 불안을 조성하는 방식으로 세계 각국 선수들의 올림픽 참가 의지를 완전히 꺾어놓음으로써 결과적으로 88서울올림픽을 보이콧하게 만들어 올림픽이 열리지 못하게 하겠다는 것이 김정일의 생각이었다.

이에 따라 김정일은 KAL기 폭파범인 김현희가 소속되었던 대외정보 조사부에만 서울올림픽 파탄 임무를 부여한 것이 아니라 노동당 소속의 또 다른 공작부서인 연락부에서도 동일한 임무를 부여했던 것이다.

김정일의 지시를 받은 연락부에서는 2개의 남파공작조를 선발해 그들에게 88서울올림픽을 파탄시키기 위한 테러임무를 부여하고 실전과 같이 폭파연습을 시키는 등 준비에 돌입했다.

그들은 해외 공작조와 달리 남한에 직접 침투한 후 당시 하나밖에 없는 국제공항이었던 김포공항, 또는 올림픽경기가 진행되는 잠실 주경기장이나 많은 주민들이 밀집하는 서울역, 고속버스터미널 가운데 하나를 폭파해 선수들과 관광객들이 마음 놓고 서울에 오지도 못하게 하고 경기에 참가하지도 못하게 함으로써 88서울올림픽을 파탄시키려 했다.

그런데 '불행 중 천만다행'으로 안기부에서 김현희를 검거한 다음 그를 통해 KAL기 폭파 사건이 북한의 소행이라는 것을 명백하게 밝혀냄으로써 그후 제2, 제3의 KAL기 폭파 사건이 발생하면 당연히 북한을 범인으로 지목하게 될 상황이 조성되었고, 그렇게 되자 김정일은 테러의 방법으로 서울올림픽을 파탄시키려던 계획을 중단할 수밖에 없었다.

여기에 국제사회가 북한을 테러지원국으로 지정하고 규탄하는 등 국제적 여론이 나빠진 것도 김정일이 테러에 의한 올림픽 파탄 계획을 철회하는 데 한몫했다.

당시 김정일이 제2, 제3의 KAL기 폭파를 취소하면서 이를 준비했던 연락부 소속 남파공작원들은 88서울올림픽이 끝난 후 국내에 침투해 간첩망을 구축하는 공작임무를 수행했다.

아직도 평양말을 사용하는 김현희

KAL기 폭파 사건이 북한의 소행이라는 명백한 증거는 폭파범인 김현희가 일부에서 주장하는 것처럼 정보기관이 조작한 가짜가 아니라 틀림없는 북한 공작원이기 때문이다.

우선 김현희가 북한 공작원이라고 하는 것은 그가 쓴 수기 『나는 여자가 되고 싶어요』에 수록된 내용이 공작원이 아니면 알 수 없는 사실을 자세하게 기록해 놓은 것을 보면 알 수 있다. 그것이 김현희가 북한 공작원이라는 첫 번째 증거다.

김현희는 수기에 평양에서 태어나 평양외국어대학 일본어과에 입학해 생활하던 중 공작원으로 선발되어 초대소에서 공작원 교육 및 훈련을 받던 과정을 자세하게 기록해 놓았다. 대표적으로 김현희의 수기 내용 가운데 초대소 지역 내에서 걸어서 이동할 때 누가 봐도 상대방이 누구인지 알 수 없도록 하기 위해 대낮에도 마스크와 선글라스, 검은 우산을 쓰고 다녀야 한다고 한 것은 실제로 그런 곳에서 훈련받은 북한 공작원만이 알 수 있는 내용이다.

김현희가 평양말을 그대로 사용하고 있는 것은 김현희가 북한 공작원이라는 확실한 증거다.

국내에 침투하는 남파공작원들은 한국의 말과 문화를 배우는 '적구화 교육'을 받는데 일본이나 중국, 유럽 등 해외에 파견되는 공작원들은 한국말을 배우지 않고 본인들이 파견될 국가의 언어를 배운다. 이에 따라 김현희는 중국어와 일본어를 배웠다고 수기에 밝힌 바 있다.

말하자면 김현희는 해외 공작원으로서 외국어는 배웠지만 한국말은 한 번도 배워본 적 없다는 것이다. 그래서 김현희는 아직도 서울말이나 경상도 말 또는 전라도 말 등 한국인들이 쓰는 말을 잘하지 못하고 오히려 평안도 사투리 즉, 평양말을 그대로 사용하고 있다. 이것이 김현희가 북한 공작원이 틀림없다는 결정적인 증거다. 김현희가 안기부가 조작한 가짜라면 그가 서울말이나 경상도 말, 전라도 말 등 한국인들이 쓰는 특정 언어를 구사해야 말이 된다.

KAL기 폭파 사건이 발생한 지 얼마 지나지 않아 대남공작부서에서 많은 여성 공작원들을 해임한 것 역시 김현희가 북한 공작원이고, KAL기 폭파 사건이 북한의 소행이라는 또 다른 증거다.

당시 대남공작부서에서 많은 여성 공작원을 해임한 것은 '여자는 나약해서 자살용 독약 앰풀을 제대로 깨물지 못한다'는 것이 결정적 이유였다.

북한 공작원들이 자살용으로 사용하는 독약 앰풀에는 맹독성물질인 청산가리가 가스 형태로 채워져 있는데 앰풀을 깨문 다음 숨을 들여 마셔야 청산가리 가스가 호흡기 속으로 들어가 사람이 곧바로 죽게 되어 있다. 공작원이 자살하겠다는 생각으로 독약 앰풀을 깨물었다 하더라도 숨을 들이마셔서 가스를 흡입하지 않으면 독약 효과가 떨어져 죽지 않는다는 특징이 있다.

김현희가 독약 앰풀을 깨물고도 생존하자 북한 공작지도부는 이를 "여성의 나약함으로 인한 독가스 흡입 실패"로 규정하여 여성 공작원들을 대거 해임했다.

이 역시 KAL기 폭파 사건 주범인 김현희가 북한 공작원이라는 또다른 방증이라고 본다.

사회문화부로 부활한 연락부

1980년대 말에는 과거 통전부에 흡수·통합된 연락부가 '사회문화부'로 부활하기도 했다.

김정일은 1987년 여름 통전부와 연락부를 통폐합해 '대외연락부'라는 통합부서를 만들었으나 불과 2년만인 1989년 초에 대외연락부를 다시 통전부와 사회문화부로 분리하는 조치를 취했다.

김정일이 통합부서였던 대외연락부를 다시 2개 부서로 분리한 것은 부서 통폐합 이후 구성원 간의 갈등과 마찰이 심화되고 그에 따라 업무수행에 상당한 지장을 초래했기 때문인 것으로 보인다.

1987년 대외연락부로 통폐합되기 전의 통일전선부는 대남정책 수립과 남북대화, 통일전선단체 구축 및 조종, 대남심리전 등 공개 합법적인 업무를 수행했다. 물론 조총련과 해외교포들에 대한 포섭 및 지하조직망 운영 등 비공개적으로 대남공작임무도 수행했지만 일부에 지나지 않았다.

그러나 통일전선부에 통폐합되기 전의 연락부는 공작원들을 국내에 직접 침투시키거나 우회 침투시켜 연고자 또는 운동권 인사들을 포섭해 지하당 조직을 구축하고 이를 통해 대중단체를 만들고 운영하는 등 비합법적인 공작을 기본으로 진행하고 있었다.

그런데 통일전선부와 연락부가 통폐합된 후 비합법적이고 비공개적인 활동을 원칙으로 하는 연락부의 업무 스타일과, 주로 합법적이며 공개적인 활동을 기본으로 하던 통전부의 업무 스타일이 완벽하게 정반대여서 이들 사이에 통합은커녕 내부 파열음이 상당히 심했다. 그러다 보니 공작 성과는 고사하고 업무추진 자체가 불가능한 경우도 많이 발생했다.

이와 같은 부작용 때문에 통일전선부와 연락부를 통폐합한 지 2년도 채 되지 않은 시점에 다시 2개 부서 즉, 통전부와 사회문화부로 분리할 수밖에 없었던 것이다.

당시 통합부서를 분리하면서 예전 명칭을 그대로 다시 사용하게 된 통일전선부는 대남담당비서 허담이 통일전선부장으로 임명되어 부서통합 이전에 담당했던 대남정책 수립과 남북대화, 통일전선 공작, 대남심리전 등의 업무를 그대로 수행했다.

그러나 연락부의 후신으로 부활시킨 부서의 명칭은 '사회문화부'로 바꾸도록 하고, 업무는 기존에 연락부에서 수행했던 국내 지하당 조직 구축 및 지도와 함께 부서를 통합하기 전에 통일전선부에서 일본 등 세계 각국의 해외교포들을 상대로 추진했던 지하공작 일체를 담당하도록 했다.

또한 새로운 명칭으로 부활한 중앙당 사회문화부장에는 당시 정무원 산하 문화예술부장이었던 이창선을 임명했다. 일반적으로 북한에서는 노동당 중앙위원회(중앙당) 부서책임자(부장)가 내각의 부서책임자(상 또는 위원장)보다 지위가 높다. 결국 정무원 문화예술부장이 중앙당 사회문화부장에 임명된 것은 수평 이동이 아니라 승진한 것이나 다름없다.

그리고 문화예술부장이 사회문화부장에 임명되었으니 부서의 명칭과 책임자만 보면 연관성이 있는 것처럼 보여 표면적으로는 아주 그럴듯한 인사였다고 할 수 있다.

그러나 이는 우연한 일이 아니라 김정일이 대남공작부서인 사회문화부의 임무와 역할을 대외적으로 은폐하기 위해 취한 의도적인 조치였다고 할 수 있다. 말하자면 정무원 문화예술부장을 중앙당 사회문화부장에 임명함으로써 사회문화부가 실제로 수행하는 임무가 대남공작이 아니라 문화예술 관련 업무를 담당하는 부서라는 이미지를 부각시키기 위해 의도적으로 이창선을 사회문화부장에 임명했을 가능성이 높다는 것이다.

이창선은 1970년대 초반 김정일이 문화예술계 내부에 후계 체제를 구축할 때 곁에서 많은 도움을 주었기 때문에 김정일로부터 상당한 신임을 받고 있던 인물이다. 그런 관계로 이창선이 대남공작에 대해 전혀 몰랐음에도 대남공작부서 책임자로 전격 임명되었다.

실제로 이창선은 공작부서인 중앙당 사회문화부장에 임명된 다음 남파공작원들에게 시도 쓰고 소설도 쓰라고 지시함으로써 그들로부터 빈축을 샀다는 이야기가 들리기도 했다.

조국통일의 봉화를 지펴라

김정일은 통일전선부에 통폐합되었던 연락부를 '사회문화부'로 분리 독립시키면서 공작원을 양성하는 전문 교육기관도 창설했다.

원래 공작원 양성은 김정일정치군사대학에서 담당하고 있었다. 당시 연락부나 대외정보조사부 등에서 선발한 공작원들을 2~3명씩 조를 편성해 김정일정치군사대학 소속 초대소에 입소시킨 다음 공작원반 담당 교수들이 초대소마다 방문해 개별 강의를 하는 방식으로 공작원 교육과 훈련을 지도하고 있었다. 그러니까 김정일정치군사대학에서 전투원 양성과 공작원 양성을 함께 담당하고 있었던 셈이다.

그러던 것을 1989년 초 공작원 전문 교육기관인 '봉화정치학원'을 창설하고 김정일정치군사대학의 공작원 양성과정을 분리해 봉화정치학원으로 이관하도록 하고 김정일정치군사대학에는 전투원 양성만 남겨두었다.

'봉화정치학원'은 '조국통일의 봉화를 지펴 올린다'는 의미에서 '봉화'라는 명칭을 붙이고 과거 '남조선 혁명 전사들을 양성하던 강동정치학원의 명맥을 잇는다'는 의미에서 '정치학원'이라는 이름을 붙이도록 했다. 그리고 김정일이 봉화정치학원 창설을 승인한 날이 1·12일이라는 의미에서 대외적으로 '112연락소'라는 명칭을 사용했다.

이와 함께 봉화정치학원이 공작원 전문 양성기관이라는 점을 감안하여 대남공작을 담당하는 중앙당 사회문화부로 배속시키는 조치도 동시에 취했다. 그러나 대남침투 전문 요원들 즉, 전투원들을 양성하는 김정일정치군사대학은 원래대로 대남침투를 담당한 중앙당 작전부 소속으로 남겨두었다.

한편, 김정일정치군사대학에서 공작원 양성과정을 분리해 봉화정치학원을 창설하면서 원래 김정일정치군사대학에 소속되어 있으면서 남파공작원들의 필수 교육코스였던 '남조선환경관'도 봉화정치학원 소속으로 이관했다.

이에 따라 봉화정치학원 소속 초대소 지역 한 가운데 터널을 뚫고 한국의 거리처럼 각종 편의시설을 갖추어 놓은 다음 그곳에 들어가 실제 이용해 보는 방식으로 연습하는 남조선환경관(일명 적구화환경관)에 소속되어 있던 남한 출신의 고등학생, 어부 등 수많은 한국인 납북자들도 소속이 봉화정치학원으로 바뀌게 되었다.

주사파 등급을 매겨 관리하는 북한 공작지도부

앞서 언급한 것처럼 남한 내에 주사파가 존재한다는 사실, 특히 주사파가 북한과 손을 잡는 데 대해 거부감이 없고 오히려 북한과 연계되어 있다는 것을 자랑스러워하면서 어깨에 힘을 주고 다닌다는 소식을 듣게 된 북한 대남공작부서 간부들은 상당히 고무되었다.

주사파에 대한 북한의 기본적인 인식은 신문이나 방송 등 언론매체를 통해 북한이 투쟁 지침이나 방향 등을 제시하면 그것을 받아 그대로 수행하는 충실한 집행자, 노동당 대남공작지도부가 북한편으로 끌어들여 지도해야 할 대상 정도로 인식하고 있었다.

한편, 주사파가 실체도 없는 한국민족민주전선(약칭 한민전)을 추종한다는 이야기를 들었을 때는 실소를 금할 수 없었다.

북한은 1968년 8월 24일 중앙정보부가 김종태와 최영도 등 통일혁명당 창당을 기도하던 주요 인물들을 검거했다고 발표하자 다음날인 8월 25일 '통일혁명당이 창당되었다'고 일방적으로 선포하고 통일혁명당이 남한 내에 실존하는 조직인 것처럼 선전했다. 물론 김종태, 최영도 등과 함께 통혁당 창당을 위해 활동했던 잔여 세력이 없었던 것은 아니지만 인적 역량이나 당시 조성되었던 정세를 볼 때 통혁당을 창당할 상황은 아니었다.

그후 북한은 통혁당 잔여 세력을 규합해 새로운 지하당 조직(간첩망)을 만드는 한편, 평양에 '통일혁명당 목소리방송'을 운영하는 칠보산연락소를 만들어 통혁당 명의로 대남선전 방송을 내보내는 방식으로 통혁당이 남한에서 실제로 활동하는 것처럼 위장했다. 1970년대에는 공작원들을 국내에 침투시켜 도(道)단위 지역에 통일혁명당 하부 조직 형태의 지하당 조직(간첩망)을 구축하기 위한 공작도 지속적으로 전개했다. 그러나 이는 북한 공작지도부가 통혁당이 실제로 남한에 존재하는 것처럼 위장하기 위한 공작 전술의 일환이었을뿐 김종태, 최영도가 만들려던 통혁당과는 아무런 관계가 없는 간첩망이었다.

이와 함께 북한은 1985년 7월 27일에는 통일혁명당의 명칭을 '한국민족민주전선(약칭 한민전)'으로 바꾸었으며 2005년 3월 23일에는 또

다시 '반제민족민주전선(약칭 반제민전)'으로 개칭했다.

그러나 앞에서 언급한 것처럼 김종태, 최영도 등이 검거된 1968년 이후 대한민국에 '통일혁명당'이라고 하는 실체는 없다. 통혁당은 물론 그 후신이라고 하는 한민전이나 반제민전 역시 실체가 없는 빈 껍데기 위장 명칭에 불과하다.

그러니 주사파가 한민전을 추종한다는 이야기에 실소를 지을 수밖에 없었던 것이다.

한편, 북한 공작지도부가 주사파를 포섭하는 공작을 하려 해도 그들에 대한 자료가 별로 없는 것이 문제였다.

그래서 이미 북한에 포섭되어 간첩활동을 하고 있는 국내 지하당 조직에 지령을 내려 주사파 관련 정보를 수집해 보고하도록 하는 한편, 북한으로 들어오는 남한의 신문과 잡지, 방송 및 각종 서적 등을 열심히 보면서 자료를 축적하고 분석했다. 당시 주사파 관련 자료수집을 위해 많이 보았던 것이 운동권 인사들의 이름이 나오는 『청년 학생운동사』, 『노동운동사』 등 각 분야의 운동 역사 관련 서적과 운동권 출신들이 만들었던 월간 『말』, 『길』과 같은 잡지였다.

이와 함께 북한 대남공작지도부에서는 국내 운동권 인사나 주사파라고 해서 똑같이 취급하지는 않았다.

그들의 사상 성향과 운동 경험 및 경력, 운동권 내에서의 지위와 역할 등을 감안하여 각각 A, B, C 등으로 등급을 분류해 놓고 관련 자료를 지속적으로 축적했다. 이런 방식으로 축적한 자료에 기반하여 포섭할 만한 대상을 선별하는 작업도 동시에 추진했다.

사실 북한 대남공작부서에서는 우리가 흔히 대남공작 관련 용어로 사용하는 '포섭'이라고 하는 개념을 거의 사용하지 않는다.

원래 포섭(包攝)이라는 용어는 '상대편을 자기편으로 감싸서 끌어들이는 것'을 의미하는 표현이다. 따라서 '포섭'이라는 개념이 아예 공작과 관련 없는 것은 아니다. 그러나 북한 공작부서에서는 '포섭'이라는 표현 대신에 투쟁을 좋아하는 공산주의자들의 의지를 반영한 탓인지 '싸워서 목적한 바를 취한다'는 의미의 '전취(戰取)'라는 용어를 주로 사용한다.

다시 말하면 주사파 등 남한 사람들을 포섭하기 위해서는 남파 공작원들이 목숨을 걸고 군인들이 총을 들고 경계근무를 하는 남한에 침투해야 하고, 그들을 단순히 북한 편으로 끌어들이는 정도가 아니라 노동당에 가입시켜 김부자에게 충성하는 남조선 혁명가로 만드는 작업이 어렵고 힘들다는 의미에서 '전취'라는 표현을 쓰는 것이다.

북한이 대남전략 목표를 설명할 때 단순하게 한국 정부를 타도하는 것이 아니라 '정권 전취'라는 표현을 주로 사용하는 것도 같은 맥락이다. 말하자면 대한민국 정권을 단순히 바꾸는 정도가 아니라 투쟁을 통해 대한민국 정권을 아예 빼앗고 자유민주주의 체제를 전복시켜 북한식의 사회주의 체제로 만드는 것이 진짜 적화 혁명의 목적이라는 것이다.

그러나 책에는 '전취'라는 용어 대신 우리에게 익숙한 '포섭'이라는 개념을 사용할 것이다.

장관 이상의 권한을 가진 남파공작조

1980년대 후반은 북한 대남공작지도부가 국내 인물들을 포섭하는 전술에 있어서 일대 전환이 일어난 시기였다고 할 수 있다.

과거에는 남파공작원들이 국내에 침투한 다음 장기간 매복해 생활하면서 지지자, 동정자를 파악하고 그에 기초해 정치적 관계, 조직적 관계로 발전시키는 순차적인 방식으로 포섭하도록 전술을 구사했기 때문에 시간도 많이 걸리고 성과도 많지 않았다.

그러나 1980년대 후반에 들어서면서 주사파를 비롯해 자신을 혁명가라고 자처하는 자생 공산주의자, 자생 혁명가들이 등장하고 이들이 실제로 학생운동을 비롯한 반미·반정부투쟁을 주도하는 상황이 발생하자 굳이 긴 시간을 들여 그들을 검증한 다음 순차적으로 포섭하는 방식을 고집할 필요가 없어진 것이다.

이에 따라 북한 대남공작지도부에서는 주사파 등 국내 운동권 인물들에 대한 포섭방식을 획기적으로 바꾸기로 했다.

당시 북한 대남공작지도부가 선택한 포섭공작 전술은 남파공작원들이 포섭 대상에게 접근해 자신의 신분을 확실하게 밝히고 설득하는 방식이다. 말하자면 북한에서 포섭 대상으로 선정한 해당 인물을 만나 자신이 북한에서 김정일의 특명을 받고 파견된 사람이라는 것을 밝히고 북한과 협력해 변혁운동과 통일운동을 하자고 설득하는 방식이었다.

이를 위해 먼저 북한 공작지도부에서는 주사파 포섭공작을 위해 남파되는 공작원들의 나이와 경력 및 경험, 그리고 포섭 대상의 나

이와 운동경력 등을 감안하여 직급과 권한을 부여하도록 했다. 북한 공작지도부가 남한에 침투하는 공작조 조장들에게 부여한 최상위 직급은 김정일 특사였으며 다음 직급이 노동당 대표(당대표), 노동당 연락대표(당 연락대표), 노동당 연락원 등의 직급이었다. 구체적으로 남파공작조 조장의 나이가 50대 이상으로 많으면서 남한에 침투해 나이가 많고 경륜이 있는 인물을 상대해야 할 경우에는 김정일 특사 또는 당대표의 직급을 부여했다. 그리고 남파공작조 조장의 나이가 30~40대이고 포섭 대상의 나이도 30~40대라면 공작조장에게 당대표 또는 당 연락대표의 직급을 부여하고 남파공작조 조원들에게는 연락원의 지위를 부여했다.

그러나 포섭공작을 위해 남파되는 공작조의 조장들에게는 직급과 관계없이 남한 현지에서 포섭 대상을 노동당에 직접 입당시킬 수 있는 특별 권한을 부여했다.

사실 북한에서는 김부자를 제외한 그 누구도, 그가 설사 장관이라도 독자적으로 노동당 입당을 결정할 수 있는 권한이 없다.

그런 점에서 볼 때 남한에 침투하는 공작조 조장들에게 직급에 있어서는 김정일 특사로부터 연락대표까지 차등을 두었으나 성공적인 포섭공작을 위해 권한 만큼은 북한에서의 장관급보다 더 막강한 권한을 부여하는 등 파격적인 조치를 취한 것이라고 할 수 있다.

한편 김정일은 대남공작부서 간부들에게 '수령님(김일성)의 권위를 가지고 남조선 혁명을 하고 조국을 통일해야 한다'며 대남공작에 김부자의 지위와 업적을 적극적으로 활용하도록 강조했다.

1980년대에 들어와 국내 운동권 내에서 김일성, 김정일을 지칭해 '위수김동', '친지김동'이라고 칭송한다는 보고를 받은 김정일이 그것을 활용해야 한다는 차원에서 내린 지시였다.

결국 남한에 침투한 공작조가 포섭공작을 할 때 포섭 대상을 만나 '나는 북에서 김정일 지시를 직접 받고 파견된 특사다' 또는 '김정일 특명을 받고 파견된 당대표다'라는 식으로 자신을 소개한 다음 '김정일이 나에게 직접 당신을 찾아가 협력해 보라는 특명을 받고 왔다'며 설득하는 방식으로 포섭공작을 진행하기로 한 것이다.

그러나 이것은 **김일성·김정일 이름만 대면 남한의 운동권 인사들이 무조건 고개 숙이고 북한 편에 설 것이라는, 대단한 착각**에서 출발한 오판이었다.

청사포 침투 공작조가 바꿔 놓은 공작 전술

1980년대 말경에 이르러 북한의 대남공작 전술 가운데 변화된 것이 두 가지가 있다.

무엇보다 남한에 침투하는 남파공작원들이 모두 한국의 말과 문화를 배우도록 함으로써 완전한 한국인으로 만드는 '적구화 교육'에서 획기적인 변화가 일어난 것이다.

청사포를 통해 침투했던 남파공작조가 복귀한 1987년까지 적구화 교육을 이수하는 남파공작원들 가운데 70~80퍼센트 정도는 경상도 말을 배우고 20~30퍼센트가 서울말을 배웠다. 그런데 청사포 침투 공작조가 복귀한 후 위와 같은 상황이 역전되어 남파공작원 70~80퍼센트가 서울말을 배우고 나머지 20~30퍼센트가 경상도 말을 배우게 된 것이다.

그 이유는 1985년 10월 청사포 해안을 통해 남한에 침투했다 1987년 가을에 복귀한 2인 공작조가 실제로 한국에서 살면서 표준어의 중요성을 실감하고 이를 공작지도부에 보고했기 때문이다.

이들은 적구화 교육 기간에 모두 경상도 말을 배우고 남한에 침투한 후에는 공작활동 지역인 대전, 청주 등 중부 지역에서 2년간 생활하다가 북한으로 복귀했다. 그런데 경상도 말을 배우고 남한에 침투했던 이들이 북한으로 복귀할 때는 모두 서울말 즉, 표준어를 구사하고 있었다.

경상도 말을 배우고 침투했던 이들이 북한으로 복귀할 때는 모두 표준어를 사용하자 공작부서 간부들이 그 이유를 물어보았다. 그러자 이들은 "경상도 말을 배우고 남한에 침투해 생활할 경우 경상도나 서울 지역에서는 그나마 괜찮은데 전라도나 충청도 지역에서 생활할 때는 경상도 말이 불편했다. 그래서 우리는 남한에 침투한 후 라디오와 TV를 계속 듣고 보면서 표준어를 꾸준히 연습해 나중에는 경상도 말을 쓰지 않고 표준어를 사용했다. 그랬더니 어느 지역을 가더라도 큰 불편함이 없었다. 따라서 남파공작원들이 특정 지역 언어보다 표준어를 배워 남한에 침투하는 것이 바람직할 것으로 판단된다"라고 강조했다.

이렇게 되자 북한 공작지도부에서는 적구화 교육을 이수하는 남파공작원들에게 가급적이면 서울말 즉, 표준어를 배우도록 하라는 지침을 내렸다. 그런데 막상 많은 공작원들에게 서울말을 배우게 해 보니 서울말을 하는 서울 출신에, 표준어를 가르칠 수 있는 한국 출신 강사가 부족한 것이 문제로 제기되었다.

이에 따라 북한 공작지도부에서는 서울에서 여행사를 운영하다 해외를 거쳐 월북한 지 얼마 안 된 서울 출신 김원석, 호경옥 등을 급하게 서울말을 가르치는 적구화 교육 강사로 영입했다.

남파공작원들이 국내에 침투한 후 실제로 공작임무를 수행하는 활동 기간에도 변화가 일어났다.

예전에는 공작원들이 남한에 침투한 후 장기적으로 생활할 수 있는 거점을 구축하고 호적을 취득함으로써 완벽한 한국인으로 신분을 세탁한 다음 활동하는 것이 원칙이었다.

그런데 청사포 사건 발생 당시 국내에 침투했던 남파공작조는 호적도 없이 무려 2년간 위조한 주민등록증을 가지고 장기 잠복해 활동하다 무사히 복귀했다.

이들의 경험을 통해 위조 주민등록증으로도 충분히 장기간 활동이 가능하기 때문에 남파공작원들이 남한에서 장기간 공작활동을 벌이기 위해 반드시 호적을 취득할 필요가 없다는 것이 검증되었다. 따라서 이때부터 공작원들이 남한에 침투한 후 호적을 취득하기 위해 어떻게 할 것인지 연구를 하지 않아도 되었다.

이러한 전술 변화 후 남한에 침투하는 남파공작조의 경우 위조 주민등록증을 휴대한 상태에서 6개월~1년 정도 활동하다 북한으로 복귀하는 공작조가 많아졌다.

리영희 같은 사람은 포섭할 필요가 없다

당시 북한 대남공작부서 내부에서는 주사파를 비롯한 국내 운동권 인물들을 포섭하는 과정에 발생할 수 있는 문제에 관해서도 논의했다.

첫 번째는 국내 운동권 인물들 가운데 아주 유명한 인물 즉, 유명 인사들을 포섭할 것이냐, 아니면 포섭하지 말고 그냥 놔두는 것이 대남혁명을 위해 이로운 것이냐의 문제였다.

이와 관련하여 대표적으로 거론되었던 인물이 당시 한양대학교 교수였던 리영희였다. 본인이 두음법칙대로 쓰지 않고 '리영희'라는 이름을 사용했으므로 그의 뜻을 존중해 그대로 사용하기로 한다.

알려진 바와 같이 당시 리영희는 『전환시대의 논리』, 『분단을 넘어서』, 『8억인과의 대화』 등 저서를 통해 국내 운동권 인사들에게 상당한 영향을 미치고 있었다.

대남공작부서에서는 논의 끝에 '리영희와 같은 유명인사는 포섭하지 않는 것이 좋겠다'는 결론을 내렸다.

이때 내세웠던 논리는 '우리가 특정인을 포섭하려는 것은 그를 노동당에 입당시킨 다음 노동당에서 지시하는 대로 움직이도록 하기 위해서인데 리영희와 같은 인물은 그냥 놔두어도 우리가 의도하는 대로 잘 하고 있으니 포섭할 필요가 없다. 그런 사람을 노동당에 입당시키면 오히려 스스로 노출될까봐 부담스러워 활동을 마음대로 할 수 없게 된다. 차라리 포섭하지 말고 원래대로 자유롭게 활동하도록 놔두는 것이 대남혁명을 위해 유리하다'는 것이었다.

물론 나중 일이기는 하지만 북한 노동당 선전부에서는 1990년대 초반 북핵 문제와 관련하여 리영희가 『말』지에 쓴 기고문을 노동당 간부 대상 강연자료로 이용하기도 했다.

북한에는 '녹음강연'이라는 형식의 강연을 하는데 이는 강연자가 직접 단상에 서서 하는 일반 강연과 달리 아나운서가 강연 내용을 감정을 담아 읽어 내려가는 것을 그대로 녹음한 다음 스피커를 통해 청중들에게 들려줌으로써 선전의 효과를 극대화하는 방식의 강연이다. 리영희의 기고문도 아나운서의 음성으로 녹음한 다음 노동당 간부들을 대상으로 녹음강연을 진행했다.

사실 당시 북한에서 노동당 간부들을 대상으로 일반 강연도 아니고 녹음강연을 진행할 정도의 내용이면 김정일의 직접적인 지시나 허락 없이는 도저히 불가능한 일이다. 그런 측면에서 볼 때 리영희의 기고문을 녹음강연 형식으로 노동당 간부들에게 소개했다는 것은 그의 글이 북한의 입맛에 맞는 정도를 넘어 김정일의 마음에 쏙 들었던 모양이다.

포섭 대상에게 권총을 보여준 남파공작조

두 번째 문제는, 남파공작원들이 국내에 침투해 주사파 등 운동권 인물들을 포섭하는 과정에 그들이 북한에서 남파된 사람이라는 증거를 보여 달라고 하는 경우 어떻게 증명할 것이냐는 점이다.

실제로 1980년대 후반 국내에서 활동하던 남파공작조가 특정 인물을 포섭하려고 시도하는 과정에서 포섭 대상이 '북한과 연계되었다'는 증거를 내놓으라고 해 상당히 애를 먹었다고 한다. 당시 남파공작조는 자신들이 북한에서 남파된 공작원임을 증명하기 위해 땅 속에 묻어둔 권총을 파 가지고 가서 보여주기까지 했다고 한다.

그래서 위와 같은 문제가 제기되었을 때 일부에서는 북한과 연계되었다는 증거로 '소지하고 있는 무전기나 권총 등을 보여주자'고 하는 등 많은 의견들이 제시되었다.

이에 따라 북한 대남공작지도부에서는 안전하면서도 확실한 증거를 마련하기 위해 논의를 거듭한 끝에 좀 복잡하기는 하지만 나름대로 적절한 방법을 찾아냈다.

그것은 평양방송을 통해 북한 공작지도부와 남파공작조가 남파되기 전에 약속한 '문장'을 내보내고 그것을 청취하도록 함으로써 확인시키는 방식이었다. 이를 공작용어로 '담보방송'이라고 한다.

구체적으로 설명하면, 포섭 대상이 남파공작원에게 "당신이 북한에서 파견되었다는 증거를 보여달라"고 하면 자신 있게 "내가 북한에서 남파되었다는 것을 확인해줄 수 있다"고 대답한 다음 북한 공작지도부에 무전으로 이미 약속된 담보방송을 내보내 달라고 요청한다. 담보방송 문장의 내용은 대체로 "평양에 사는 홍길동(누가)이 서울에 사는 성춘향(누구)에게 보내는 편지는 사정에 의해 보내드리지 못합니다"와 같았다.

그러면 공작지도부에서는 남파공작조에 담보방송을 내보내는 날짜와 시간 등을 알려준다. 이를 확인한 남파공작조에서는 포섭 대상에게 담보방송이 나오는 방송명(평양방송)과 주파수(단파 6,400㎑, 중파 657㎑), 방송이 나오는 날짜와 시간, 절차, 문장 내용 등을 자세하게 알려준 다음 해당 일자에 확인하도록 하고, 확인 후 접촉 일정을 다시 약속하는 방식이다.

본격적인 의식화공작

1968년 통혁당 간첩 사건 이후 뚜렷한 성과 없이 예전에 구축해 놓았던 크고 작은 간첩조직들이 연이어 노출·파괴되면서 사실상 소강 국면에 들어섰던 북한의 대남공작이 다시 본격적으로 전개된 것은 그때로부터 20년이 지난 1980년대 후반부터였다고 할 수 있다.

1980년대에 들어와 북한의 대남공작이 활기차게 전개될 수 있었던 것은 대한민국에서의 민주화 실현과 자생적인 주사파 등장, 그리고 북한의 성공적인 대남공작원 세대교체 및 공작역량 강화 조치, 공격적인 포섭전술로의 변화 등이 절묘하게 맞아떨어진 결과라고 평가할 수 있다.

1980년대 후반에 들어서면서 북한의 대남공작은 두 가지 방향으로 동시에 전개되었다.

첫 번째는 대한민국 국민을 친북 세력화하고 주사파로 만들기 위한 의식화공작이었고, 두 번째는 주사파를 비롯한 국내 운동권 인물들을 직접 접촉해 포섭한 다음 노동당에 입당시켜 지하당 조직을 구축하는 조직화공작이었다.

먼저 의식화공작을 살펴보자.

북한은 남한의 청년 학생들은 물론 일반 주민들까지 의식화하기 위해 당시 국내 운동권 내부에서 치열하게 전개되고 있던 이념논쟁에 직접 뛰어들어 본격적으로 개입했다.

물론 북한은 과거에도 진취성이 강한 청년 대학생들과 젊은 지식인들을 의식화하기 위해 대남침투요원들의 배낭에 김일성 노작을 비롯한 북한 원전들을 한가득 넣고 나와 야밤을 틈타 각 대학에 몰래 숨어들어가 대학생들이 수업을 듣는 강의실 책상 서랍과 교수 연구실에 북한 원전을 대량으로 넣어 놓고 복귀하는 행위를 감행했다.

그러나 1980년대 후반에 들어와서는 국내 운동권 내부에서 진행되고 있던 주사파(NL계열)와 비주사파(PD계열) 간의 이념논쟁에서 주사파가 승리할 수 있도록 이면에서 북한 공작지도부가 직접 이념 서적을 제작해 국내에 배포하는 공작을 전개했다.

북한에서 이념 서적을 만들어 국내에 배포하는 방법과 절차는 대체로 다음과 같다.

먼저 북한 대남공작부서에서 최고의 실력을 갖춘 대학교수, 연구원 등 이론가, 전략가들로 집필팀을 구성한 다음 이들에게 이념 서적 원고 작성 임무를 부여한다. 그런데 이념 서적 원고 작성에 동원된 학자, 전문가들이 모두 북한 출신이기 때문에 문장의 구성이나 표현 등이 모두 북한식일 수밖에 없다는 것이 문제였다.

따라서 원고 집필이 끝난 다음에는 한국 출신으로서 국내에서 대학을 졸업하고 해외에서 유학하거나 휴전선에서 군에 복무하다 자진 월북한 자들, 납북자들 가운데 관련 분야에 정통한 지식인, 전문가들을 불러 북한 출신 학자들이 작성한 원고를 한국식 문장과 표현으로 모두 바꾸도록 한다.

그리고 마지막에 두 그룹이 모여 한국식으로 바꾼 문장이나 표현 등이 적절한 것인지 평가하고 보완한 다음 최종 편집해 원고를 완성한다.

완성된 원고는 중앙당 통일전선부 산하 인쇄소에 보내 그곳에서 서울에 있는 출판사 이름과 주소지 등을 기재하는 수법으로 한국에서 출판한 책자처럼 똑같이 만들어 일본이나 유럽 등 해외 공작거점으로 보낸다. 해외 공작거점에서는 해당 국가를 방문하는 국내 고정간첩이나 운동권 인사들에게 전달해 그들이 국내로 가지고 들어오게 하는 것이다.

이런 방식으로 국내에 몰래 가지고 들어온 이념 서적을 믿을 만한 인쇄소에 맡겨 비밀리에 대량으로 출판한 다음 각종 운동권 조직과 인물들을 통해 배포하는 방식이다.

이념 서적 집필자가 된 사회민주당 위원장

당시에 북한 공작지도부가 직접 제작했던 대표적인 이념 서적이 『한국 사회성격 논의』와 『한국 사회성격 논의의 재조명』이다. 이 책들은 실제로 1990년에 해외를 거쳐 국내 운동권 내부에 배포되어 의식화 작업에 활용된 것이 확인되었다.

북한은 『한국 사회성격 논의의 재조명』 책자에서 한국 사회의 성격에 대해 철저한 미국의 식민지 사회인 동시에 덜 발전되고 기형적인 반신불수의 자본주의라는 의미에서 '반(半)자본주의'라고 규정했다.

그리고 한국 사회의 성격 규명을 바탕으로 남조선 혁명의 성격이 규정된다며 남조선 혁명은 미국의 식민지 통치를 청산하기 위한 민족 해방 혁명인 동시에 한국의 자유민주주의 체제를 뒤엎고 노동자, 농민의 계급적 해방을 실현하는 인민 민주주의 혁명으로 규정했다. 북한은 이전까지 남조선 혁명의 성격을 '민족 해방 인민 민주주의 혁명'으로 규정했으나 1990년대에 들어서면서 '인민'이라는 표현이 남한 국민들에게 거부감을 준다며 의도적으로 삭제하고 '민족 해방 민주주의 혁명'으로 규정했다.

아울러 민족 해방 민주주의 혁명을 통해 취하고자 하는 목표를 쟁취 목표로 규정하고 자주적 민주정부를 수립하는 것을 쟁취 목표로 규정했다.

이와 함께 민족 해방 민주주의 혁명을 통해 청산해야 할 대상을 타격 목표로 설정하고 여기에 주한미군을 주타격 목표로, 대한민국의 정치 체제와 이를 떠받치고 있는 관료('반동관료배'로 표현), 매판자본가(재벌)와 지주 등을 타격 목표로 규정했다.

한편, 민족 해방 민주주의 혁명에 절실한 이해관계를 가지고 참가하는 세력을 혁명의 주력군과 보조역량으로 구분하고 혁명의 주력군에는 노동자, 농민, 청년 학생, 진보적 지식인을 포함시켰다. 혁명의 보조역량에는 양심적인 종교인과 중소상공인, 반제의식을 가진 군인, 지식인 등을 포함시켰다.

위와 같은 논리는 이전까지 북한이 한국 사회 성격을 식민지 반봉건사회라고 평가하고 이에 기초해 남조선 혁명의 성격을 반제·반봉건 민주주의 혁명으로 규정했던 과거 인식에서 벗어나 한국 사회의 변화를 반영해 대남혁명 이론을 발전시킨 것이었다.

이와 같은 내용이 포함된 『한국 사회성격 논의의 재조명』 책자 집필에는 북한에서 최고의 실력을 갖춘 철학자, 경제학자, 이론가들이 동원되었다.

대표적인 인물이 김일성종합대학 철학교수였던 고초봉과 김일성종합대학 철학과를 졸업하고 노동당 대남공작부서 산하 연구소에서 연구실장으로 근무하고 있던 김영대였다. 김일성종합대학 정치경제학 박사인 최 모 교수도 이념 서적 집필자로 동원되었다.

김일성종합대학 철학교수였던 고초봉은 '고림(高林)'이라는 가명으로 이념 서적 집필에 참여했고 김영대는 이념 서적 집필 당시 '김영호'라는 가명을 사용했다.

특히 김영대는 김 씨 일가와 친척이었는데 그는 이념 서적을 집필한 이후 조선사회민주당 중앙위원회 부위원장에 선출(1989년)되었고 1990년 4월에는 제9기 최고인민회의 대의원에 선출되었다. 김영대는 1991년 범민련 북측본부 부의장으로 선출되어 남북관계 전면에 등장했으며 1998년 8월에는 조선사회민주당 중앙위원장에 선출되었다.

김영대는 이념 서적까지 직접 집필한 탁월한 대남혁명 이론가답게 사회민주당 중앙위원장에 임명된 후부터 남한의 민노당과 민주노총 등 소위 민주·진보 세력과의 교류와 협력 전면에 본격적으로 등장해 활발한 통일전선 공작을 전개했다.

한편, 사회민주당 중앙위원장 김영대 등이 집필해 국내에 배포한 『한국 사회성격 논의의 재조명』을 남한에 침투했던 공작조가 국내에서 구입한 다음 북한으로 가지고 들어온 경우도 있었다.

이선실을 데리러 온 모자(母子) 공작조

1970년대 후반 대남공작조직을 장악한 김정일이 남파공작원들을 그 어떤 어려운 공작임무도 수행할 수 있는 능력을 갖춘 지도핵심으로 양성할 것을 강조한 이후 대남공작기관은 공작원들에 대한 교육과 훈련을 여느 때보다 강화했다.

여기에다 1980년대 초부터 남한 출신이 주류를 이루고 있던 공작원 집단에 대한 세대교체가 본격적으로 진행되면서 북한에서 태어나서 자란 순수 북한 출신들이 새롭게 공작원으로 선발되어 김정일정치군사대학 정규 교육과정을 마친 후 대남공작 일선에 투입되면서 공작원들의 수준이 질적으로 획기적으로 향상되었다.

특히 1980년대 중반에 들어와서는 강도 높은 교육과 훈련을 통해 고도의 대남침투 능력과 대남공작임무 수행 능력을 갖춘 신세대 남파공작원들이 대폭 늘어나면서 대남공작부서 전체가 어떤 임무든 수행할 수 있다는 자신감에 차 있었다.

이러한 상황에서 1987년 말 노동당 중앙위 정치국 후보위원 겸 최고인민회의 대의원으로서 북한 권력서열 19위였던 이선실을 접선해 북한으로 데려오라는 임무를 받은 2인 공작조가 남한에 침투했다.

바로 이때부터 북한 출신 신세대 청년공작원들에 의한 대남공작이 본격적으로 전개되었다고 할 수 있다.

이선실 접선 및 대동복귀 임무를 받고 남파된 공작조는 60대 초반의 여성인 김 모 할머니를 조장으로 하고 20대 후반의 청년이었던 김성철이 조원으로 편성되어 있어 흔히 '모자(母子)공작조'라 불렀다.

공작조장 김 모 할머니는 남한 출신으로 6·25전쟁 때 월북하여 1960년대부터 남파공작원으로 활동하면서 국내에 여러 번 침투해 공작임무를 수행하고 복귀한 바 있는 베테랑 공작원이었다.

조원 김성철은 당시 20대 후반이었는데, 1982년 김정일정치군사대학을 졸업하고 처음으로 남파되는 공작원이었다. 그는 필자의 2년 선배로 1983년 가을 대구 미국문화원 폭파 임무를 수행하고 복귀한 이철과 17기 동기생이기도 하다.

모든 공작원들이 그러하듯 김성철도 가명을 바꾸어 가면서 사용했는데 '김성철'이라는 이름은 김정일정치군사대학에서 생활할 때의 가명이고, 대학졸업 후 공작원으로 본격 활동하면서는 '김광진'으로 바꾸었다. 그리고 모자 공작조로 편성되어 남파될 당시에는 '김동진'이라는 가명을 사용했다. 그후 공작원을 그만두고 공작부서인 중앙당 문화교류국 간부로 활동할 때에는 '이광진'이라는 가명을 사용한 것으로 알려졌다.

지난 2021년 충북 청주에서 활동하다 검거된 '충북동지회' 또는 '청주간첩단' 사건 관련자들과 민노총에서 간부로 활동하다 2023

년 검거된 '민노총 침투 간첩단' 사건 관계자들이 중국과 베트남, 캄보디아 등 해외에서 만났다고 하는 북한 공작원 '이광진'이 바로 김성철과 동일인이다.

김 모 할머니와 김성철로 구성된 2인 공작조는 강화도 해안으로 침투해 서울에 살고 있던 이선실을 접선한 다음 이선실과 함께 1년간 생활하면서 공작임무를 수행했다.

이들은 국내에 침투한 후 과거에 다른 공작조가 구축해 놓은 강원 지역 간첩망을 수습 지도하려고 여러 번 접촉을 시도했으나 실패했으며 이선실을 대동하고 복귀하라는 임무도 수행할 수 없었다.

결과적으로 북한 공작지도부로부터 받은 임무를 제대로 수행하지 못하고 국내에 침투한 지 1년만인 1988년 말에 강화도 해안에서 침투 안내 요원들과 접선해 북한으로 복귀했다.

적구(敵區)에서 벌어진 권력 싸움

이들 모자 공작조가 이선실을 접선해 임무를 수행하는 과정에 김 모 공작조장과 이선실이 권력 싸움을 한 적도 있다. 말하자면 적구에서 두 여성이 권력을 놓고 다툰 것이다.

이들의 다툼은 김 모 공작조장이 북한 공작지도부가 지시한 대로 이선실에게 과거의 전술에서 벗어나 새로운 방식으로 공작활동을 전환할 것을 강조하는 과정에 이선실이 반발하면서 시작되었다.

앞서 언급한 것처럼 이선실은 1980년 봄 일본에서 영주귀국 형식으로 남한에 침투했다. 그는 대남침투를 앞둔 1979년 말 일본에서 공작선을 타고 북한에 몰래 들어가 김일성을 만났는데 그 자리에서 이선실은 김일성으로부터 "남조선에 침투하면 노출되지 않게 아무 일도 하지 말고 앞으로 유사시에 노동당에 입당시킬 만한 인물들을 점찍어(눈도장 찍어) 놓고 때를 기다리라"는 지시를 받은 바 있다.

그런데 1980년대 후반 국내 정세가 급격하게 변화되면서 '포섭할 만한 대상을 점찍어 놓고 장기적으로 대기'하는 장기 잠복 전술이 '포섭 대상에게 대담하게 접근해 공작원의 신분을 밝히고 전취(포섭)한 다음 지하당 조직을 건설'하는 방식으로 변화하게 되었다.

김 모 공작조장이 위와 같은 전술 변화 내용을 이선실에게 전달했는데 이선실이 "내가 남파되기 전에 수령님(김일성)으로부터 직접 받은 지시는 남조선에 침투한 후 장기 잠복하면서 전취할 만한 대상을 점찍어 놓고 대기하라는 것이었다. 당신 말대로 하면 수령님(김일성)이 나에게 지시한 대로 하지 말고 전술을 바꾸라는 것인데 나는 절대로 그렇게 할 수 없다"며 김 모 공작조장의 지시를 노골적으로 거부한 것이다.

그러자 김 모 조장은 이선실에게 "이제는 과거와 달리 남조선 정세가 변했기 때문에 공작 전술도 변해야 하고, 나는 당신에게 개인적으로 이야기하는 것이 아니라 중앙에서 파견된 대표의 자격으로 지시하는 것이다. 그리고 변화된 공작 전술은 김정일의 지시에 따른 것이기 때문에 무조건 접수하고 집행해야 한다"고 주장했다.

사실 이선실이 북한에서 공작원 생활을 하던 1970년 초까지는 김정일에 대한 우상화 및 사상교육을 거의 하지 않았고, 이선실이 남파된 1980년 초는 김정일이 김일성의 후계자로 공식화되기 전이었기 때문에 이선실에게는 '김정일'의 이름 자체가 상당히 낯설었다.

특히 당시 이선실은 북한에서 흔히 말하는 '당의 유일사상체계를 세우는 사업' 즉, 당조직의 지시를 곧 김정일의 지시로 간주하고 무조건 접수하고 집행하는 체계가 구축되기 전에 남파되었기 때문에 북한에서 파견된 공작조 조장이 자기보다 직급이 낮다는 것만 생각하고 그의 지시를 하찮게 여겨 무시한 것이다.

실제로 이선실은 '나는 노동당 정치국 후보위원이고, 수령님(김일성)의 직접 지시를 받고 파견된 남조선 지역 총책임자다. 따라서 당신이 아무리 중앙에서 파견되었다고 하지만 나에게 함부로 이래라 저래라 할 권한이 없다'며 맞섰다.

결과적으로 목숨을 걸고 일을 해야 하는 적구에서 두 여성 혁명가의 권력싸움이 벌어진 것이다.

이러한 권력싸움은 상당 기간 계속되었다. 이렇게 되자 김 모 조장은 이러다가는 이선실에게 변화된 공작 전술 내용을 제대로 전달하는 것도 어렵거니와, 이선실이 이를 따르게 하여 공작 성과를 달성하고 대동복귀하는 것 또한 불가능하다고 판단, 무전으로 북한 공작지도부에 관련 내용을 보고했다.

김 모 조장에게서 구체적인 보고를 받은 공작지도부에서는 이선실에게 별도의 전문을 보내 '남파공작조의 조장은 노동당 중앙위원회에서 직접 파견한 대표이기 때문에 직급 여하를 불문하고 지도할 권한이 있으며 현지에 있는 당원은 그가 정치국 위원이든 상관없이 중앙에서 파견된 당대표의 지도를 받아야 한다'며 공작조장의 지시에 무조건 따를 것을 강력히 권고했다.

이렇게 해서 겨우 이선실이 김 모 공작조장의 지시내용을 받아들이게 되었는데 이때는 모자 공작조가 남파된 지 1년이 되어 복귀를 앞둔 시점이었다.

억지로 만들어준 공화국영웅칭호

권력다툼 문제가 일단락된 후 공작조장이 이선실의 대동복귀 문제를 거론하자 이선실은 공작조장을 통해 북한 공작지도부에 "남조선에 침투해 8년 이상 적구활동을 했지만 솔직히 크게 해 놓은 일 없어 복귀할 면목이 없다. 아직 내 건강이 괜찮으니 좀더 활동하면서 공작 성과를 달성하고 복귀하고 싶다"고 강력히 요청했다.

북한 공작지도부에서는 이선실의 요청 내용을 김정일에게 그대로 보고한 다음 '그렇게 해도 좋다'는 김정일의 허가를 받아 이선실에게 모자 공작조와 대동복귀하지 말고 공작활동을 이어갈 것을 지시했다.

이에 따라 모자 공작조의 조장은 이선실에게 어떤 방식으로 포섭 대상을 공략할 것인지 등 공작 전술을 전수해주고 북한으로 복귀했고, 모자 공작조가 복귀한 다음에는 이선실이 이전과 같이 독자적으로 북한 공작지도부와 연락을 주고받으면서 부여된 공작임무를 수행했다.

모자 공작조가 북한으로 복귀한 후 담당 공작부서인 중앙당 사회문화부에서는 1년간 적구에서 공작임무를 수행하느라 고생했는데 막상 평가해줄 만한 공작 성과가 없어 난처한 상황에 빠졌다.

이에 따라 중앙당 사회문화부에서는 공작조장인 김 모 할머니가 오랫동안 고생했다며 과거 국내에 여러 번 침투해 활동하면서 수행했던 임무와 성과를 모두 종합해 '억지로' 공화국영웅칭호를 받도록 배려해 주었다.

그러나 조원 김성철은 남한에 침투한 경력이 한 번밖에 없는 데다 그마저도 부여된 공작임무를 제대로 수행하지 못했으니 억지로라도 공적을 만들어줄 상황이 아니었다. 그렇기 때문에 조원 김동진에게는 국기훈장 제1급을 수여하는 것으로 공적 평가를 마무리할 수밖에 없었다.

한편, 이들이 소속된 중앙당 사회문화부에서는 김성철이 1년간 적구에 침투해 활동하면서 고생했는데 본의아니게 임무를 수행하지 못해 공화국영웅칭호를 받지 못한 것을 아쉬워하면서 그가 공화국영웅칭호를 받을 수 있도록 의도적으로 기회를 만들어주었다.

이에 따라 김성철은 1989년 초 또다시 강화도 해안으로 남한에 침투한 다음 일주일 동안 여러 지역을 돌아다니며 북한에서 가지고 나온 무전기와 공작금 등을 무인포스트에 매몰해 놓고 무사히 북한으로 복귀했다. 복귀한 후에는 공작지도부 간부들의 의도대로 그에게 공화국영웅칭호가 수여되었다.

결과적으로 모자 공작조의 조장과 조원 모두 공작부서인 중앙당 사회문화부가 의도적으로 공화국영웅칭호를 만들어준 것이나 마찬가지다.

아마도 '공화국영웅칭호도 만들어서 준다'는 말을 하면 대부분의 북한 사람들은 '설마'를 외치며 말도 안 된다는 소리라고 반문할 것이다. 그러나 김 모 공작조장이 공화국영웅칭호를 받게 만들어준 책임간부로부터 필자가 직접 들었기 때문에 거짓말이 아님을 강조하고 싶다.

또다시 남파된 대구 미문화원 폭파범

앞서 언급한 것처럼 북한 대남공작지도부는 1980년대 후반 대한민국을 상대로 의식화공작과 함께 조직화공작도 공격적으로 전개했다.

그러면 북한이 1980년대 후반부터 국내 운동권 인물들을 상대로 조직화공작 즉, 그들을 포섭해 지하당 조직을 건설하기 위한 대남공작을 어떻게 전개했는지 구체적으로 살펴보기로 하겠다.

북한 공작지도부에서는 공작원들을 남한에 침투시켜 주사파를 포섭(전취)한 다음 노동당에 입당시키고 그를 통해 지하당 조직을 구축하도록 한 후 북한 공작지도부의 지시를 받아 각종 간첩활동을 벌이도록 하는 전체적인 과정을 "지하당 조직 건설"이라고 표현한다. 이와 같이 '지하당 조직 건설'을 위한 활동을 '대남공작'이라고 하는 것이다. 북한에서 사용하는 "당 건설"이라는 표현은 당원들을 규합해 당조직을 구축하고 당조직의 지도하에 당원들이 활동하는 것을 포괄하는 개념이다.

1980년대 후반에 들어서면서 본격적으로 전개된 '지하당 조직 건설 공작' 즉, 대남공작 성공 시대를 열어놓은 공작조는 88서울올림픽을 파탄시키기 위해 준비하고 있던 중앙당 대외연락부(전 연락부) 대남공작과 소속 2인 공작조였다. 이 공작조에 소속된 2명 모두 1970년대 말부터 공작원 세대교체를 하는 과정에 대남공작원으로 선발된 북한 출신이었다.

남파공작조의 조장은 40대 초반의 김학철이었고, 조원은 20대 후반으로 조장보다 나이는 어렸지만 이미 1983년 9월 대구 미문화원 폭파 임무를 수행한 바 있는 베테랑공작원 이철이었다. 이철은 필자의 2년 선배로 앞서 언급한 김성철과는 김정일정치군사대학 17기 동기생이었다.

앞서 언급한 것처럼 이들은 원래 88서울올림픽을 파탄시키기 위한 공작의 일환으로 서울역과 강남고속버스터미널 등 다중 이용시설을 폭파하라는 임무를 받고 폭파훈련을 본격적으로 하는 등 침투준비를 하던 중이었다. 그러다가 김현희 등에 의한 KAL기 폭파 사건이 북한의 소행이라는 것이 밝혀지면서 김정일 지시로 88서울올림픽을 파탄시키기 위한 공작이 중단되었고, 이에 따라 공작임무가 국내 운동권 인물 포섭으로 바뀐 것이다.

1988년 초 서해안을 통해 남한에 침투한 김학철·이철 공작조는 약 1년간 국내에서 활동하면서 과거에 다른 공작조가 침투해 만들어 놓은 지하당 조직(고첩망)을 검열하고 국내 운동권 인사를 포섭해 새로운 지하당 조직을 구축하는 등 부여된 공작임무를 성공적으로 수행하고 복귀했다.

이들은 당시 남한에 침투해 활동할 때 과거에 포섭된 현직 경찰관의 안내를 받으면서 지하철을 이용했다고 한다. 아울러 과거에 북한에 포섭된 고정간첩이 노환으로 사망했는데 그의 자녀가 부친의 대를 이어 간첩으로 활동하고 있었고, 그와 함께 선친의 묘를 참배하고 북한으로 복귀했다고 한다.

부여된 남파공작임무를 성공적으로 수행하고 1988년 말 북한으로 무사히 복귀한 2인 공작조의 조장 김학철과 조원 이철은 모두 공화국영웅칭호와 함께 국기훈장 제1급을 받았다.

그후 조원 이철은 공작원에서 해임되어 고위급 노동당 간부들을 양성하는 김일성고급당학교에 입학했으며 졸업한 후에는 고위급 노동당 간부로 임명되었다.

그러나 조장 김학철은 복귀한 후에도 남파공작원으로 계속 활동했다. 그후 1995년 봄에 2차로 잠수정을 타고 강원도 양양 해안으로 침투하다 공작조를 안내하던 안내원이 잠수정 해치를 열고 수중 탈출하던 중 심장마비로 사망하는 바람에 침투를 중단하고 북한으로 되돌아간 바 있다. 이유는 심장마비로 사망한 안내원이 공작조장의 공작 장비 즉, 위조신분증과 무전기, 무기, 공작금 등을 넣은 배낭을 짊어진 상태에서 바닷물 속에 가라앉아 사망했는데 그의 시체를 찾지 못해 남한에 들어와도 공작 장비가 하나도 없어 활동이 불가능했기 때문이다.

김학철은 북한으로 돌아간 뒤 일정기간 공작원으로 활하다 해임되어 고위급 노동당 간부로 임명되었다.

공화국영웅과 노력영웅

위에서 남파공작원 김학철·이철 모두 공화국영웅칭호와 국기훈장 제1급을 받았다고 했는데 이해를 돕는 차원에서 공화국영웅칭호에 대해 설명하고 넘어가는 것이 좋을 것 같다.

북한에는 당과 국가를 위해 특출한 공적을 세운 사람들에게 수여하는 각종 훈장과 메달, 명예칭호 등이 있는데 그 가운데 가장 높은 명예칭호는 영웅칭호이다.

북한의 영웅칭호에는 공화국영웅칭호와 노력영웅칭호 2종류가 있다. 공화국영웅칭호를 받으면 공화국영웅 증서와 공화국영웅을 상징하는 금별메달(18K 금으로 된 메달에 별이 새겨져 있음), 그리고 국기훈장 제1급이 동시에 수여된다. 노력영웅칭호를 받으면 노력영웅 증서와 함께 노력영웅 메달을 받는데 노력영웅 메달에는 별과 함께 마치와 낫이 새겨져 있는 것이 특징이다. 물론 노력영웅칭호를 받아도 국기훈장 제1급이 동시에 수여된다.

노력영웅칭호는 전쟁이나 전투와 관계없이 메달에 마치와 낫이 새겨져 있는 것처럼 공장이나 농촌에서 노동을 통해 특별한 공적을 세우고 과학연구에서 특출한 성과를 달성하거나 올림픽에 출전해 1등을 하는 등 국가발전에 지대한 공로를 세운 각계각층 인민들에게 수여하는 칭호다. 과거 북한의 유도선수였던 계순희가 1996년 애틀랜타에서 진행된 올림픽 여자유도 48킬로그램급 경기에서 세계챔피언이었던 일본의 다무라 료코 선수를 꺾고 1등을 한 뒤 노력영웅칭호를 받은 바 있다.

공화국영웅칭호는 전쟁에 참전해 특출한 공적을 세웠거나 위에서 언급된 김학철·이철과 같이 목숨을 걸고 남한에 침투해 부여된 공작임무를 성공적으로 수행한 공작원, 또는 여러 번 대남침투에 성공한 전투원들에게 수여하는 명예칭호이다. 그렇기 때문에 살아서 공화국영웅칭호를 받는 사람이 그리 많지 않다. 대부분은 남한에 침투하는 과정에 또는 침투한 후 임무를 수행하다 국군과의 교전으로 사망하거나 강릉 무장공비 사건 당시 집단자살한 무장간첩들과 같이 임무 수행 중 자살로 생을 마감한 자의 유가족이 대리로 받는 경우가 많다.

물론 1999년 세계육상선수권대회 여자 마라톤 경기에서 금메달을 획득한 마라톤 선수 정성옥처럼 김정일 특별지시로 공화국영웅칭호를 받는 경우가 있는데 이는 결국 공화국영웅칭호가 노력영웅칭호보다 한 단계 높다는 것을 의미한다. 이렇게 마라톤선수 정성옥처럼 참전용사 또는 대남침투 및 공작 등과 관계없는 자가 공화국영웅칭호를 받는 것은 김부자의 특별지시가 아니고서는 불가능하다.

공화국영웅칭호를 받은 남파공작원의 경우 월급은 총리급으로 인상되고 군장성 및 차관급 이상 고위간부들만 출입이 가능한 남산병원에서 진료를 받을 수 있는 혜택을 부여하는 등 차관 대우를 해준다. 퇴직 후에는 현직에서 받던 월급과 식료품 보급 등 각종 경제적 혜택을 사망할 때까지 100퍼센트 받을 수 있고, 자식이 있는 경우에는 어떤 대학이든 특례 입학시키는 것이 가능하다. 그외에도 공화국영웅칭호를 받으면 간부 임용이나 승진의 경우 우선권과 가산점이 부여되고 반대로 죄를 지으면 감면해 주기도 한다.

공화국영웅칭호를 미리 받고 남파된 윤택림

김정일은 자신의 치적을 과시하는 동시에 북한 정권을 위해 헌신한 이들을 격려하기 위해 1988년 9월 북한 전역에 살고 있던 공화국영웅과 노력영웅을 평양으로 불러 모아 '전국영웅대회'를 개최했다.

노동당 대남공작부서는 물론 북한군 정찰국(현재의 정찰총국)에서도 공화국영웅칭호를 받은 영웅들이 대회에 참가했다.

그런데 당시 북한 대남공작부서의 원조라고 할 수 있는 연락부(당시는 대외연락부)의 현직 공작원들 가운데 영웅대회에 참가시킬 공화국영웅의 숫자가 너무 적어 난감한 처지에 빠졌다.

당시 연락부에는 1985년 10월 청사포 사건 당시 남한에 침투해 2년간 공작활동을 하다 1987년 복귀해 공화국영웅칭호를 받은 강 모와 박 모 등 2명의 공작원이 있었는데 이들은 영웅대회 이후 경제 및 무역 부문 간부들을 양성하는 인민경제대학 입학을 앞두고 있었기 때문에 조만간 공작원을 그만둘 사람들이었다. 이들 외에는 공화국영웅칭호를 받은 공작원이 없었던 것이다.

이러한 상황에서 연락부는 이미 대남침투 준비를 마치고 대기 상태에 있던 윤택림에게 공화국영웅칭호를 수여하기로 하고 김정일에게 보고해 허락을 받았다.

이렇게 되어 연락부는 윤택림이 남한에 여러 번 침투해 공작임무를 수행했던 공적을 종합평가해 공화국영웅칭호를 수여하고 전국영웅대회에 참가하도록 했다.

전국영웅대회에 참가한 윤택림은 원래의 계획대로 1988년 겨울 서해안을 통해 남한에 침투했다.

윤택림은 공화국영웅칭호를 받은 공작원답게 남한에 침투한 후 약 1년 동안 서울에서 활동하면서 5개의 간첩망을 새로 구축하거나 검열하는 공작임무를 수행했다.

당시 윤택림이 검열 지도했던 간첩망의 하나가 서울대학교 교수였던 고영복이다. 윤택림은 남한에 침투해 고영복을 접선한 후 그동안의 간첩활동 결과를 점검하고 김일성·김정일 부자에게 충성편지를 쓰게 한 다음 그것을 가지고 북한으로 복귀했다. 그는 자취하던 서울 관악구 신림동 월세집에 화재사고가 발생했을 때 고영복의 도움으로 그의 친구가 운영하는 기원에서 숙식을 해결하기도 했다.

또한 윤택림은 서울지하철공사에서 분소장으로 일하던 심정웅일가 간첩단을 지도·검열하기도 했다.

당시 윤택림이 남한에 침투해 포섭했던 인물은 주사파의 대부로 널리 알려진 서울대 출신 김영환이다.

윤택림은 인천에 사는 '김철수'로 신분을 위장하고 출소한 지 얼마 지나지 않은 김영환을 찾아가 '북한에서 파견된 노동당대표'라고 자신을 소개한 후 김영환을 포섭하고 그를 통해 북한 노동당 지도부의 지시를 받는 지하당 조직인 '민족민주혁명당'을 구축하는 데 성공했다. 윤택림에게 포섭된 김영환은 1991년 5월 강화도에서 반잠수정을 타고 북한으로 몰래 들어가 김일성을 만나고 돌아오기도 했다.

이외에도 윤택림은 2개의 간첩망을 더 구축하거나 지도하는 임무를 수행했다. 그러나 이에 대해서는 필자가 더는 아는 바가 없다.

이처럼 윤택림은 남한에 침투해 부여된 공작임무를 성공적으로 수행하고 1989년 가을에 복귀했다.

북한으로 돌아온 윤택림은 다른 공작원들 같으면 남파공작임무를 성공적으로 수행한 공로로 공화국영웅칭호를 수여 받았을 테지만 남한에 침투하기 전에 이미 공화국영웅칭호를 받았기 때문에 공화국영웅칭호 대신 김일성훈장을 수여 받았다.

김일성훈장은 그후에 나온 김정일훈장이나 김정은훈장 같이 북한에서 수여하는 훈장 가운데 가장 등급이 높은 훈장이다. 공화국영웅칭호를 포함해 다른 훈장이나 메달은 김 씨 일가와 노동당을 위해 특별한 공로를 세운 북한 사람이라면 직업과 직위, 직책과 직급에 관계없이 받을 수 있지만 김일성훈장 등 김 씨 일가 이름이 들어간 훈장은 최소한 시장이나 군수급 이상 고위급 간부들에게만 수여하는 훈장이라는 특징이 있다. 남파공작원들이 공화국영웅칭호를 받으면 차관 대우를 해주기 때문에 이미 공화국영웅칭호를 받은 윤택림도 직급상으로는 충분히 김일성훈장을 받을 자격이 있었다.

당시 남파공작원 가운데 공화국영웅칭호와 김일성훈장을 함께 받은 사람은 윤택림밖에 없을 정도였다.

한편, 윤택림은 김영환을 포섭하는 등 남파공작임무를 성공적으로 수행한 공로를 인정받아 대남공작 및 공작원들을 지도하는 중앙당 사회문화부 대남공작과 부과장으로 전격 임명되었다.

윤택림이 곧바로 중앙당 부과장에 임명된 것은 대체로 공작원들이 중앙당 간부로 임용될 때 지도원으로 임용된다는 점, 지도원으로 3~5년은 근무해야 부과장이 될 수 있다는 점에서 파격적인 인사였다고 할 수 있다. 그리고 불과 3년이 지난 후에는 대남공작 전담 부서인 중앙당 사회문화부 6과 과장으로 승진했다.

영웅대회 선물이 불러온 논란

북한 당국은 전국영웅대회에 참가했던 영웅과 영웅의 가족들에게 김정일 명의로 된 TV를 선물로 하사했는데 그것 때문에 논란이 일어나기도 했다.

전국영웅대회를 개최한 노동당 지도부에서는 대회에 참가한 영웅들에게는 칼라TV를 선물로 주었다. 그런데 대남침투 및 공작임무 수행, 또는 불의의 사고가 발생했을 때 많은 인명을 구조하거나 김부자 초상화를 보호하고 사망한 영웅의 가족, 노환이나 병으로 사망한 영웅의 가족들에게는 흑백TV를 선물로 하사했다.

한마디로 살아 있는 영웅에게는 가격도 비싸고 좋은 칼라TV를 선물로 주고 사망한 영웅에게는 그보다 못한 흑백TV를 선물로 준 것이다. 바로 이것이 논란의 불씨가 되었다.

영웅대회가 끝나고 참가자 또는 가족들에게 TV 선물이 실제로 전달되자 여기저기서 불만이 터져 나왔다.

특히 대남침투를 담당한 노동당 작전부 소속 전투원들과 남한 내에서 활동하는 공작원들 가운데는 '살아 있는 영웅이나 죽은 영웅이나 다 같은 영웅인데 이건 너무하다. 늙거나 병으로 사망한 영웅은 어쩔 수 없을지 모르지만 당과 국가를 위해 목숨을 바침으로써 영웅이 된 사람들에게 잘해주지는 못할망정 차별하는 것이 말이 되느냐? 그러면 누가 목숨까지 바쳐 충성하겠느냐? 우리는 당장 적구(敵區)에 침투하는 과정에 죽을 수도 있는데 죽으면서까지 충성할 필요가 있겠는가?'라는 불만이 터져 나올 수밖에 없었다.

이러한 불평·불만이 팽배해지고 이것이 그대로 간부들에게 전달되자 그들은 격분한 민심을 달래기 위해 말도 안 되는 변명을 늘어놓았다. 그러나 이 같은 문제점은 전국영웅대회에서만 나타난 것이 아니었다.

나중에 알고 보니 전국영웅대회를 기획하고 지휘한 중앙당 조직지도부 등 고위간부들이 대회준비 및 참가자들에 대한 선물 수여를 빙자해 김정일로부터 거액의 외화를 받아낸 후 그것으로 김일성 이름이 새겨진 스위스산 고급 시계를 사다가 김정일 선물이라는 명목으로 나누어 가지고 남은 돈으로 TV를 구매하다 보니 필연적으로 생길 수밖에 없는 일이었다.

결과적으로 고위간부들이 저들의 욕심부터 채우느라 민심 따위는 전혀 안중에도 없이 행동한 것인데 김정일은 그것도 모르고 간부들이 자기에게 충성한다고 생각하고 있었을 것이다.

충성호와 김정은

앞에서도 언급한 것처럼 중앙당 대남공작부서의 하나인 작전부의 임무는 국내에 침투하는 남파 공작원을 안전하게 침투시키고 복귀시키는 것이다.

그런데 1980년대 초반 중앙당 작전부장이었던 임호군이 김정일에 대한 과잉충성 차원에서 작전부 내에 대남침투 및 공작과는 아무런 관계가 없는 김정일 경호전담 조직을 만드는 일이 벌어졌다. 물론 김정일에게 보고해 승인을 받은 다음 김정일 경호전담 조직을 창설했지만 작전부장 임호군으로서는 그럴 만한 이유가 있었다.

사실 김정일은 1970년대 말부터 재일교포 출신의 무용수 고용희를 부친인 김일성 모르게 원산별장에 숨겨놓고 수시로 놀러 왔는데 원산에 내려와서는 신변안전이 확실하게 보장되는 원산연락소에 자주 들렸다.

원산연락소에 찾아올 때마다 김정일은 전투원들과 자신의 경호원들 간의 사격경기도 조직하고 직접 권총 실탄 사격도 하면서 시간을 보내기도 하고 전투원들이 운용하는 대남침투용 공작선을 타고 해상을 통해 함흥, 청진 또는 금강산이 있는 고성까지 이동하거나 선박을 세워놓고 바다낚시를 즐기기도 했다.

김정일이 측근들과 함께 원산에 내려와 대남침투용 공작선에 타고 이동하는 모습은 일본인으로서 김정일 요리사를 했던 후지모토 겐지가 쓴 책 『김정일의 요리사』에도 게재되어 있다.

원산연락소를 방문했던 김정일이 대남침투용 공작선에 승선해

"40으로 갑시다"라며 공작선의 속도를 40놋트까지 높이라고 구체적으로 지시했다는 것은 대남공작부서에서 알 만한 간부들은 다 아는 사실이다.

이 시절 원산별장에 숨겨놨던 고용희와 그곳을 수시로 찾아오던 김정일 사이에서 태어난 아이들이 현재 북한을 통치하는 김정은과 그의 여동생 김여정, 형인 김정철 등이다.

김정일이 원산에 올 때마다 원산연락소에 들러 전투원들과 시간을 보내는 것은 물론 수시로 대남침투용 공작선까지 차출하자 중앙당 작전부와 원산연락소의 정상적인 운영은 물론 실제적인 대남침투를 위한 해상훈련에도 지장을 받을 수밖에 없었다. 김정일이 원산에 올 때마다 동행해야 하는 작전부장 임호군 등 공작부서 간부들, 원산연락소 전투원들의 괴로움도 이만저만 아니었다.

이러한 상황에서 차라리 별도의 김정일 경호전담 조직을 만드는 것이 중앙당 작전부와 원산연락소의 전체적인 운영에도 편리하고 김정일에게도 점수를 얻을 수 있는 일이라고 판단한 작전부장 임호군은 김정일에게 보고한 후 원산연락소 내에 약 100여 명 규모로 김정일 경호전담 조직인 '충성호방향'을 만들었다.

중앙당 작전부 소속의 각 연락소에는 통상적으로 300~500명 정도의 대남침투 전투원 및 지원 인원이 있는데 '방향'은 연락소 산하에 50~100여 명 규모로 구성된 단위조직 명칭이다.

아울러 김정일 전용 선박인 '충성호'는 공작선을 김정일이 이용하기 편리하게 부분적으로 개조한 선박이며 이를 운용하는 별도의 조직을 원산연락소 산하에 만들고 그 명칭을 '충성호방향'이라고 붙인 것이다.

김정일 경호원의 총기난사 사건

위에서 언급한 것처럼 중앙당 작전부 산하 원산연락소 내에 김정일 경호전담 조직인 충성호방향이 만들어지던 초기에는 급한 대로 원산연락소에서 대남침투용으로 사용하던 공작선을 부분적으로 개조해 활용했다.

이와 함께 대남침투용 공작선을 전문적으로 건조하는 평양의 '927연락소'에 김정일 전용 특별 선박을 건조하라는 지시를 하달했다. 김정일 전용 선박 건조 지시를 받은 927연락소에서는 선박 외관을 대남침투용 공작선과 유사하면서도 화려하게 만든 다음 엔진은 공작선에 장착하는 것과 같은 고속엔진을 그대로 장착하고 내부는 최고급 자재로 호화스럽게 꾸민 특별 선박을 만들었다. 김정일 전용 선박이 만들어지자 작전부에서는 '충성호'라는 이름을 붙여 김정일에게 선물했다.

이렇게 해서 김정일 전용 선박은 마련되었는데 그것을 바다에 띄워 운용하는 동시에 김정일 신변을 경호하는 전문 경호인력을 갖추는 것이 문제였다.

이에 따라 중앙당 작전부에서는 산하에 있는 모든 전투연락소 즉, 남포, 해주, 개성, 사리원, 원산, 청진 연락소에서 선박 운용 및 훈련성적이 우수한 전투원들을 대상으로 김정일 경호원을 선발하는 작업을 진행했다. 작전부 소속 전투원들은 이미 신체검사 및 신원조회를 통해 출신성분과 건강, 충성심 등이 검증되었기 때문에 짧은 시간 내에 경호인력 선발이 가능했다.

이와 함께 김정일정치군사대학 졸업생을 대상으로 김정일 경호요원을 선발하는 조치를 취했다. 첫 대상은 1985년 김정일정치군사대학을 졸업하는 제19기 졸업생이었다.

작전부에서는 김정일정치군사대학 제19기 전체 졸업생 170여 명 가운데 정밀 신체검사와 심층면접을 통해 최종적으로 14명을 김정일 경호전담 요원으로 특별 선발했다. 특징적인 것은 당시 김정일 경호요원으로 선발된 졸업생들의 키가 170센티미터 전후였는데 이는 김정일의 작은 키를 염두에 두었다는 후문이다.

당시 김정일 경호원으로 선발된 김정일정치군사대학 제19기 졸업생 가운데는 함경남도 함흥 출신으로 대학 시절 교육생 중대장으로 활동했던 우수한 성적의 소유자 강호성과 함께 강원도 통천 바닷가 출신으로 수영 실력이 남다른 윤현철, 함경북도 회령 출신으로 사격 실력이 좋은 유재석도 있었다.

이들은 원산연락소 산하 충성호방향에 배치되어 별도의 경호관련 교육과 훈련을 받고 김정일 경호요원으로 투입되었다. 경호요원으로 임명된 후 이들은 김정일이 원산에 내려와 충성호를 이용할 때만 경호에 동원되고 김정일이 선박을 이용하지 않는 기간에는 관련 교육과 훈련을 하면서 시간을 보냈다.

그런데 시간이 흐르면서 이들 가운데 불만을 가진 인원이 생기기 시작했다. 이들은 원래 북한 선역에서 소수 정예요원으로 선발된 후 대남혁명을 하겠다며 원대한 포부를 가지고 혹독한 교육과 훈련과정을 이수한 터라 자부심과 자긍심이 대단했다. 하지만 그토록 어렵게 배운 것을 써먹을 수도 없고—극단적으로 표현하면—아무 것도 몰라도 되는, 단순하기 그지없는 경호원을 하라니 불만과 스트레스가 만만치 않았던 것이다.

그러던 중 훈련 및 학업 성적이 우수했던 강호성이 경호요원으로 차출된 지 3년만인 1988년 김정일이 바다낚시를 할 때 잠수복을 입고 낚시줄이 내려간 바닷물에 들어가 떡밥을 주며 물고기가 모여들게 하는 연습을 하다가 어이없게도 폐그물에 걸려 사망하는 사건이 발생했다,

강호성 사망 사건이 발생한 후 낚시용 물고기나 몰아주는 하찮은 일을 위해 훈련하다 사망했다는 사실에 동기생들의 불만과 분노는 극에 달했다고 한다.

바로 그러한 시점에, 그들의 불만과 분노가 폭발해서 발생한 사건이 1989년 강호성의 대학 동기생 유재석에 의한 총기난사 사건이다.

김정일정치군사대학 시절 학업과 훈련, 특히 실탄 사격 성적이 우수했던 유재석은 그렇지 않아도 김정일 경호원이 된 데 불만이 있었는데 대학 동기생인 강호성까지 쓸데없는 훈련을 하다 무의미하게 사망하자 그동안 참고 있던 분노가 폭발했던 것이다.

유재석은 실탄 사격 훈련을 위해 휴대하고 있던 AK소총과 실탄 수십 발을 휴대한 상태에서 연락소를 이탈한 뒤 원산 시내 건물 뒤

에 몸을 숨긴 채 뛰어난 사격 실력으로, 자신을 체포하기 위해 총을 들고 접근하던 북한군 경비요원 20여 명을 사살하고 실탄이 떨어질 즈음 자살로 생을 마감하고 말았다.

이런 일이 발생한 후 임호군은 중앙당 작전부장 직책에서 해임되었고 임호군이 만들었던 원산연락소 충성호방향은 중앙당 작전부에서 김정일 경호를 담당하는 호위국으로 이관되었다.

대남공작의 전성기를 빛낸 윤동철 공작조

북한 대남공작부서인 중앙당 사회문화부에서는 윤택림 한 사람으로는 부족했던지 대남공작에 실제로 투입된 바 없어 공화국영웅칭호를 줄 수는 없었지만 영웅대회가 끝나면 곧바로 대남침투 및 공작에 투입될 예정이었던 윤동철 공작조도 영웅대회에 참석하도록 했다.

이 공작조는 당시 40대 초반의 공작조장 윤동철과 20대 후반의 조원 김군철로 구성된 2인 공작조였다.

윤동철은 북한군 특수부대에 복무한 후 노동당 간부로 활동하다 공작원으로 선발된 후 1980년대 김정일정치군사대학 공작원반 3년제 양성과정을 졸업하고 대남공작과에 배치된 인물이었다. 키가 크고 체격도 좋아 40킬로미터 강행군 등 모든 훈련에서 타의 추종을 불허할 정도로 실력이 뛰어난 공작원이었다.

김군철은 대구 미국문화원 폭파 임무를 수행한 이철, 그리고 모자 공작조로 위장하고 이선실 접선 및 대동복귀를 위해 남한에 침투했던 김성철 등과 김정일정치군사대학 제17기 동기생이었다. 조장인 윤동철보다 키는 조금 작았지만 체력이 특별히 좋은 데다 훈련 성적이 뛰어나 조장과 명콤비를 자랑했다.

아울러 윤동철과 김군철 모두 성격이 시원시원하고 아무리 어려운 일이라도 뒤로 물러서지 않고 공격적으로 해낸다는 의미에서 공작부서 간부들이 '도꾸다이' 공작조라는 별명을 달아줄 정도였다.

윤동철·김군철 공작조는 김정일이 대남공작 기관을 장악한 이후 공작원으로 선발되어 정규교육과 혹독한 훈련 과정을 마친 전형적인 김정일 시대의 신세대 공작원들이었다.

이들은 1988년 가을 전국영웅대회에 참석한 지 얼마 지나지 않은 1988년 말 강화도 해안을 통해 남한에 침투했는데 침투 과정에서 이런 일도 있었다.

대개 남파공작원들이 강화도 해안을 통해 침투할 때는 해주연락소 전투원들이 반잠수정에 태워 강화도 해안까지 접근한 다음 공작조와 함께 육지에 상륙하는 방식으로 안내해 준다.

이들이 해주에서 강화도까지 반잠수정을 타고 이동하는 과정에서 갑자기 기상이 악화돼 계획했던 시간에 침투 목적지인 강화도 건평리 해안까지 도착할 수 없었다. 그래서 원래 계획했던 침투 일정을 순연하여(정해진 일정이나 차례를 뒤로 미루어 연기하다) 다음날 동일한 시간대에 동일한 방식으로 침투하기로 하고 강화도와 멀지 않은 무인도에 반잠수정을 절반쯤 물에 잠기도록 한 상태로 세워놓고 하루 동안 시간을 보냈다.

그렇게 하루를 보낸 후 이튿날 계획했던 침투 시간에 맞춰 강화도 건평리 해안으로 침투하는 데 성공했다. 해안에 상륙한 후 일정한 곳까지 이동해 안내조와 헤어진 공작조는 가까운 마을 근처로 이동한 다음 산에서 잠복하다 다음날 새벽 옷을 갈아입으려고 배낭에서 옷을 꺼냈는데 방수포장을 했음에도 배낭에 넣었던 옷이 모두 젖어 있었다.

앞서 반잠수정이 물에 잠기도록 한 상태로 하루를 보냈는데 그때 옷과 무전기를 비롯한 공작 장비를 넣은 배낭을 잘 관리하지 못해 배낭안으로 물이 스며들어 생긴 일이었다. 다행히 옷이 물기를 빨아들여 무전기를 비롯한 다른 공작 장비는 사용하는 데 문제가 없었다. 다만 추운 겨울이라 물에 젖은 옷이 뻣뻣하게 얼기까지 해서 도저히 이를 갈아입고는 활동할 수 없다는 것이 문제였다.

공작조장 윤동철은 북한에서 침투할 때 입고 왔던 옷을 그대로 입고 서울까지 이동하기로 결심하고 갈아입으려고 가져왔던 옷은 그대로 땅에 묻어버렸다. 그런 후 자신은 물론 조원 김군철에게도 가지고 온 권총을 언제든 사용할 수 있게 허리춤에 휴대하도록 한 다음 대담하게 택시를 타고 서울 남대문시장까지 직행했다. 당시 강화대교에는 군·경 합동 검문소가 설치되어 가동되고 있었는데 택시를 타고 서울로 이동하는 과정에 검문·검색에 걸리는 등 돌발 상황이 발생하면 그대로 권총을 꺼내 대응하겠다는 의도였다.

이렇게 무모하면서도 대담한 행동으로 강화도에서 서울 남대문시장까지 이동한 윤동철과 김군철은 시장 옷가게에서 산 옷을 갈아입은 다음 본격적인 공작활동에 착수했다.

도꾸다이 공작조

남한에서의 공작활동을 마무리하고 북한으로 복귀한 윤동철 공작조가 위와 같은 사실을 이야기하자 북한 공작지도부 간부들은 한결같이 '역시 도꾸다이가 틀림 없다'며 감탄했다.

당시 윤동철 공작조에 부여되었던 첫 번째 임무는 재야에서 활동하다 그후 민중당 창당준비위원회 공동대표로 활동한 김낙중 간첩망을 검열·지도하는 것이었는데 이 임무는 비교적 어렵지 않게 성공적으로 수행했다.

아울러 서울 소재 불상 출판사 대표를 포섭하라는 공작임무도 받았는데 이들이 출판사를 방문해 확인해보니 출판사가 영세해 별도의 대표 사무실이 없기 때문에 대표가 직원들과 같은 공간에서 근무하고 있었다. 그래서 공작조장이 아무리 작은 소리로 출판사 대표에게 이야기한다고 해도 옆에서 근무하는 다른 직원들이 들을 수밖에 없는 상황이었다.

그래서 윤동철과 김군철은 출판사 대표를 자연스럽게 사무실 밖으로 유인해낼 수 있는 방법을 찾아냈다. 그들이 찾아낸 방법은 프린트 용지에 '나는 지방에서 온 재야활동가인데 돌아가기 전에 긴히 할 말이 있으니 조용한 곳에 나가서 대화를 나누었으면 좋겠다'는 내용의 문구를 큼직하게 적어 가지고 사무실에 들어가 대표에게 슬쩍 보여준 다음 외부로 불러내는 것이었다.

이들은 자신이 생각한 방법대로 프린트 용지에 글을 적어 가지고 출판사 대표에게 보여준 다음 그를 사무실밖으로 불러내 포섭하는 데 성공했다. 물론 이들이 포섭했다는 인물이 운영했다는 서울 소재 출판사의 이름이나 구체적인 주소지가 어디인지는 알 수 없다.

북한 대남공작부서에서는 당시 출판사 대표가 이들의 요구에 응하지 않고 몰래 112에 신고라도 했다면 이들은 곧바로 검거되었을 텐데 정말 대담하게 행동했다고 칭찬했다.

이처럼 침투할 때부터 대담하고 공격적으로 활동하면서 부여된 공작임무를 성공적으로 수행한 윤동철 공작조는 북한으로 복귀할 때도 다른 공작조들이 쉽게 겪지 않는 일을 또 겪어야 했다.

서울 및 경기 지역에서 생활하면서 맡겨진 공작임무를 성공적으로 수행하고 북한으로 복귀하기 위해 택시를 타고 복귀 접선장소인 강화도로 이동하던 중 접촉사고가 발생한 것이다.

교통사고가 발생하자 이들은 경찰이 출동해서 조사를 하면 국내 현지인 신원정보가 기재된 위조 주민등록증을 소지하고 있었기 때문에 신분이 노출되는 것을 방지하기 위해 현장에서 기사들에게 적당히 현금을 주고 상황을 신속하게 정리한 다음 교통사고로 다친 몸을 이끌고 황급히 사고 현장을 벗어나 경기도 지역으로 피신했다.

그런 다음 무전을 통해 북한 공작지도부에 교통사고 때문에 약속된 시간에 복귀 접선장소에 나가지 못했다는 것을 사실대로 보고한 후 사고로 다친 몸이 완쾌될 때까지 양계장에서 일을 하면서 약 2개월 간 숨어 지내다가 몸상태가 좋아진 다음 북한으로 복귀했다.

북한에 복귀해서는 남파공작임무를 성공적으로 수행한 공적을 인정받아 2명 모두 공화국영웅칭호와 국기훈장 제1급을 받았다.

그후 윤동철과 조원 김군철로 구성된 2인 공작조는 해체되어 각각 1인 공작조로 분리되었고 윤동철은 그후에도 한번 더 국내에 침투해 공작임무를 수행했다.

윤동철(출처_KBS)

이선실의 문익환 방북 공작

문익환 목사가 당국에 신고도 하지 않은 채 1989년 3월 북한을 몰래 방문해 김일성을 만나고 돌아온 사실은 당시 언론매체를 통해 구체적으로 보도되었으므로 모두 알고 있는 내용이다.

이 책에는 세상에 알려지지 않은 사실 즉, 문익환 목사의 방북을 성사시키기 위해 북한이 이면에서 어떻게 대남공작을 전개했는지, 그리고 방북한 문익환 목사 일행의 북한 행적에 대해 알고 있는 범위 내에서 간단히 소개하고자 한다.

1988년 이선실을 접선해 대동복귀하라는 임무를 받고 국내에 침투해 활동하던 모자(母子) 공작조가 이선실을 그냥 남겨둔 채 무사히 북한으로 복귀해 이선실의 공작활동 내용을 보고하자 북한 공작지도부에서는 이선실을 활용할 공작계획을 수립했다. 바로 문익환 목사 방북유도 공작이었다.

북한 공작지도부에서는 이선실에게 무전을 통해 '향후 김일성 명의로 문익환 목사를 북한으로 초청할 예정이니 그가 방북하도록 사전에 공작을 추진하라'는 내용의 지시를 하달했다.

위와 같은 지령을 받은 이선실은 예전부터 왕래를 하고 있던 민주화운동가족협의회(민가협)과 지인들의 도움을 받아 문익환 목사와 만나 대화를 나눌 수 있는 기회를 얻어내는 데 성공했다.

이선실은 문익환 목사를 만나는 날 깊숙이 보관하고 있던 1천만 원의 공작금을 가지고 집을 나섰다. 당시 이선실이 살고 있던 방 3개짜리 서울 동작구 대방동 단독주택의 전세가격이 2천만 원 남짓이었으니 1천만 원이면 거액이었다.

조용한 곳에서 문익환 목사를 만난 이선실은 "예전부터 통일을 위해 헌신하시는 문익환 목사님을 존경해왔다. 북한 김일성 주석도 문 목사님의 노고를 높이 평가하면서 문 목사님과 통일사업을 논의하고 싶어 한다. 그래서 조만간 공식적으로 문 목사님의 방북을 초청할 것이다. 북에서 문 목사님을 초청하면 꼭 북에 가보시기 바란다. 이 돈은 방북할 때 여비로 써라"고 이야기하면서 준비해 간 1천만 원의 공작금을 전달했다. 이선실의 돈을 받은 문익환 목사는 "고맙다. 기회가 되면 꼭 방북하고 싶다"는 속내를 밝혔다고 한다.

이선실은 문익환 목사를 만난 사실과 함께 그에게 1천만 원의 공작금의 전달했다는 것을 북한 공작지도부에 그대로 보고했다.

그후 북한은 이선실에게 지령한 대로 1989년 1월 1일 발표하는 김일성의 새해 신년사를 통해 통일문제를 협의하자는 명목으로 민주당 총재 김영삼, 평민당 총재 김대중 등 야당 총재와 문익환 목사, 백기완 선생 등을 평양에 공식 초청한다는 메시지를 내보냈다.

이와 함께 북한 공작지도부와 조총련의 지시를 받으면서 일본에서 활동하고 있던 재일교포 역사가 정경모를 내세워 문익환 목사의 방북을 실행에 옮기는 작업을 진행하도록 했다. 이와 같은 사전 계획과 치밀한 공작에 의해 김일성이 1989년 새해 신년사를 통해 공식적으로 방북을 초청한 지 3개월 후인 1989년 3월 25일 문익환 목사의 방북이 실제로 성사되었다.

알려진 바와 같이 문익환 목사의 방북에는 사업가인 유원호와 재일교포 사학자인 정경모가 동행했는데 북한은 노동당 통일전선부 산하기관 소속 역사학자인 김진경 박사를 정경모의 파트너이자 문익환 목사 일행의 안내원으로 고정배치하여 그들의 활동을 지원했다.

김진경 박사에 의하면 당시 문익환 목사 일행은 평양 모란봉 기슭의 주암산 특별초대소에 체류하면서 그곳을 찾아온 김일성을 만나기도 했고 한국의 국립현충원에 해당하는 평양 애국열사릉을 방문해 한반도 조류학의 원조인 원홍구 박사를 추모하기도 했다.

원홍구 박사는 한국의 유명한 조류학자인 원병오 교수의 부친인데 문익환 목사와 함께 방북한 사업가 유원호가 원병오 교수의 친구였기 때문에 친구를 대신해 부친의 묘를 찾은 것이었다.

위와 같은 내용은 이선실이 문익환 목사를 만나 돈을 전달한 이후 북한 공작지도부에 무전으로 결과를 보고했고, 이선실이 1990년 10월 북한으로 복귀한 후 관련 사실을 필자에게 직접 자랑한 것은 물론 공작지도부에 자신의 공작 성과를 보고하면서 알려진 사실이다.

합법적인 혁신정당 건설에 눈을 돌린 북한 공작지도부

공작은 말 그대로 무에서 유를 창조하는 것이기 때문에 정형화된 공작 전술은 존재하지 않는다고 보는 것이 정답이다. 아울러 공작에 직접적인 영향을 미치는 정세의 변화를 정확히 분석·판단하고 능동적으로 신속하게 대응할 때 공작 성과를 거양할 수 있다(드높일 수 있다).

대남공작도 마찬가지다. 북한은 1980년대 중반까지 남파공작원들을 국내에 침투시켜 비밀리에 지하당 조직을 구축하고 이를 통해 대중단체를 만들거나 장악하는 방식의 공작 전술만 구사했으나 한국에서 민주화가 실현된 1980년대 후반부터는 변화된 정세에 맞게 지하당 건설과 합법적인 혁신정당 건설 공작을 병행하는 방안을 본격적으로 검토했다. **북한이 사용하는 '합법적인 혁신정당'이란 한마디로 한국의 현행법 테두리 내에서 창당과 활동이 가능한 진보 정당을 말하는 것이다.**

특히 1987년 12월 제13대 대통령 선거를 통해 한국에서 평화적으로 정권이 교체되는 것을 목격한 북한 공작지도부 간부들은 본격적으로 합법적인 혁신정당 건설 문제 즉, 국내에서 진보 정당을 어떻게 창당하고 발전시킬 것인가에 대해 논의하기 시작했다.

당시 북한 공작지도부가 합법적인 혁신정당 건설을 추진하는 공작 전술을 채택하는 데 결정적인 영향을 준 것은 1988년 4월 실시된 제13대 국회의원 선거를 앞두고 운동권 인사들이 당시로서는 불가능하다고 여겼던 진보 정당인 한겨레 민주당과 민중의 당을 만들어 선거활동을 시작한 것이었다.

한국에서 이미 평화적인 선거의 방법으로 정권이 교체되었고 반미, 반정부 성향의 진보 정당도 합법적인 활동이 가능하다는 것을 확인한 북한 대남공작부서 내부에서는 남한 내에서 지하당 조직을 통해 합법적인 혁신정당 건설을 추진하는 방식으로 대남공작을 전개해야 한다는 의견이 제기되었다.

북한 노동당 대남공작부서인 사회문화부 이원국 부부장은 필자에게 "남조선 당국이 앞으로 당원들을 등록하는 조건으로 공산당까지 합법화할 가능성이 있기 때문에 그전에 혁신정당을 만들어 대비해야 한다"며 흥분을 감추지 못하기도 했다. 아울러 한편에서는 과거 조봉암의 진보당 관련 자료와 1960년대 초반 창당되었던 사회대중당 관련 자료를 연구하는 간부들도 있었다.

그러나 일부에서는 대남혁명이론을 들먹이면서 합법적인 선거를 통한 단순한 정권교체는 정권 전취 즉, 적들로부터 정권을 빼앗는 것을 목표로 하는 대남혁명의 성격과는 거리가 멀다며 합법적인 혁신정당 건설 주장에 대해 '시기상조', '수정주의', '개량주의'라고 비판하는 이들도 적지 않았다.

이러한 상황에서 당시 대남공작에서 혁혁한 성과를 거양하고 있던 중앙당 사회문화부 대남공작 담당 부부장 등 간부들은 국내에 구축되어 활동하고 있는 간첩망들을 활용해 합법적인 혁신정당 건설을 추진하겠다는 보고서를 작성해 김정일의 승인을 받으면서 위와 같은 논란을 잠재울 수 있었다.

진보 정당 건설의 두 가지 목적

당시 북한 대남공작부서에서 합법적인 혁신정당 건설을 대남공작의 일환으로 추진하면서 내세웠던 논리는 두 가지였다. 바꾸어 말하면 북한 공작지도부가 합법적인 혁신정당 즉, 진보 정당 건설을 추진하면서 내세웠던 목표가 두 가지였다는 것이다.

하나는 합법적 혁신정당 건설을 통해 정권을 전취할 수 있는 기반을 닦을 수 있다는 것이다.

북한의 대남공작 및 대남혁명의 목표는 투쟁을 통해 남한에서 친미, 자유민주주의 세력이 잡고 있는 정권을 빼앗아 민중의 정권을 수립하는 것이다. 다시 말하면 남한의 집권 세력이 정권을 순순히 내놓지 않기 때문에 군사쿠데타나 민중봉기, 무장폭동 등 폭력적인 방법을 동원해 주한미군을 철수시키고 대한민국 체제를 뒤집어엎은 뒤 민중이 참다운 주인이 되는 자주적 민주정부를 수립하는 것이다. 북한과 종북 세력은 이를 "민족 해방 인민 민주주의 혁명" 또는 "민족 해방 민주주의 혁명"이라고 포장해 부른다.

　이러한 대남혁명의 목표는 혁명 정세가 성숙되어 단번에 실현하면 좋겠지만 그것이 불가능한 현실에서 일차적으로 합법적인 혁신 정당을 만들고 이를 토대로 각종 선거를 통해 정권교체를 추진한다는 데 있다.

　선거를 통해 정권을 교체하기 위해서는 광범위한 민중을 하나로 엮어 강력한 정치 세력을 형성해야 하는데 진보 정당이 바로 민중의 정치 세력화를 위한 구심점인 동시에 정권교체의 강력한 수단이라 간주하고 이를 지향해야 한다는 것이다.

　그러나 선거를 통한 정권교체가 곧 대남혁명의 승리 즉, 대남혁명의 목표 실현을 의미하는 것은 아니기 때문에 다시 민족해방과 계급해방을 위한 인민민주주의혁명을 통해 주한미군을 철수시키는 동시에 대한민국 정권을 유지하고 있는 친미사대주의 지배계급과 재벌 등 착취계급을 청산하고 민중이 주인이 되는 진정한 민중의 정권을 수립한다는 것이 이들의 논리였다.

두 번째는 한국의 현행법상 허용되는 합법적인 혁신정당을 건설하면 정당활동을 빙자하여 짧은 시간 내에 대남혁명역량 즉, 친북, 종북 세력을 대량으로 양산할 수 있다는 것이었다.

위에서 언급한 대남혁명의 목표를 달성하기 위해서는 민중에 대한 의식화, 조직화 작업을 통해 혁명역량을 양산해야 하는데 당시까지는 비밀리에 소수 인원을 대상으로 주체사상과 사회주의 혁명이론을 보급하는 등 소규모로 의식화 작업과 함께 이들을 투쟁단체에 끌어들이는 조직화 작업을 해왔기 때문에 친북, 종북 역량을 대량으로 양산하는 데 분명한 한계가 있었다.

그러나 합법적인 혁신정당을 창당하면 '정당'이라는 울타리, '정당활동'이라는 합법적인 공간을 이용해 민중들에 대한 의식화, 조직화 작업을 합법적으로, 대규모로 할 수 있으며 그렇게 하면 짧은 시간 내에 친북, 종북 세력을 대량으로 양산해낼 수 있다는 것이 이들의 논리였다.

물론 결과론이기는 하지만 진보 정당의 활동이 가능해진 1990년대 초반 이후 대한민국에서 친북, 종북 세력이 대량으로 양산되었다는 점에서 북한 공작지도부의 합법적인 혁신정당 건설 전술은 당시 정세 하에서 적절한 것이었다고 평가하지 않을 수 없다.

내선지도와 외선지도

다음으로 합법적인 혁신정당을 구체적으로 어떻게 만들고 지도할 것이냐 하는 것도 중요한 논점이었다.

이 문제는 과거 진보당에 대한 공작을 전개하는 과정에 많은 오류와 약점을 노출했고, 결과적으로 정당공작이 실패했기 때문에 상당히 신중하게 접근할 수밖에 없었다. 따라서 북한 공작지도부에서는 지하당 조직을 통해 합법적인 혁신정당 건설을 추진하는 과정에 두 가지 방식 또는 두 가지 원칙을 철저히 지키도록 했다. 그것은 바로 내선지도와 외선지도 방식이었다.

내선지도 방식은 지하당 조직의 구성원이 합법적인 혁신정당 건설을 주도하거나 담당하는 지도부에 직접 참여해 북한 노동당이 요구하는 대로 진보 정당을 이끌어가는 방식이다. 이런 경우는 지하당 조직원이 합법적인 혁신정당에 들어가 당대표나 사무총장, 정책위의장 등 핵심 당직을 차지하고 정체를 감춘 채 북한 공작지도부가 지시하는 방향으로 당을 이끌고 가는 것이다.

이 방식은 진보 정당 주요 당직을 북한과 연계된 지하당 조직원 즉, 간첩이 직접 장악하고 있기 때문에 진보 정당을 북한 노동당이 요구하는 방향으로 확실하게 이끌고 갈 수 있다는 장점이 있으나 자칫 주요 당직을 차지하고 있는 지하당 조직 성원의 실체가 노출되면 진보 정당 자체가 해체될 수 있을 정도의 타격을 입을 수 있다는 단점이 있다.

다른 하나는 외선지도 방식인데 이는 지하당 조직의 구성원이 합법적인 혁신정당 내부에 직접 들어가거나 참여하지 않고 외부에 있으면서 진보 정당을 지도하는 방식이다. 이런 경우는 지하당 조직 성원들이 진보 정당에서 당대표나 사무총장 등 주요 당직을 차지하고 있는 인물들을 포섭한 다음 그를 통해 지하당 조직의 요구를 관철시키는 방법으로 공작을 전개한다.

이 방식은 진보 정당을 지도하는 지하당 조직을 노출시키지 않을 수 있다는 장점이 있으나 간접적인 방식이기 때문에 진보 정당을 북한 노동당이 요구하는 방향과 수준으로 확실하게 이끌고 갈 수 없다는 단점이 있다.

북한 공작지도부에서는 위와 같은 두 가지 방식 가운데 확실하게 북한 노동당의 영도를 보장할 수 있는 내선지도 방식을 위주로 하여 합법적인 혁신정당 건설을 추진하기로 결정하고 지하당 조직 성원들을 진보 정당 내에 들여보내 주요 당직을 차지하도록 하는 방향에서 대남공작을 전개했다.

민중당 내에 간첩망을 구축하라

이와 같은 논리를 내세워 김정일로부터 합법적인 혁신정당 건설을 추진해도 된다는 지침을 받은 북한 공작지도부에서는 먼저 1980년부터 국내에 잠입해 활동하고 있던 노동당 정치국 후보 위원 이선실에게 국내에서 진보 정당 건설을 추진하고 있던 인물들 가운데 포섭 가능한 대상을 파악해 보고하라는 지령을 하달했다.

지령을 받은 이선실은 임무수행을 위해 민중당 창당준비위원회가 자리잡고 있던 서울 마포구 서교동 사무실에 찾아가 자신을 6·25 한국전쟁 때 빨치산 활동을 했던 사람으로 소개한 후 창당준비위 멤버들과 낯을 익히고 친분을 쌓으며 대인관계의 폭을 넓혔다.

이 과정에 이선실은 당시 민중당 창당준비위 대변인을 맡고 있던 김부겸을 포섭 대상으로 선정하고 북한 공작지도부에 김부겸을 포섭해도 되는지 여부를 문의했다. 이는 대남공작의 원칙 때문이었다.

대남공작 원칙상 북한에서 남파되는 공작조는 공작지도부가 포섭 대상을 선정해주고 남파공작조는 자의적으로 포섭 대상을 선정할 수 없다. 설사 남파공작조가 북한에서 자료를 보다가 마음에 쏙 드는 포섭 대상을 발견하거나 국내에 침투해 활동하는 과정에 훌륭한 인물을 발견하더라도 포섭 대상으로 마음대로 정하고 접근하면 안 된다. 이런 경우는 반드시 북한 공작지도부에 포섭 대상 선정 결과를 보고하고 공작지도부로부터 포섭해도 된다는 허락을 받은 후에 접근 및 포섭공작을 진행할 수 있다. 남파공작조가 포섭 대상으로 선정해 보고한 인물에 대해 북한 공작지도부가 포섭하지 말라고 지시하면 그에게 접근해서는 안 된다.

북한 공작지도부가 포섭 대상을 선정해 남파공작조에 하달하거나 국내에서 활동하는 공작조가 선정한 포섭 대상에 대한 포섭공작 여부를 결정해주는 등 교통정리를 하는 것은 대남공작에서의 혼선 및 사고를 방지하기 위해서이다.

구체적으로 설명하면, 북한 공작지도부에서 일하는 간부들이나 현역 남파공작원들이 포섭 대상을 보고 판단하는 시각은 비슷하며 국내에서 활동하는 친북, 종북 인물들 가운데 북한이 포섭할 만한 대상은 그렇게 많지가 않다. 그렇기 때문에 북한 공작지도부 간부들이나 현역 남파공작원들이 국내에서 활동하는 친북, 종북 성향의 인물들 가운데 포섭해도 되겠다는 인물은 겹칠 가능성이 많다.

이와 같은 상황에서 공작지도부가 교통정리를 해주지 않으면 여러 개의 공작조가 특정인물 한 사람을 놓고 서로 포섭하겠다며 접촉을 시도할 수 있다. 그렇게 되면 큰 혼란이 생길 수밖에 없다.

아울러 이미 다른 남파공작조에서 포섭해 노동당에 입당시킨 후 간첩활동을 하고 있는데 다른 공작조가 또 그를 포섭하겠다고 접촉을 시도하는 웃지 못할 상황이 벌어질 수도 있다. 이미 북한에 포섭되어 활동하고 있는 국내 특정 인물에게 다른 공작조가 접근해 포섭을 시도하면 그는 자신이 포섭되어 활동하고 있다는 사실을 이야기할 수밖에 없고, 그렇게 되면 나중에 접근했던 공작조는 그가 이미 북한과 연계되어 활동하고 있는 간첩이라는 것을 자연스럽게 알게 된다. 이런 상황에서 나중에 접근했던 남파공작조가 검거될 경우 자신들이 포섭하지는 않았지만 그가 이미 포섭된 것을 알고 있기 때문에 해당 조직이 노출·파괴되는 것은 불 보듯 명백한 일이다.

이것이 바로 혼선에 의한 조직사고라고 할 수 있는데 이러한 최악의 상황을 방지하기 위해 이미 포섭된 간첩들의 명단을 가지고 있는 북한 공작지도부가 포섭 대상을 선정할 때부터 교통정리를 하고 있는 것이다.

이러한 원칙에 따라 공작지도부에서는 북한에서 남파되는 공작조에게 포섭 대상을 선정해 주고 있으며 국내 현지에 침투해 활동하는 남파공작조가 포섭할 만한 대상을 발견한 경우에도 반드시 공작지도부에 포섭공작 여부를 문의하고 공작지도부의 승인이 있는 경우에만 포섭하도록 하고 있다.

이선실도 위와 같은 공작 원칙에 따라 김부겸을 포섭해도 되는지 여부를 북한 공작지도부에 문의한 것이다.

이선실의 보고 내용을 검토한 북한 공작지도부에서는 이선실에게 김부겸을 포섭해도 좋다는 승인을 해줌으로써 그가 포섭공작을 진행하도록 했고, 얼마 후 이선실은 공작지도부에 김부겸 포섭에 성공했다고 보고했다.

이선실로부터 김부겸을 포섭했다는 보고를 받은 북한 공작지도부는 김부겸의 공작대호(비밀 공작 활동에서 개인이나 조직, 또는 임무에 붙여주는 암호명)를 "백암산"으로 정하고 향후 북한과 김부겸을 연계시키기 위한 공작을 어떻게 전개할 것인가를 모색했다.

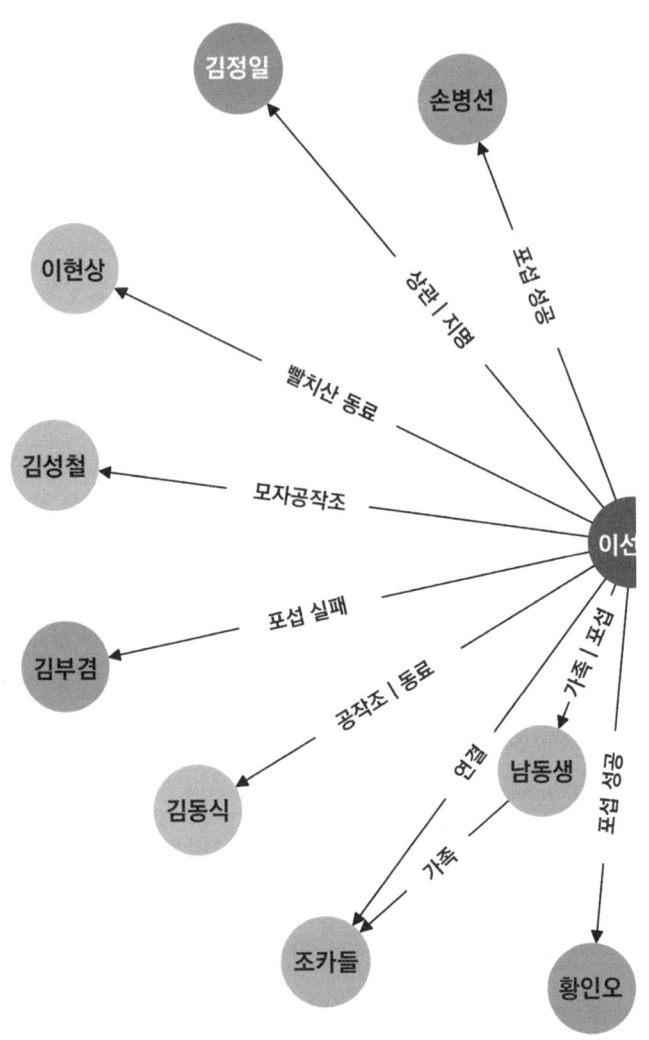

● 이선실 인물 관계도

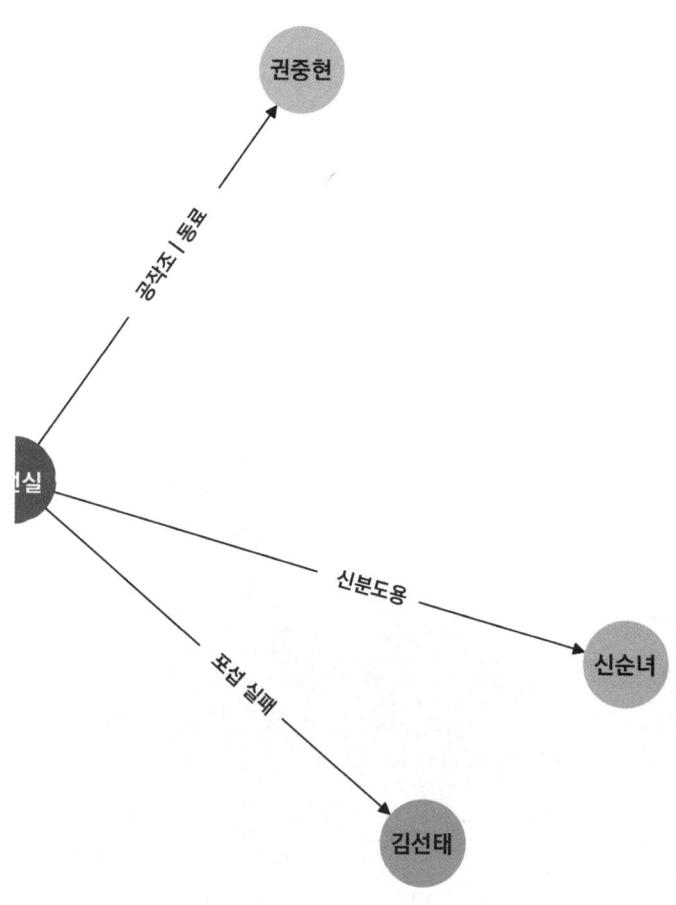

Chapter 7
공작의 칼끝

격동의 시대

북한의 대남공작에 있어 1990년대의 특징은 성공과 실패, 전진과 좌절 그리고 우여곡절이 혼재된 시기요, 이들의 진동폭이 상당히 심했던 시기라고 볼 수 있다.

1980년대 말부터 새로 투입된 북한 출신 신세대 공작원들에 의해 본격적으로 전개된 대남공작은 1990년대 초반까지 특별한 우여곡절 없이 성공적으로 진행되었다.

이 과정에 주사파의 대부, 『강철서신』의 저자 김영환을 포섭해 민족민주혁명당을 조직한 것은 물론 사북사태 주모자 황인오를 포섭해 남한 조선노동당 중부지역당을 구축했으며 김낙중을 포섭해 새로 창당된 민중당을 장악하는 데도 성공했다. 2011년 인천을 중심으로 활동하다 수사당국에 의해 검거된 왕재산 간첩단도 사실은

1990년대 초반에 포섭된 김 모에 의해 만들어졌다. 북한 공작지도부에서는 이들 가운데 김영환과 황인오, 그리고 왕재산 간첩단을 만든 김 모 등을 북한에 몰래 불러들여 이들에게 자긍심을 심어주고 공작교육과 사상교육 등을 하는 '기지교육'을 실시하기도 했다.

그러나 1992년 가을 남한 조선노동당 중부지역당 간첩 사건으로 김낙중과 황인오, 손병선 등이 만들었던 3개의 간첩망이 일망타진되는 등 실패와 좌절을 겪기도 했다. 그리고 1995년과 1997년에 각각 국내에 침투했던 2개의 남파공작조가 피살되거나 검거되고 이로 인해 이들이 접선·지도했던 서울대 교수 고영복과 서울지하철공사 심정웅 간첩망이 노출·파괴되었다.

1996년 7월에는 아랍인으로 완벽하게 신분을 세탁한 뒤 단국대 교수에 임명되어 정보수집 활동을 하던 대외정보조사부 소속 공작원 무함마드 깐수가 서울 시내 호텔에서 팩스로 대북보고를 하려다 검거되었다.

1996년 9월에는 강원도 강릉 안인진리 해안에 침투했던 북한군 정찰국 소속 잠수함이 좌초됨으로써 해상으로 복귀하지 못하고 육지에 상륙한 무장공비들을 소탕하는 대간첩작전이 전개되었고, 이 작전으로 24명이 사살되고 1명이 생포되는 일도 벌어졌다.

물론 강릉 무장공비 침투 사건이 있은 지 1년도 안 되는 1997년 2월 국내에 침투한 남파공작원들이 경기도 분당에서 김정일의 처조카 이한영을 암살하고 무사히 복귀하는 등 공작을 성공시키기도 했다.

대남공작에서의 실패는 1990년대 말에 절정에 도달했다. 1998년

12월 전남 여수 돌산도 해안에 침투했던 북한 반잠수정이 경계병에게 발견되어 도망치다 격침되는 사고가 발생했는데 이 사건은 민족민주혁명당 간첩 사건의 단초를 제공했다.

1999년에 발생한 민족민주혁명당 간첩 사건은 대한민국 역사상 가장 큰 규모의 간첩 사건이라고 할 수 있으며 이 사건으로 국내 운동권 주사파 세력이 대거 구속되는 일이 발생했다.

성공적인 남파공작원 세대교체

1990년대에 들어서면서 북한 대남공작부서 내부는 새로운 활기가 넘치고 공작을 지휘하는 간부들은 무엇이든 할 수 있다는 자신감으로 상당히 고무되어 있었다.

이는 1980년대 후반부터 공작임무를 받고 남한에 침투했던 여러 개의 공작조가 사고 없이 맡겨진 공작임무를 성공적으로 수행하고 복귀한 것도 있었지만 그보다는 향후 대남공작을 직접적으로 담당·수행할 남파공작원들의 세대교체가 성공적으로 마무리되었다는 것이 크게 작용했다.

실제로 1980년대 북한 공작지도부가 거둔 성과는 남파공작원들에 대한 세대교체를 비교적 순조롭게 성공적으로 마무리한 것이라 할 수 있다.

앞서 언급한 것처럼 1970년대까지 대남공작 일선에서 활동하고 있던 남파공작원 대다수는 남한에서 고등학교 또는 대학에 다니다 6·25 한국전쟁이 발발하자 월북한 남한 출신들이었다. 이들은

1970년대에 접어들면서 적게는 50대, 대부분 60대의 나이에 들어섰기 때문에 강도 높은 훈련과 그에 따른 육체적 고통을 전제로 하는 대남침투 및 공작 일선에서 활동하는 데 상당한 부담을 느낄 수밖에 없었다.

초기부터 북한의 대남공작을 지휘했던 공작지도부 간부들은 대남혁명과 조국통일을 실현하는 데 이렇게 긴 시간이 걸릴 거라고는 전혀 생각하지 않았다고 인정한 바 있다. 그렇기 때문에 당장의 공작 성과를 내는 데 급급했지 공작원 세대교체 등 장기적인 차원의 대비를 하지 않았던 것이다. 그러다 1970년대에 이르러 일선에서 활동하던 남한 출신 공작원들이 침투 준비를 위한 각종 훈련에 참가해 힘들어 하는 것을 공작지도부 간부들이 직접 목격하면서 세대교체의 필요성을 절감하게 된 것이다. 그리고 1970년대 후반에 이르러서는 현실적으로 남파공작임무를 부여해 침투시킬 만한 남한 출신이 눈에 띄게 줄어든 상태였다.

남파공작원 세대교체의 필요성이 절박하게 대두되던 시기와 김정일이 후계 체제 구축의 일환으로 대남공작기관을 장악하던 시기가 절묘하게 맞물리면서 남파공작원 세대교체 문제가 자연스럽게 김정일에게까지 보고되었다. 이에 따라 당시 '떠오르는 태양'이었던 김정일의 막강한 권력과 직접적인 지시에 의해 10년이라는 기간을 거치면서 순수 북한 출신들에 의한 남파공작원 세대교체가 더욱 강력하게 추진되었다.

사실 처음에 남파공작원으로 선발한 북한 출신들이 남한에 침투한 후 공작임무를 성공적으로 수행할 수 있도록 하기 위해 어떤 내용의 교육과 어떤 종목의 훈련을 시켜야할지 갈팡질팡했던 적도 있었다. 북한 출신들을 남파공작원으로 선발하는 것과 남파공작원으로 선발된 북한 출신들이 남한에 침투한 다음 자유자재로 활동하면서 공작임무를 성공적으로 수행할 수 있도록 실력 있는 공작원으로 양성하는 것은 별개의 문제였기 때문이다.

특히 남파공작원 세대교체가 한창 이루어지고 있던 1980년대 초반에는 김정일이 남파공작원들을 '지도핵심으로 양성하라'는 지시를 내린 데다 북한 공작지도부가 장기토대구축공작 전술을 추구하고 있던 상황이어서 두 가지 요구를 동시에 충족시킬 수 있는 교육 내용과 방법이 필요했기 때문에 더 혼란스러웠던 것이다.

당시 북한 공작지도부에서는 장기토대구축공작 전술과 김정일의 지도핵심육성방침에 부합하는 공작원을 양성하기 위해서는 이론 실무적인 측면은 물론 반드시 직업기술을 갖고 있어야 한다며 모든 공작원들이 직업기술을 연마하도록 했다. 말하자면 김정일이 양성하라고 지시한 지도핵심의 가장 중요한 증표가 '직업기술'이라고 인식하고 직업기술 습득을 위한 훈련을 중점적으로 추진했던 것이다.

이에 따라 남파공작원들은 김정일의 '지도핵심육성방침 집행'이라는 전제 하에 각자의 능력과 취미, 소질에 따라 본인에게 적합한 직업기술을 선택하고 연마하기 위해 현장실습을 진행했다.

어떤 공작원은 1년간 평양의학대학 고려의학과(한의학과)에 나가 교수로부터 속성으로 이론과 실습을 통해 침술을 익히고 돌팔이 한

의사로 위장하기도 하고 어떤 공작원은 벽돌 축조와 미장, 목공기술 등을 배운 다음 건설 현장에 취직해 일하기도 했다. 또 어떤 공작원은 산에 가서 뱀을 잡아 가지고 운반하는 방법을 배워 뱀장수로 위장하기도 했다.

이렇게 공작원들이 적지 않은 시간과 노력을 들여 직업기술을 배운 다음 실제로 남한에 침투해 배운 기술을 활용하려 했으나 남북한의 환경과 여건, 용어 등이 달라 거의 써먹을 수 없거나 공작활동 과정에 검거되어 북한의 공작 전술만 노출시키는 부정적인 결과를 초래했다.

공작원들을 장관, 도지사급으로

이에 따라 북한 공작지도부에서는 별도로 직업기술만 배우는 방식에서 탈피해 다양하면서도 실전에서 써먹을 수 있는 훈련과 실습을 통해 남파공작원들을 지도핵심으로 육성하는 데 집중했다.

이를 위해 북한 출신 공작원들이 대부분 6·25전쟁 이후에 태어나 대학을 갓 졸업한 신세대였던 만큼 이들을 혁명적으로, 전투적으로 단련시킬 방법을 모색했다. 이 과정에 처음으로 북한 출신 신세대 남파공작원 양성에 도입된 훈련이 '노동단련'이었다.

노동단련은 '노동현실체험'이라고도 하는데 말 그대로 아파트 건설 현장이나 탄광, 광산 또는 제철소 등 육체적으로 힘든 노동을 하는 곳에 취직한 다음 실제로 힘든 육체노동을 하는 과정을 통해 사상과 육체를 단련할 뿐 아니라 직업기술까지 익히도록 함으로써 일거양득의 효과를 얻을 수 있는 교육 및 훈련과정이었다.

따라서 노동단련은 주로 사회생활 경험이 없이 중고등학교에서 곧바로 김정일정치군사대학에 입학해 졸업한 다음 공작원으로 임명된 북한 출신 신세대 공작원들이 주고객이었다.

이와 함께 간부현실체험도 남파공작원들을 지도핵심으로 양성하는 과정의 하나로 도입되었다.

사실 김정일은 지도핵심에 대해 한마디로 '도당책임비서(도지사)나 당중앙위원회 부장(장관) 급에 해당되는 간부'라고 정해주었는데 대부분의 공작원들이 간부 경험이 거의 없거나, 있다고 해도 중하위급 간부 출신들이었기 때문에 장관급과는 거리가 멀었다.

이에 따라 북한 공작지도부에서는 '간부현실체험' 과정을 만들고 간부를 해본 경험이 없거나 중하위직 간부를 역임한 공작원들의 경우 각각의 나이와 사회생활 경험 등을 고려해 기관, 기업소의 청년동맹위원장이나 초급당비서, 군당 조직부장 등의 직책에 임명해 조직을 장악하고 지도할 수 있는 능력과 경험을 쌓도록 하는 한편 선전·선동 기술과 설득력 등도 갖추도록 했다.

마지막으로 북한 출신 남파공작원들을 지도핵심으로 양성하기 위한 과정의 일환으로 적구화 교육과 해외 실습도 새롭게 도입했다.

앞에서도 언급한 것처럼 적구화 교육은 말 그대로 공작원들이 북한의 적국(敵國)인 한국의 말과 생활방식, 문화 등을 완벽하게 익히도록 함으로써 북한 사람을 완벽한 남한 사람으로 만드는 작업이다. 한마디로 평양 사람을 서울 사람으로 만드는 것이었다.

특히 적구화 교육은 북한에서 태어나 성장한 탓에 한국의 말과 문화를 전혀 모르는 북한 출신 남파공작원들에게 있어 반드시 거쳐야 할 필수적인 교육과정이었다. 1980년대 당시에는 남파공작원들이 한국에 침투한 후 활동하는 과정에 말과 행동에서 실수할 경우 안보의식과 대북경각심이 높았던 주민들에게 신고당할 수 있고, 그렇게 되면 체포되어 사형에 처해질 수도 있다는 점에서 적구화 교육은 북한 출신 남파공작원들에게는 목숨과도 같은 교육과정이라 할 수 있었다.

적구화 교육은 북한 출신 공작원들이 8개월~1년 동안 한국 출신 강사와 초대소에서 24시간 숙식을 같이하면서 한국의 말과 문화를 배우도록 하는 한편, 터널을 뚫고 그 안에 촬영세트장 같이 만들어 놓은 '적구화환경관'에 들어가 실습을 통해 말과 행동까지 남한 사람처럼 자연스럽게 하도록 하는 방식으로 실시했다.

그리고 적구화 교육이 끝난 공작원들은 중국과 동남아 등 한국과 생활환경이 비슷한 자본주의 사회에서 1개월 동안 생활해보도록 하는 과정을 통해 현지 환경에 대한 적응력을 키우도록 했다.

이와 같이 1970년대 말부터 시작된 북한 출신에 의한 남파공작원 세대교체는 약 10년간 각종 시행착오를 겪었지만 비교적 성공적으로 마무리되었다고 할 수 있다.

백주대낮에 행해진 대북 무전 보고

1980년대를 마감하면서 북한의 대남공작에서 획기적으로 달라진 것은 국내 운동권 인사들에 대한 포섭 방식뿐 아니라 남파된 공작원들이 북한 공작지도부와의 연락을 위해 사용하는 무전기를 백주 대낮에 작동시켰다는 것이다. 한마디로, 대낮에 대북통신용 무전기를 설치해 놓고 전파를 날렸다는 이야기다.

당시 남파공작원들이 사용하던 공작통신용 무전기는 북한 대남공작부서의 하나인 노동당 작전부 산하기관으로서 공작통신을 전문적으로 담당하는 414연락소에서 특별히 제작한 단파무전기였다.

단파무전기는 공중으로 8미터 되는 안테나 선을 45도 각도로 설치해야 하고 대지선은 지면으로부터 1미터 높이로 하여 수평으로 12미터를 늘려야 한다. 한마디로 총 20미터의 안테나를 설치해야 전파를 보낼 수 있다. 그런데 20미터의 안테나 선이 가느다란 피복선으로 되어 있지만 가까이에서 보면 누구든 알아볼 수 있기 때문에 북한 공작지도부는 노출을 방지하기 위해 남파되는 공작원들로 하여금 일반인들이 모두 잠자는 새벽시간대에 산속에 들어가 몰래 무전을 치도록 통신조직을 했던 것이다.

사실 남파공작원들이 북한에 공작 보고를 위해 무전기로 전파를 발신하는 시간은 길어봐야 5분 정도다. 그래서 날씨가 좋은 봄이나 가을, 여름에는 산에 가서 새벽 1~2시 사이에 무전을 친다고 해도 크게 문제가 되지 않는다. 그러나 날씨가 추운 겨울에 북한 공작지도부에 무전 보고를 해야 할 경우에는 문제가 달라진다.

예컨대 1980년대 중반에 침투했던 어떤 남파공작조는 5분의 시간을 사용하기 위해 즉, 추운 겨울밤에 북한 공작지도부에 무전 보고를 하기 위해 텐트와 함께 핫팩, 큰 비닐주머니 등을 가지고 산속에 들어가 불도 피우지 못하고 밤새도록 추위에 떨면서 시간을 보내다 무전 보고를 한 경우도 있었다.

한마디로 남한에 침투하는 공작원들이 한겨울에 북한에 무전 보고를 하려면 누구도 예외 없이 무전기 작동시간 5분 때문에 하룻밤을 꼬박 추위에 떨어야 하는 상황이었다.

북한 공작지도부에서는 이와 같은 불편을 해소하기 위해 대북 무전 보고 시간을 새벽 시간대에서 낮 시간대로 바꾸고 충분한 연구와 반복적인 실험 등을 통해 통신의 안정성과 신뢰성을 확인한 다음 과감하게 무전 보고 시간을 낮 시간대로 변경했다. 그런 다음 1989년 남한에 침투하는 윤동철 공작조에 임무를 부여해 실제로 그들이 국내에 들어와 활동할 때 낮 시간대에 무전 보고를 하는 방식으로 실전에서 이를 검증했다.

이러한 시도와 노력 끝에 1980년대 말부터 남한에 침투하는 공작원들은 북한 공작지도부에 대북 무전 보고를 할 때 야간이 아닌 백주대낮에 무전기를 설치하고 전파를 날리게 된 것이다. 그러다가 1990년대 초반부터 북한의 대남공작에 20미터가 아니라 20센티미터 정도밖에 안 되는 안테나 4개를 무전기 본체에 끼우고 작동시킬 수 있는 초단파무전기가 대남공작에 도입되면서 과거와 달리 별 부담없이 대낮에 무전기를 작동시킬 수 있게 되었다.

1990년대 첫 공작, 이선실과 김부겸

1990년대에 들어서면서 이선실로부터 당시 민중당 창당준비위 대변인으로 일하고 있던 김부겸을 포섭했다는 보고를 받은 북한 공작지도부에서는 흥분을 감추지 못하면서 향후 이선실과 그가 포섭한 김부겸에 대한 공작을 구체적으로 어떻게 전개할 것인가를 논의했다.

먼저 이선실은 당시 70대 중반의 고령이었던 점을 감안하여 더 이상 공작활동을 시키지 말고 북한으로 복귀시켜 후배 공작원들을 가르치면서 여생을 보내도록 해주기로 결정하고 김정일에게 보고해 승인을 받았다.

사실 북한 공작지도부에서는 2년 전인 1988년 이선실과의 접선 및 대동복귀 임무를 받고 남파되었던 모자 공작조가 복귀한 후 이선실에게 북한으로 복귀할 것을 수차례 지시한 바 있다. 당시 북한 공작지도부는 이선실에게 "한국 정부가 발행해준 한국 여권을 가지고 있으니 합법적으로 편하게 비행기를 타고 홍콩 등 제3국으로 나오면 마중 나갈 것"이라며 구체적인 복귀 방법까지 알려주면서 복귀할 것을 종용했다.

그러나 이선실은 그때마다 "내가 오랫동안 적구에서 활동하면서 크게 해 놓은 일도 없이 무슨 면목으로 돌아가겠느냐? 일을 제대로 해 놓은 다음 복귀하고 싶다"며 한사코 복귀를 거부해 뒤로 미루어진 것이다.

이선실은 김부겸에 대한 포섭공작을 성공한 후 마음을 바꿔 북한 공작지도부의 복귀 지시에 따르겠다고 보고했다. 이선실의 보고를 받은 북한 공작지도부에서는 이번에도 편하게 비행기를 타고 홍콩 등 제3국을 경유해 복귀하라고 지시했으나 이선실은 또다시 "나는 가다가 죽어도 좋으니 해상을 통해 직접 복귀하고 싶다"며 고집을 부렸다.

북한 공작지도부는 이선실을 접선한 다음 그를 대동하고 복귀하는 것도 중요하지만 이선실을 북한으로 복귀시키기 전에 그가 포섭했다고 보고한 김부겸과 북한 공작지도부와의 통신 연락 체계를 구축해야 하는 문제부터 해결해야 했다.

김부겸과 북한 공작지도부를 연계시키는 통신 연락 체계 구축 작업은 통신연락 조직과 관련한 내용을 구체적으로 알고 있어야 교육과 실습을 시킨 다음 시스템 자체를 그대로 넘겨줄 수 있는데 이선실은 나이가 많아 그것을 실행하는 데 한계가 있었다. 이와 함께 김부겸에게 지하당 조직을 어떻게 구축할 것인지 그 구체적인 방법에 대해서도 가르쳐 주어야 공작조가 복귀한 후에 그가 독자적으로 간첩망을 구축해 활동할 수 있는데 이선실은 오래전에 남파된 관계로 당시 변화된 대남공작 전술에 대한 이해가 부족하고 지하당 조직 건설 원칙과 구체적인 방법론에 대한 지식과 경험도 부족했기 때문에 그 또한 불가능했다.

결국 북한 공작지도부에서는 당시 구사하고 있던 대남공작 전술에 대한 이해도가 높고 지하당 조직 건설과 관련한 충분한 실무적 지식, 그리고 통신 연락 체계에 대해 완벽하게 숙지하고 있어 김부겸이 북한 공작지도부와 통신연락을 주고받으면서 독자적으로 활동할 수 있도록 도와줄 수 있는 능력 있는 공작조를 이선실에게 파견해야 한다는 결론에 도달했다.

이와 같은 결론을 내린 상태에서 북한 공작지도부가 이선실에게 파견하기로 결정한 공작조가 권중현을 조장으로 하는 필자의 공작조였다.

사실 나와 조장 권중현은 이선실과의 접선 및 대동복귀와 무관하게 1980년 사북사태 주모자였던 황인오와 서울대 ML당 건설기도 사건 관련자인 김선태 등 국내운동권 인사들을 포섭해 간첩망을 구축하라는 임무를 부여받고 침투 및 공작임무 수행을 위한 준비를 하고 있던 중이었다. 말하자면 이선실을 접선해 그가 벌여놓은 일을 처리한 다음 그를 대동하고 복귀하는 임무와는 전혀 무관한 공작임무를 부여받고 침투준비를 하고 있었다는 것이다.

이러한 상황에서 이선실을 접선해 그가 포섭했다고 보고한 김부겸을 넘겨받아 노동당에 가입시킨 다음 그가 독자적으로 북한 공작지도부와 연계연락을 가지면서 진보정당 내에 지하당조직을 구축하고 활동할 수 있도록 만들어주고 오라는 공작임무가 추가적으로 부여된 것이다.

결과적으로 나와 조장 권중현에게 황인오, 김선태 등에 대한 포섭 공작임무와 아울러 이선실과의 접선 및 대동복귀, 이선실이 포섭했다고 보고한 김부겸에 대한 공작임무가 추가된 것이다.

이선실 관련 공작임무는 객관적으로 보면 상당히 중요한 임무인 것은 두말할 필요도 없지만 이선실이 포섭했다고 하는 김부겸까지 처리해야 했기 때문에 임무가 복잡하고 어려운 데다 업무량까지 많았다.

따라서 공작지도부에서는 이선실을 접선하게 될 남파공작조에 공작임무를 부여하면서 "연세가 많은 이선실의 임무수행을 잘 도와주고 모시고 들어오라"고 이례적인 부탁까지 했다.

한편 나와 조장 권중현앞에는 위에서 언급한 중차대한 공작임무와 함께 1970년대 이후 누구도 침투한 적 없는 제주도를 통해 침투하라는 임무 즉 제주도 침투 루트를 개척하라는 임무까지 부여되었다.

당시 필자의 공작조가 대남침투에 활용한 제주도 침투 루트는 1970년대까지 사용하고 10여 년간 묵혀두었던 침투 루트였기 때문이다.

이와 같은 계획에 따라 6개월 이상의 기간에 걸쳐 대남침투 및 공작임무 수행에 필요한 준비를 끝낸 나와 조장 권중현은 대남침투를 위해 남포항에서 공작선을 타고 출발했다.

공작조를 태운 공작선은 3일 동안 서해 공해상을 따라 남하한 다음 중국 영해에 들어가 거기에 대기하고 있던 공작지원선(상선)으로부터 연료와 물, 식량 등을 가득 채운 후 다시 제주도 남단 공해상까지 항해했다.

제주도 남단 공해상에 도착한 후에는 공작선 내부에 장착하고 있던 반잠수정을 분리했다. 그리고 분리한 반잠수정에 남파공작조 2명과 안내조 2명이 환승한 다음 제주도 서귀포 해안을 통해 침투하는 데 성공했다.

실패한 김부겸 연계공작

침투에 성공한 나와 조장 권중현(이하 남파공작조)은 제주도에서 일주일간 현지 적응기간을 보내고 목포와 대전을 거쳐 당시 서울 동작구 대방동에 거처를 잡고 잠복해서 활동하고 있던 이선실과의 접선에 성공하였고, 계속해서 이선실이 포섭했다는 김부겸에 대한 공작에 돌입했다.

이선실은 나와 조장 권중현에게 얼마전 김부겸의 부인이 서점을 차렸는데, 돈이 부족하다는 얘기를 듣고 김부겸에게 한화 600만원을 주었다고 자랑스럽게 이야기하면서 포섭 성공을 자신했다.

이선실의 이야기를 들은 남파공작조는 사전에 북한에서 공작지도부와 상의한 대로 이선실에게 김부겸을 만나 "평양에서 연락대표가 당신을 만나기 위해 서울에 왔는데 한 번 만나보면 어떻겠느냐?"라고 얘기함으로써 남파공작조와의 접촉 가능성 여부를 파악하도록 했다.

이선실은 남파공작조가 시키는 대로 마포구 서교동에 있던 민중당 사무실로 찾아가 김부겸을 조용히 만난 다음 "평양에서 손님이 왔는데, 만나서 이야기를 나누었으면 한다"고 이야기했다.

이선실의 이야기를 들은 김부겸은 당황해 하면서 "할머니는 도대체 어떤 사람이냐?"고 묻자 이선실은 태연한 표정으로 "나는 김일성 주석으로부터 명을 받고 파견된 노동당 정치위원이다. 당신을 만나러 온 손님도 실은 평양에서 파견된 노동당 연락대표다. 이들을 꼭 만나보기 바란다"며 다시 한 번 접촉을 독려했다.

이선실의 대답을 들은 김부겸은 깜짝 놀라는 표정으로 "나는 할머니가 제주도 출신으로 4·3 제주항쟁에 참여했고 6·25전쟁 때는 지리산에 들어가 활동했다고 해서 그런 분인 줄로만 알고 있었다. 그래서 존경심을 가지고 잘 모시려고 했었는데 북한 노동당 정치위원이라는 것은 정말 몰랐다. 할머니가 노동당 정치위원이라고 한 이상 앞으로는 할머니를 만나지 않겠다. 오늘로서 할머니와의 관계를 정리했으면 좋겠다. 당장 내 수중에는 큰돈이 없는데 돈이 마련되는 대로 할머니가 예전에 주셨던 돈을 그대로 돌려 드리겠다"고 한 후 이선실과 헤어졌다.

그후에도 이선실은 평양에서 온 손님을 만나라고 거듭 설득했으나 김부겸은 끝까지 이선실의 요구에 불응했고, 그때로부터 얼마 지난 후 600만 원을 마련해 이선실에게 되돌려 준 다음부터는 이선실과의 관계를 아예 단절했다.

다만 김부겸은 이선실로부터 직접 노동당 정치위원이라는 이야기를 들었고, 평양에서 노동당 연락대표가 찾아왔다는 사실을 알았음에도 수사당국에는 신고하지 않았다. 아마 당시 김부겸이 경찰이나 안기부에 간첩 접촉 사실을 신고했더라면 북한에서 직접 남파된 거물급 간첩 3명은 모두 현장에서 검거되었을 테고 이는 분단 이후 가장 큰 간첩 사건이 되었을 것이다.

이선실로부터 김부겸이 공작조와의 접촉을 거부한다는 사실을 전해들은 남파공작조 입장에서는 황당하고 난감하기 그지없었다.

물론 이선실로서는 김부겸에게 당시 거액이라고 할 수 있는 600

만 원의 돈을 건네주었고 김부겸이 이를 받았기 때문에 당연히 그를 포섭한 것으로 판단했을 수는 있다. 그래서 북한 공작지도부에 김부겸을 포섭했다고 당당하게 보고를 했던 것으로 보인다.

결과적으로는 김부겸을 포섭하지 못했으니 이는 포섭공작에 대한 정확한 개념이 없었던 이선실의 어설픈 행동이 가져온 일종의 헤프닝이었다.

김부겸 대타로 포섭한 손병선

이와 같은 상황에서 남파공작조는 이선실을 도와주고 데려오라는 북한 공작지도부의 간절한 부탁이 있었기 때문에 손을 놓고 있을 수는 없었다. 그래서 이선실과 머리를 맞대고 그의 공작임무 수행을 도와주기 위한 대책을 논의했다.

당시 이들이 논의를 통해 찾아낸 대안은 바로 민중당 내에서 김부겸을 대신할 만한 인물을 찾아내 포섭하는 것이었다.

구체적으로 설명하면 김부겸과 마찬가지로 민중당 창당준비위에서 활동하고 있는 인물 가운데 포섭 가능한 인물을 찾아낸 다음 그를 접촉해 포섭하고 그를 통해 민중당 내에 지하당 조직을 구축하도록 하고 북한 공작지도부와 연락하면서 독자적으로 활동할 수 있도록 만들어주는 것이었다.

이를 위해 남파공작조는 이선실에게 며칠 시간을 주면서 민중당 창당준비위 멤버들 가운데 "할머니와 인간적으로 가깝고 할머니의 말을 잘 들을 수 있는 사람, 인품이 좋고 활동성이 있는 인물"로 5

명 정도를 선정해 보라는 과제를 주었다.

남파공작조로부터 포섭 대상 선정 과제를 받은 이선실은 며칠 동안 고민한 끝에 민중당 창당준비위에서 활동하고 있던 인물 가운데 포섭이 가능하다고 생각되는 5명의 명단을 남파공작조에 제시했다.

당시 이선실이 남파공작조에 포섭이 가능하다고 제시했던 인물은 민중당 공동대표였던 이우재와 사무총장이었던 이재오, 그리고 장기표와 조춘구, 손병선 등이었다. 이들 5명의 명단을 놓고 이선실과 남파공작조가 격론을 벌인 끝에 최종 포섭 대상으로 선정한 인물은 당시 민중당 창당준비위 조국통일위원장 겸 대외협력위원장을 맡고 있던 손병선이었다.

이와 같은 과정을 통해 손병선이 최종 포섭 대상으로 선정되자 남파공작조에서는 북한 공작지도부에 무전을 보내 손병선에 대한 포섭공작을 진행해도 되는지 여부를 문의했다.

이는 앞서 언급한 것처럼 남파공작조가 현지에서 포섭 대상을 선정할 때는 반드시 북한 공작지도부에 보고해 포섭해도 되는지 여부를 보고한 후 공작지도부의 허가를 받고 행동해야 한다는 대남공작조직 내부의 원칙 때문이다.

손병선에 대한 포섭진행 여부를 묻는 남파공작조의 보고를 받은 북한 공작지도부에서는 손병선을 포섭해도 된다는 지령을 하달했고, 지령을 받은 남파공작조와 이선실은 본격적으로 손병선에 대한 포섭작업에 들어갔다.

이선실은 남파공작조와 상의해 기존에 김부겸에게 했던 것과 마찬가지로 민중당 사무실에 가서 손병선을 만난 다음 조용한 곳으로 데리고 가 자신을 "북한에서 파견된 노동당 정치위원"이라 소개한 후 함께 손잡고 변혁운동과 조국통일을 위해 투쟁하자고 설득했다.

이선실의 이야기를 들은 손병선은 당황한 기색을 보이며 일주일간 생각해볼 시간을 달라고 요구했다. 이선실은 손병선의 요구를 받아들여 일주일 간 여유를 주었다.

그로부터 일주일 후 이선실을 다시 만난 손병선은 이선실의 요구대로 북한과 협력해 변혁운동과 통일운동을 하겠다고 약속함으로써 그에 대한 포섭공작이 비로소 성공하게 되었다.

그후 이선실은 손병선을 만나러 갈 때 남파공작조의 조원이었던 나를 동행하고 가 그에게 "평양에서 손 선생을 도와주기 위해 파견된 노동당 연락대표"라고 소개한 다음 향후 활동방향에 대해 상의했다.

그후 이선실과 나는 손병선을 노동당에 입당시키는 한편 북한으로 복귀하기 전까지 여러 차례에 걸쳐 손병선을 만나 그가 독자적으로 지하당조직(간첩망)을 구축하고 북한 공작지도부와의 통신연락을 실현할 수 있도록 능력을 키워주는 교육과 실습을 진행했다. 북한으로 복귀할 때는 손병선에게 충성맹세문을 작성할 것을 요구해 그것을 받아가기도 했다.

이와 같이 김부겸 '대타'로 손병선에 대한 포섭공작에 성공함으로써 북한 공작지도부가 남파공작조에 부탁한 대로 이선실의 면을 세워줄 수 있었다.

당시 북한 공작지도부가 이선실에게 민중당 창당준비위 대변인이었던 김부겸을 포섭하라는 지령을 하달하고, 그에 대한 포섭공작이 실패하자 또다시 민중당 대외협력위원장이었던 손병선을 포섭하도록 한 것은 이유가 있었다. 그것은 북한 공작지도부가 내선지도의 방식을 적용해 민중당 내부의 인물을 장악하고 그를 통해 민중당을 북한 공작지도부가 의도하는 대로 움직이기 위해서였다.

앞서 언급한 것처럼 북한 공작지도부에서는 1980년대 후반에 들어서면서 한국 사회의 민주화가 실현되고 이에 따라 진보 정당, 혁신정당의 합법적인 활동이 가능해지자 진보 정당에 대한 공작을 진행하기로 정책을 수립했으며 첫 대상으로 삼은 것이 바로 민중당이었던 것이다.

사북사태 주모자 황인오 포섭과 대동월북

나와 조장 권중현은 이선실의 면을 세워주기 위한 손병선 포섭공작뿐 아니라 자신들의 주임무라고 할 수 있는 국내 운동권 인물들에 대한 포섭공작도 병행했다. 1980년 강원도 정선 사북사태 주모자였던 황인오에 대한 포섭공작이 바로 그것이다.

남파공작조는 이선실의 도움으로 황인오를 불러내 접촉한 다음 '북한에서 파견된 노동당 연락대표'라고 신분을 밝히고 변혁운동과 조국통일 투쟁을 위해 협력할 것을 설득하기로 했다.

이선실의 소개로 황인오를 만난 남파공작조 조장 권중현이 자신을 '북한에서 파견된 노동당 연락대표'라고 소개하고 협력할 것을 호소하자 황인오는 그가 진짜 북한에서 남파된 인물인지 여부를 확인해줄 것을 요구했다. 황인오처럼 남파공작원에게 북한에서 파견된 사람이 맞는지 확인해달라고 하는 경우는 대부분 이미 전부터 내심 북한과 협력할 생각을 하고 있던 인물들이 신변안전을 위해 취하는 행동이다.

황인오의 요구에 권중현은 북한에서 그런 상황에 대비하기 위해 미리 준비해 나온 대로 황인오에게 평양방송을 청취하는 방식으로 신분을 확인하도록 하고 그 방법을 구체적으로 알려주었다. 권중현은 황인오에게 평양방송을 통해 "평양에 사는 ○○이 서울에 사는 ○○에게 보내는 편지는 사정에 의해 보내드리지 못합니다"라는 멘트가 나오는 날짜와 시간, 주파수 등을 알려주고 이를 확인한 다음 다시 만나기로 약속했다.

그후 황인오는 권중현이 알려준 대로 평양방송을 통해 해당 멘트가 정확히 나오는지 여부를 확인했고 미리 약속한 대로 그 다음날 권중현을 만나 북한과 협력해 변혁운동과 통일투쟁을 하겠다고 자신의 결심을 피력했다.

이러한 과정을 통해 나와 조장 권중현은 황인오를 포섭하는 데 성공하였고, 그후 황인오를 노동당에 입당시키는 한편 북한으로 복귀하기 전까지 황인오에게 북한 공작지도부와의 통신연락 방법과 지하당 조직 구축 방법 등에 대한 교육을 진행해 그가 독자적으로 활동할 수 있는 능력을 키워주는 데 주력했다.

이와 함께 나와 조장 권중현은 다른 포섭 대상인 서울대 ML당 사건 관련자 김선태를 접촉해 그를 포섭하기 위한 작업도 진행했다.

황인오의 주선으로 김선태를 만난 공작조장 권중현은 황인오에게 했던 것과 마찬가지로 자신을 '북에서 파견된 노동당 대표'라 소개하고 북한과 협력해 변혁운동과 통일을 위한 투쟁을 같이 해 보자고 호소하는 방식으로 포섭을 시도했다.

그러나 김선태가 "내가 북한과 연계를 가지고 활동하려면 상부선의 허락을 받아야 하는데 그 상부선이 감옥에서 수감생활을 하고 있어 그럴 수 없다"며 간곡히 사양하는 바람에 포섭에는 성공하지 못했다.

한편, 북한 공작지도부는 김정일에게 공작 성과를 과시하기 위해 남파공작조에 황인오의 입북 여부를 확인하라는 지령을 하달했다.

북한 공작지도부로부터 황인오 대동복귀 여부를 확인해 보고하라는 지령을 받은 나와 조장 권중현은 황인오에게 입북할 것을 권유해 그의 동의를 얻어내는 한편 그가 일주일간 북한에 체류할 수 있다는 것까지 확인해 보고했다.

황인오 입북 관련 보고를 받은 북한 공작지도부에서는 강화도 해안에서 접선해 복귀할 것을 지시하는 동시에 복귀 접선 날짜와 시간, 접선 절차 등을 알려주면서 공작조가 복귀할 때 이선실과 함께 황인오까지 대동할 것을 다시 한 번 명확하게 지시했다.

이렇게 되어 남파공작조에 포섭된 황인오는 이선실 등과 함께 강화도에서 반잠수정을 타고 북한에 입북해 일주일 동안 체류하면서 노동당 입당식을 거행하고 평양 시내를 관광했으며 나머지 시간은 한국에 돌아와 간첩망을 만들고 활동하는 데 필요한 교육과 훈련을 받는 데 할애했다.

일주일 간의 기지교육 즉, 평양 체류 일정을 마친 황인오는 북한으로 갈 때 타고 갔던 반잠수정을 타고 다시 강화도를 통해 한국으로 돌아왔다.

조작된 김정일 신화

황인오를 북한에 데려다 노동당 입당식을 거행하고 관광도 시켜주는 등 잘 대접해주고 돌려보내는 과정에 이런 일도 있었다.

당시 노동당 주요 대남공작부서의 하나인 사회문화부 부장이었던 이창선은 남한으로 돌아가는 황인오에게 지하당 조직 구축 임무와 함께 추가적인 임무를 부여했다. 그것은 김정일이 몰래 서울에 다녀갔다는 소문을 퍼뜨리라는 것이었다. 당시 이창선은 황인오에게 이런 내용으로 이야기했다.

> 지금 남조선 청년 학생들과 인민들 속에서 친애하는 지도자 김정일 동지에 대한 흠모의 정이 날을 따라 높아지고 있소.
>
> 이런 시기에 우리는 김정일 동지에 대한 남조선 혁명가들과 인민들의 그리움과 흠모의 정을 더욱 고조시키기 위해 김정일 동지의 위대성에 대한 선전을 강화해야 하오.
>
> 그래서 황 선생이 남조선에 나가면 친애하는 지도자 김정일 동지께서

축지법을 써서 남조선을 다녀가셨다고 소문을 퍼뜨리시오. 다시 말하면 남한 전역이거나 대학가에 김정일 동지께서 축지법을 써서 남조선 인민들을 위로하시는 등 신출귀몰해서 남조선 인민들이 김정일 동지를 열렬히 흠모하고 있다는 내용의 소문을 만들어 퍼뜨리시오.

그렇게 되면 김정일 동지를 따르는 남조선 혁명가들과 인민들에게 신심과 용기를 줄 수 있을 뿐만 아니라, 김정일 동지의 신출귀몰하신 모습에 더욱 큰 감명을 받을 것이오. 이것이 곧 김정일 동지에 대한 위대성 선전이오.

이 일은 정말 중요한 임무이기 때문에 황 선생이 다른 조직원들에게는 이야기하지 말고 특별히 보안을 지키면서 꼭 수행하기 바라오.

문화예술부장 출신답게 서울에 와보지도 않은 김정일이 서울에 다녀갔다는 새빨간 거짓말을 지어내 신화로 조작하는 순간이었다. 거짓말이라는 것이 들통날까봐 다른 조직원들에게는 이야기하지 말라는 말까지 해가면서 말이다.

과거 '솔방울로 폭탄을 만들어 일본놈들과 싸웠다'거나 '가랑잎으로 배를 만들어 타고 압록강을 건너다녔다'는 김일성 신화가 어떤 과정을 거쳐 조작되었는지 그대로 엿볼 수 있는 대목이기도 하다.

더욱 가관인 것은 남한으로 돌아오는 과정에서 이창선으로부터 받은 지령을 황인오가 서울에 돌아온 지 1년 만인 1991년 12월에 실행했다는 것이다. 황인오의 지시를 받은 동생 황인욱은 "이북의 김정일 선생이 김포공항을 통해 이남에 오셔서 2박 3일 동안 각지를 돌아다니며 식민지 착취에 신음하는 이남 민중들에게 희망과 용기를 안겨주고 떠났다"는 내용의 유인물 100여 부를 제작해 대전과 천안, 공주와 서산 등 충남 지역 주민들에게 우송해 유언비어를 유포했다.

"정치위원 자격이 있소"

북한 공작지도부에서는 나와 조장 권중현이 서울에 무사히 침투해 이선실을 접선하고 손병선과 황인오를 포섭한 뒤 이선실과 황인오를 대동 복귀하자 상당히 흥분했다.

북한 공작지도부가 흥분한 것은 무엇보다 남파공작조가 부여된 포섭공작임무를 완벽하게 수행한 것도 대단했지만 여성인 데다 나이까지 많아 해상으로 복귀하는 데 여러 가지로 제약이 많은 75세의 이선실을 대동하고 무사히 복귀했기 때문이었다. 여기에 공작지도부가 무리하게 요구했음에도 남파공작조가 아무런 훈련도 받은 적 없는 오리지널 민간인이라고 할 수 있는 황인오까지 데리고 복귀했으니 김일성과 김정일 앞에 큰소리치며 공작 성과를 과시할 수 있었던 것도 한몫했다.

이러한 분위기는 남파공작조가 복귀한 지 일주일도 안돼 공작지도부가 이들에게 공화국영웅칭호를 수여하겠다고 김정일에게 보고한 것은 물론 김정일이 곧바로 승인한 데서 표출되었다. 이에 따라 나와 조장 권중현이 복귀한 지 불과 보름만에 공화국영웅 메달과 증서, 국기훈장 제1급을 공식 수여했다.

이선실은 장관급인 데다 김일성에게 기쁨을 선사한다는 차원에서 김일성을 접견하도록 기회를 마련해주고 그 자리에서 김일성이 직접 공화국영웅 메달과 국기훈장 제1급을 수여하도록 배려해 주었다.

북한으로 복귀한 지 2개월 밖에 안 된 시점에 이선실을 묘향산의 김일성 별장으로 보내 김일성을 접견하게 한 것을 보면 당시 김정일은 물론 북한 공작지도부가 얼마나 흥분되어 있었는지 짐작할 수 있을 것이다.

김정일은 이선실이 김일성을 직접 만난 자리에서 남한에서의 10년간 공작활동 결과에 대해 보고하는 것이 좋겠다며 방향을 제시해 주고 1990년 12월 중순 묘향산 별장에서 김일성을 만나도록 해 주었다. 이에 따라 공작지도부에서는 이선실이 10년간 남한에서 활동하면서 수행한 공작임무 및 결과를 종합해 김일성에게 직접 설명할 수 있게 자료를 준비해 주었다. 자료를 넘겨받은 이선실은 2개월간 공작지도부 간부들과 함께 김일성에게 보고할 대남공작 결과 등 대화 내용을 준비했다.

당시 북한 공작지도부에서는 김일성에게 기쁨과 만족을 드린다는 명분 하에 손병선에 대한 포섭공작 성공은 물론 황인오 포섭 및 그를 통한 지하당조직 구축 등 나와 조장 권중현의 공작성과까지 이선실의 공적으로 둔갑시켜 보고하도록 했다.

이러한 준비를 거쳐 이선실은 1990년 12월 중순 김일성이 체류하는 묘향산 별장으로 이동해 2박 3일 동안 머무르며 김일성을 두 번 만났다. 당시 이선실이 소속되었던 노동당 중앙위 사회문화부의 부장이었던 이창선과 대남공작과 임 모 과장이 동행했다.

김일성은 이선실을 만난 자리에서 먼저 공화국영웅 메달과 국기훈장 제1급을 직접 가슴에 달아주고 기념사진을 촬영한 후 오찬을 하면서 이선실로부터 지난 10년 동안 남한에 침투해 활동하면서 거둔 공작 성과에 대해 보고받았다.

이틀 동안 이선실로부터 공작 보고를 받은 김일성은 "여성의 몸으로 나이도 많은데 10년 동안 적구에 들어가 활동하느라 정말 고생 많았다. 공작 성과도 대단하다. 노동당 정치국 후보위원 자격이 충분히 있다. 앞으로도 노동당 정치국 후보위원으로 계속 활동하라"며 칭찬과 격려를 아끼지 않았다.

김일성의 지시에 의해 이선실은 2000년 8월 사망할 때까지 노동당 중앙위원회 정치국 후보위원으로 활동했다. 그래서 평양 신미리 애국열사릉에 있는 묘비에 그의 직책을 '당중당위원회 부장'이라고 새겨놓은 것이다.

북한, 민중당을 장악하다

북한 공작지도부에서는 이선실과 남파공작조를 통해 민중당 창당준비위 대외협력위원장 겸 조국통일위원장으로 활동하고 있던 손병선을 포섭해 지하당 조직을 구축했지만 그를 통해 앞으로 창당될 민중당을 완벽하게 장악하고 지도하기에는 한계가 있다고 판단했다.

이에 따라 이미 포섭해 놓은 국내 인물 가운데 재야운동권 내에서 손병선보다 영향력이 있는 인물을 민중당 내부에 침투시켜 민중당을 장악 지도하기로 하고 적임자를 물색했다. 이와 같은 고민 끝에 선정한 인물이 김낙중이었다.

북한 공작지도부가 김낙중을 민중당 공작 적임자로 선정한 것은 그가 오랫동안 재야에서 통일운동을 해왔기 때문에 운동권 내에서 차지하고 있는 위상도 높았고 두루 인맥이 넓은 데다 영향력도 있는 인물이었기 때문이다. 김낙중을 민중당 내에 침투시킬 경우 손병선보다 더 중요한 직책을 차지할 수 있으며 그렇게 되면 민중당을 보다 확실하게 장악하고 북한이 원하는 대로 민중당을 컨트롤할 수 있다는 것이 공작지도부의 판단이었다.

북한 공작지도부에서는 이와 같은 판단 하에 김낙중을 민중당에 침투시키기 위한 공작을 진행하기로 하고 수개월 전 남한에 침투해 김낙중을 접선·지도하다 복귀한 윤동철을 다시 파견하기로 했다.

그런데 문제는 연장자에게 예의를 갖추는 대한민국의 정서상 김낙중보다 젊은 윤동철이 아무리 모든 면에서 능력이 출중하다 하더라도 그를 책임자로 보내 김낙중을 직접 컨트롤하기에는 한계가 있다는 것이었다.

그래서 김낙중보다 나이가 많은 공작원을 선발해 윤동철과 남파공작조를 구성한 다음 그를 전면에 내세워 김낙중에 대한 접선지도 공작을 진행하기로 하고 그 적임자로 현직에서 물러나 강사로 활동하고 있던 임 모를 선정, 그를 다시 공작원으로 선발했다.

충청도 출신의 임 모는 한국전쟁 때 월북해 공작원으로 선발된 후 교육과 훈련을 받고 연고선 공작에 투입되었던 남파공작원이었다. 그러나 실제적인 남파공작에서는 내세울 만한 공작 성과를 거두지 못한 채 일선에서 물러나 공작원들에게 방송을 통해 과거의 혁명 경험이나 공작 사례 등을 전달하는 강사로 활동하고 있었다.

북한 공작지도부에서는 당시 사회문화부 교양과 소속이었던 임 모를 대남공작과 소속 공작원으로 재임명함과 동시에 윤동철과 남파공작조를 구성한 다음 이들에게 김낙중을 통한 민중당 장악·지도 임무를 부여했다. 한마디로 공작 경험은 부족하지만 김낙중을 나이로 제압함으로써 그가 공작지도부의 지시를 확실하게 따르도록 하려고 김낙중보다 연장자인 임 모를 김낙중의 상대로 선택한 것이었다.

이렇게 되어 예전에는 공작조장으로 남파되었던 윤동철이 이번에는 조원으로, 공작경험이 거의 없던 임 모는 연장자라는 이유 하나로 조장에 임명되어 남한에 침투하게 되었다. 물론 윤동철이 조장과 조원이 할 일을 도맡아 수행하는 등 1인 2역을 한 것은 두말할 필요가 없다.

그후 1992년 남한 조선노동당 중부지역당 간첩 사건을 발표하면서 수사당국이 김낙중을 검열·지도한 남파공작원 임 모를 장관급이라고 했는데 아마도 김낙중보다 나이가 많은 데다 김낙중에 대한 지도를 원만하게 하기 위해 북한 공작지도부가 '김정일 특사' 또는 '노동당 대표'의 직함을 부여해 남파했기 때문이었던 것으로 보인다. 그러나 위에서 언급한 것처럼 실제로는 같이 남파되었던 윤동철에 비해 능력이나 경험, 공적 등 모든 측면에서 한 수 아래였다고 보는 것이 정확하다.

민중당과 복선포치

1990년 10월 국내에 침투한 윤동철과 임 모는 1991년 초까지 3~4개월간 서울에서 활동하면서 김낙중을 다시 접선해 그가 민중당에 들어가 대표직을 차지하는 방식으로 민중당을 장악하고 북한의 의도대로 민중당을 조종하도록 지도했다.

북한 공작지도부는 포섭된 김낙중이 민중당 내에 직접 들어가 주요 당직을 차지하는 '내선지도' 방식으로 당을 장악하고 컨트롤하도록 했다. 이와 같은 방침 및 지시에 따라 김낙중은 민중당 창당을 주도하고 있던 이재오와 이우재 등을 만나 입당을 추진했으며 그들의 도움으로 입당과 함께 민중당에 상당한 영향력을 행사할 수 있는 공동대표직을 차지하게 되었다.

김낙중이 민중당에 들어가 공동대표직을 차지하게 되자 민중당 내에는 북한과 연계되었지만 상호 분리된 2개의 간첩망 즉, 김낙중 조직과 손병선 조직이 동시에 들어가 활동하게 되었다.

이렇게 동일한 정당이나 단체 또는 같은 지역 내에 라인이 다르고 상호 분리된 2개 이상의 조직이 들어가 활동하는 것을 두고 공작용어로 '복선조직(한국식 표현으로는 '복선포치')'이라고 한다.

북한 공작지도부에서는 김낙중이 민중당에 들어가 공동대표직을 차지하자 김낙중이 운영하던 지하당 조직 즉, 간첩망에 '정(正)조직'의 지위를 부여해 김낙중 간첩망이 전면에서 민중당을 장악하고 북한 노동당이 의도하는 대로 컨트롤하도록 했다.

그리고 이전에 이선실을 통해 포섭해 놓은 손병선과 그가 속해 있는 지하당 조직은 '후보 조직'으로 정해 놓았다. 이에 따라 손병선 조직에는 수사당국의 의심을 받을 만한 일체의 말과 행동을 하지 말고 보안을 철저히 유지한 채 민중당 지도부의 결정에 무조건 따르도록 지령을 하달했다. 전면에서 활동하던 정조직이 노출·파괴되어 본연의 기능과 역할을 하지 못할 경우 정조직을 대체하기 위해 만드는 것이 바로 후보 조직이기 때문이다.

물론 위와 같은 내용은 극도의 보안사항이었기 때문에 공작지도부 외에 당시 민중당 내에서 활동하고 있던 김낙중과 손병선은 각각 민중당 내부에 자신 외에 북한 공작조직과 연계된 인물이나 간첩조직이 더 있는지는 알 수 없었다. 그리고 자신이 지휘하는 간첩조직이 정조직인지 후보 조직인지에 대해서는 더더욱 알 수 없었다.

한편, 북한 대남공작지도부에서는 남파되었던 임 모와 윤동철이 김낙중을 접선·지도하고 복귀한 후 1991년 봄 태국 방콕에서 김낙중이, 포섭 대상으로 선정해 북한 공작지도부에 보고한 심금섭을 접촉해 그를 포섭했다.

김낙중과 친분관계가 있던 심금섭은 1956년 5월 북한에서 군복무 중 군인 2명을 죽이고 휴전선을 넘어 월남한 귀순용사 출신으로 1990년대 초반 당시 '청해실업'이라는 구명조끼 제조회사를 만들어 운영하고 있었다. 그러던 중 '구명조끼 2천 세트 구입 상담을 하고 싶으니 태국 방콕으로 오라'는 팩스를 받고 태국을 방문했다가 그곳에서 남파공작원 임 모와 윤동철, 대남공작부서인 사회문화부 부부장 이원국 등과 북한에 살고 있던 형 심호섭을 만났다.

심금섭은 자신을 만나 북한에 협조할 것을 설득하는 형에게 대드는 등 처음에는 거세게 반대했으나 형이 계속해서 노모 등 재북가족을 들먹이며 인정에 호소하자 결국 형의 요구에 따르기로 했다. 물론 자신과 친분관계가 돈독한 김낙중이 이미 북한과 연계되어 활동하고 있다는 사실도 그가 북한에 포섭되는 데 중요하게 작용했다.

한편, 임 모와 윤동철은 북한으로 복귀한 후 김낙중을 접선해 그가 민중당에 들어가 활동하도록 하는 등 공작임무를 성공적으로 수행한 공로로 모두 공화국영웅칭호와 국기훈장 제1급을 수여받았다. 윤동철은 이때 두 번째로 공화국영웅칭호를 수여받았는데 남파공작원으로서는 최초로 공화국 2중 영웅이 된 것이다.

종북 감별법이 아니라 간첩 감별법이다

지난 2012년 4월 17일자 동아일보에 필자의 인터뷰 내용이 실린 바 있다. 필자는 인터뷰에서 북한 대남공작부서가 국내 간첩조직에 '부자세습, 주체사상, 정치체제, 북한 인권, 북한 지도자 등 5가지에 대해서는 절대로 비판하지 말라'는 지령을 하달했다고 언급한 바 있다. 그후 월간조선 편집장을 지낸 조갑제씨가 필자가 위에서 언급한 5가지 대북비판 금기사항을 '종북 감별법' 또는 '김동식 공식'이라고 표현하면서 일반에게 널리 알려지게 되었다.

그러나 사실 동아일보에 게재된 필자의 언급내용 즉 5가지 대북비판 금기사항은 북한 공작지도부가 간첩조직에 하달한 지령이기 때문에 '종북 감별법'이 아니라 '간첩 감별법'이라고 표현하는 것이 정확할 것이다.

이와 같은 간첩 감별법이 나오게 된 것은 1990년대 초반 국내에서 활동하던 간첩조직으로부터 북한 공작지도부에 "공식석상에서 북한에 대한 비판을 해야 하는 상황에 부딪칠 경우 어떻게 하면 좋겠느냐?"라는 보고가 올라온 것과 관련된다.

민주화 실현 이후 각 분야에서 활동하던 간첩들이 TV와 라디오 등 언론매체와 인터뷰를 하거나 심야토론과 학술회의 등에 참석해 공개적으로 발언할 기회가 많아지고, 그러한 과정에 어쩔 수 없이 북한을 비판해야 하는 상황이 발생하면 그때 구체적으로 어떻게 대응하느냐는 것이다. 실제로 그런 상황을 겪어본 적이 있는 간첩조직에서 보고가 올라온 것이라 생각한다.

보고를 받은 북한 공작지도부는 논의 끝에 공식석상에서 북한을 비판할 수밖에 없는 상황이 조성되었을 경우 대처방안을 만들어 남한 간첩조직들에 하달했다.

당시 북한 공작지도부가 남한 간첩조직에 하달한 첫 번째 원칙은 많은 국민들이 지켜보는 공식석상에서는 가급적 북한을 비판하지 말라는 것이었다. 다시 말하면 먼저 북한을 비판해야 할 상황을 만들지 말고, 북한을 비판해야 할 상황이 조성되면 가급적 회피하고 비판은 하지 말라는 것이다.

그럼에도 부득이하게 북한을 비판할 수밖에 없는 상황이 발생하면 일단 **양비론을 펼치라**는 것이었다. 북한을 비판해야 할 상황이라면 북한만 일방적으로 비판하지 말고 남한이나 미국 또는 다른 나라도 같이 비판함으로써 비판의 강도를 약화시키고 초점을 희석시키라는 것이다. 이것이 두 번째 원칙이었다.

세 번째 원칙은 어쩔 수 없이 북한을 비판해야 할 경우에는 경제문제, 환경문제 등 일반적인 것은 비판할 수 있지만 주체사상 등 5가지 사항은 절대로 비판하면 안 된다는 것이었다.

당시 북한 공작지도부가 국내 간첩조직에 절대로 비판하면 안 된다고 정해준 5가지 사항은 다음과 같다.

첫째로 김일성·김정일 등 김 씨 일가를 비판하면 안 된다. 물론 지금은 비판하면 안 되는 대상에 김정은까지 포함된다. 이는 북한에서와 같이 남한에서도 김 씨 일가는 절대적인 존재, 신성불가침이기 때문에 비판의 대상이 되어서는 안 된다는 북한 지도부의 생각이 그대로 담겨져 있는 대목이다.

둘째로 북한의 지도사상, 지도이념인 주체사상에 대해서도 비판하면 안 된다는 것이었다. 이는 비주사파들이 "주체사상은 사상의식의 결정적 역할을 강조하기 때문에 물질의 일차성을 강조하는 유물론의 입장에서 볼 때 관념론이다"라고 주장하는 등 주체사상의 논리와 내용에 대해 여러 각도에서 문제를 제기하고 비판하는 것과 관련된 방어적 차원의 조치라고 할 수 있다.

셋째로 북한 사회주의 체제도 비판해서는 안 되었다. 이는 1990년대 초반에 들어서면서 사회주의 이념과 체제를 선택했던 소련과 동구권 사회주의 국가들이 붕괴되었고 이에 따라 운동권 내부에서는 물론 국제사회에서 이념으로서의 사회주의, 체제로서의 사회주의에 대한 회의와 비판이 광범위하게 진행되고 있던 상황에서 이를 사전에 차단하기 위한 조치였다고 할 수 있다.

넷째로 북한의 인권 문제도 비판하지 말아야 했다. 이는 최악의 인권유린 국가로 알려진 북한을 비판할 경우 국제적인 인권개선 여론이 형성되고 그렇게 되면 북한의 고립은 불 보듯 뻔한 상황에서 이를 방지하기 위한 궁여지책이라 할 수 있다.

마지막으로는 북한의 후계 체제 문제를 비판해서도 안 되었다. 당시 국제사회는 물론 남한의 비주사파에서도 김정일이 김일성의 후계자로 선정된 것을 두고 '혈통본위' 즉, 김정일이 김일성의 아들이기 때문에 권력을 세습했다고 비판하고 있었다. 이에 따라 북한 내부에서는 김정일이 김일성의 후계자가 된 것에 대해 '인물본위' 즉, 수령의 아들이기 때문에 지도자가 된 것이 아니라 김정일이 탁월하고 뛰어난 능력을 지닌 존재이기 때문에 지도자로 추대되었다고 사상교육을 하고 있었다. 결국 북한 공작지도부가 남한 간첩들에게 후계 체제를 비판하지 말라고 한 것은 그들 스스로 권력세습의 반역사성과 약점을 알고 있었기 때문에 이를 조금이라고 감추고 모면하기 위해 비판하지 말라고 한 것이다.

김정일에 의한 권력세습은 그렇다 치고 현재의 북한을 보면 김정은에 의해 3대째 권력세습이 이루어졌는데 이 사실에 대해서는 북한이 또 어떻게 설명할지 대단히 궁금하다.

사실 위와 같은 지령은 북한과 연계된 간첩조직에 내려 보낸 것이기 때문에 간첩들이 지켜야 할 행동원칙인데 소위 진보 세력 또는 종북 세력이라고 하는 이들이 대북비판 금지사항을 그대로 지키는 것을 보면 자신도 간첩인 양 착각하는 것 같다는 생각마저 든다.

돈을 위해서는 국가 이기주의도 할 수 있다

1990년대 초반 북한은 현대그룹 정주영 명예회장의 방북을 받아들인 것과 관련해서도 문제를 제기해왔다.

당시 일부 지하당 조직에서는 '남한 노동자들은 북한이 노동자·농민 등 근로민중을 위한 사회주의국가라고 하면서 어떻게 노동자들을 착취하는 정주영과 같은 매판자본가, 독점재벌을 초청할 수 있느냐? 국가의 이익을 위해서는 노동자 계급의 타도대상, 청산해야 할 적(敵)과도 손을 잡는 것이 국가 이기주의가 아니고 뭐냐?'라고 비판한다는 것이었다.

정주영 명예회장은 1989년 1월 북한을 방문했었는데 그의 방북을 1년 앞둔 1988년에 공교롭게도 울산 현대중공업 노동자들이 계급해방과 재벌타도 등의 구호를 외치며 골리앗 농성을 벌인 바 있었고, 그후에도 노동자들의 반재벌, 반정부 투쟁이 격렬하게 전개되고 있었기 때문에 노동자들의 불만이 그대로 표출된 것이다.

원래 북한이 정주영 명예회장을 초청한 목적은 한마디로 북한의 강원도 통천이 고향인 그를 데려다 그의 환심을 산 다음 현대그룹의 자본을 끌어들여 경제회생의 발판을 마련하려는 데 있었다. 남한의 노동자들과 노동운동가들이 정확히 문제를 제기한 것처럼 북한의 국가 이익을 위해 그를 이용하기 위해서였다.

그러나 북한 대남공작지도부에서는 국가의 이익도 중요하지만 남한 내 노동운동권 및 간첩조직의 비판을 무시할 수도 없는 노릇이었다. 정주영 명예회장의 방북과 관련된 문제를 어떤 식으로든 매듭짓지 않으면 앞으로도 지속적으로 문제가 될 것이기 때문에 그냥 넘어갈 수 없었던 것이다.

이에 따라 북한은 일차적으로 현대그룹 정주영 명예회장의 방북에 대해 '현대그룹 차원의 공식 방문이 아니라 단순한 고향 방문'으로 국한시켜 표면적으로 그의 방북 의미를 희석시키려고 노력했다.

이 같은 외부적인 모습과는 달리 대남공작부서 내부에서는 '대남전략 차원에서 북한과 남한의 재벌과의 관계 설정을 어떻게 할 것인가?'를 놓고 격렬한 논쟁이 벌어졌다. 말하자면 대남혁명과 조국통일을 위한 투쟁에 있어 재벌을 어떻게 처리할 것이냐를 놓고 노동당 대남공작부서인 통전부와 당시 사회문화부 정책담당자들이 뜨겁게 논쟁을 벌인 것이다.

이렇게 대남공작부서 정책담당자들의 격렬한 내부 토론을 거쳐 정리된 내용은 김정일에게 보고되었고 그후 김정일의 결론에 따라 남한의 재벌에 대한 입장 및 처리 원칙이 결정되었다.

당시 김정일이 남한 재벌을 평가하고 처리할 때 적용하라고 지시한 원칙은 북한 노동당 내부에서 간부 및 주민들을 평가할 때 적용하는 '건당원칙(件當原則)'이었다.

'건당원칙'이라는 표현은 북한 노동당 내부에서만 사용되는 독특한 용어인데 한마디로 사람을 평가할 때 가족이나 친척 등 가정 및 주위 환경보다 당사자 본인이 갖고 있는 사상과 충성심을 위주로 해서 평가하라는 것이다. 다시 말하면 사람들을 평가할 때 일반적인 원칙을 적용하되 특별한 경우가 있을 때는 그 건에 한해 별도로 평가하며 이때 혁명 이익의 입장에서 당사자의 사상과 충성심을 중심으로 평가해야 한다는 것이다. 말하자면 일반성과 특수성을 모두 감안해서 사람들을 평가하라는 이야기다. 남한에서 흔히 사용하는 '케이스 바이 케이스(case-by-case)'와 유사한 의미라고 보면 될 것이다.

위와 같은 원칙에 따라 당시에 내린 결론은 남한의 재벌이 '매판자본가'이기 때문에 일반론의 관점에서 보면 대남혁명을 통해 타도하거나 제거해야 할 대상인 것은 분명하지만 '재벌'의 범주 안에 들어가더라도 각각의 개별적인 사람에 따라 달리 처리해야 한다는 것이었다.

특히 정주영 명예회장과 같이 '조국통일을 위해 막대한 금전적 지원을 하는 등 조국통일 사업에 적극적으로 협력'하는 재벌은 충분히 통일의 주체로 인정하고 대남혁명 편에도 끌어들일 수 있다는 것이다. 다시 말하면 '재벌'의 범주 내에 속해 있는 사람이라도 그가 조국통일을 위해 막대한 금전적 지원을 하거나 미국을 반대하고 갈라진 국토와 민족을 하나로 만드는 통일 위업을 위해 적극적으로 협력하면 타도(청산)하지 않고 북한이 주도하는 대남혁명의 편에 끌어들일 수 있다는 뜻이었다. 여기에서 말하는 '조국통일'은 곧 '북한'을 의미한다.

이와 같은 김정일과 북한 공작지도부의 생각은 1992년 1월 1일 발표한 김일성 신년사를 통해 북한의 공식 입장으로 정립되어 발표되었다.

당시 김일성은 신년사를 통해 "북과 남, 해외에 있는 각계각층 동포들은 조선민족의 한 성원으로서 자기가 처한 환경과 조건에 맞게 힘 있는 사람은 힘으로, 지식 있는 사람은 지식으로, 돈 있는 사람은 돈으로 조국통일 위업에 특색 있는 기여를 해야 합니다"라고 강조했다.

1992년 신년사 내용은 사실상 1945년 김일성이 평양 모란봉 공설운동장에서 했던 개선 연설 내용에 "특색 있는 기여"라는 그럴듯하면서도 아리송한 표현을 추가한 것에 불과하다. 김일성은 1945년 10월 14일 연설에서 "힘 있는 사람은 힘으로, 지식 있는 사람은 지식으로, 돈 있는 사람은 돈으로 건국사업에 적극 이바지하여야 하며 참으로 나라를 사랑하고 민족을 사랑하고 민주를 사랑하는 전 민족이 굳게 단결하여 민주주의 자주독립 국가를 건설"해야 한다고 주장한 바 있다.

김일성의 1992년 신년사 가운데 조국통일을 위해 '특색 있는 기여를 해야 한다'는 문구가 내포하고 있는 진정한 의미는 한마디로 '북한에 많은 돈(또는 많은 재산)을 헌납하면 청산하지 않고 살려 주겠다'는 것이었다. 다시 말하면 정주영 명예회장과 같이 재벌 집단에 속하는 사람이라도 김 씨 일가를 위해 돈이나 재산을 많이 내놓는다면 숙청하지 않고 살려줄 수 있다는 것이었다.

그러나 이는 말장난에 불과한 것이다. 재벌이 북한을 위해, 통일을 위해 아무리 많은 금전적 지원과 협력을 하더라도 통일 이후 필연적으로 시행할 수밖에 없는 계급해방혁명 즉, 사회주의 혁명 과정에서는 처벌하거나 제거하지 않겠다는 것은 결코 아니기 때문이다.

그럼에도 당시 북한은 대남전략을 일부 수정했고 이것이 전적으로 정주영 명예회장의 북한 방문에 대한 남한 현지의 강력한 불만과 비판 및 문제 제기 때문이었다는 것은 의심할 여지가 없다.

PD계를 고사시키고 NL로 통일하라

1980년대 말~1990년대 초반 사이 남한 운동권 내에서는 이념논쟁이 격렬하게 전개된 바 있다. 한마디로 NL계와 PD계의 이념논쟁이 그것이다.

북한 공작지도부에서는 당시 남한에서 전개되고 있던 이념논쟁에서 북한의 입장과 동일한 NL계가 주도권을 장악함으로써 변혁운동이 북한의 의도대로 전개되도록 하기 위해 이념논쟁에 적극적으로 개입했다.

북한 공작지도부가 남한의 이념논쟁에 개입하기 위해 취한 첫 번째 방법은 **북한이 이념 서적을 직접 제작해 남한 운동권에 배포**함으로써 NL계의 이론적 무기를 제공해주는 것이었다. 사상을 중시하는 북한의 집요함을 엿볼 수 있는 대목이다.

이를 위해 북한은 최고의 철학자, 경제학자들로 필진을 구성한 다음 이들이 북한의 대남혁명이론에 근거해 한국 사회의 성격과 대남혁명의 성격, 동력과 대상 등을 새롭게 규정하고 이를 정당화하는 데 필요한 자료들을 취사선택해 인용하는 방식으로 이념 서적 초안을 작성하게 했다.

북한 공작지도부가 비밀리에 주도했던 이념 서적 제작에 참여했던 대표적 인물이 북한 사회민주당 중앙위원장을 지낸 김영대였다. 김영대는 김일성종합대학 철학과를 졸업한 철학자로 당시에는 노동당 통일전선부 산하 연구소에서 실장으로 있다가 이념 서적 제작에 참여했다. 김영대 외에도 김일성종합대학 원로 철학교수인 고초봉과 통전부 산하 연구소에 근무하던 최 모 경제학박사도 이념 서적 제작에 참여했다.

북한 공작지도부에서는 북한 학자들이 한국식 문법과 표현, 철자법 등을 모르기 때문에 원래 익숙한 대로 북한식 표현과 문법을 사용해 이념 서적 초안을 작성하도록 했다. 그런 다음 통전부 산하 기관에 근무하는 남한 출신의 고학력 월북자들에게 맡겨 북한식으로 작성한 이념 서적 내용을 남한식으로 수정하거나 교체하는 작업을 하도록 했다. 이렇게 남한 출신 월북자들이 남한식으로 바꾼 이념 서적 수정안을 가지고 원문 작성에 참여한 북한 출신 학자들과 마주앉아 수정한 내용 및 표현의 적절성 여부를 확인하는 방식으로 최종안을 만들도록 했다.

이러한 방식으로 이념 서적 최종본을 만든 다음 일본을 비롯해 북한 공작지도부가 운영하는 해외 연락거점에 보내 해당 국가를 왕래하는 남한 운동권 인사들에게 전달하거나 우편으로 국내 인물들에게 보내주는 방식으로 국내에 반입도록 했다. 이념 서적을 전달받은 국내 운동권 인사들은 동료들이 운영하는 출판사에서 비밀리에 수백, 수천 부씩 인쇄한 다음 운동권 내부에 배포하는 방식으로 유포했다.

1980년대 말~1990년대 초반 북한 대남공작부서에서 직접 제작해 남한 내부에 들여보낸 대표적인 이념 서적이 『한국 사회성격 논의』와 『한국 사회성격 논의의 재조명』이다.

책을 보면 이를 출판한 출판사도 서울에 있고 주소지도 나와 있으나 실제로는 해당 출판사에서 출판한 것이 아니며 책에 표기된 필자도 남한에는 없었다. 북한이 이념 서적을 만들면서 필자 이름을 이 세상에는 없는 가상의 인물 이름으로 명기해 두었기 때문이다.

5·24문헌과 『주체의 한국 사회변혁운동론』

당시 북한이 제작한 이념 서적 가운데 최대의 히트작이라고 할 수 있는 것이 남한 운동권 내에 많이 유포된 『주체의 한국 사회변혁운동론』이다.

1990년대 초반에 남한에 유포된 후 지금까지도 운동권 내부에서 활동지침으로 삼고 있는 『주체의 한국 사회변혁운동론』은 사실 김정일의 5·24문헌을 바탕으로 만들어진 책자로 정확히 표현하면 김정일의 '5·24문헌 해설서'라 할 수 있다.

김정일의 5·24문헌은 1991년 5월 24일 '노동당 중앙위원회 대남사업부서 책임일꾼들 앞에서 한 연설'로 원제는 「주체사상의 기치를 들고 남조선 혁명을 더욱 힘있게 밀고 나갈데 대하여」인데 분량이 200페이지가 넘는 상당히 긴 '연설문'이라 할 수 있다.

그러나 필자가 판단해 보건데 5·24문헌은 김정일이 간부들 앞에서 직접 발표한 연설이 아니라 대남공작부서에서 만들어 올린 보고서에 서명만 한 거라고 보는 편이 정확할 것이다.

사실 과거 김일성으로부터 김정일, 김정은에 이르기까지 북한의 3대 김 씨가 발표한 것 가운데 노동당대회 보고서나 신년사, 전원회의 연설 등은 본인이 직접 단상에 나가 발표한 증거가 있기 때문에 그대로 믿을 수 있다. 그러나 노동당대회 보고서나 신년사 등을 제외한 장문의 노작이나 문헌은 그들이 직접 발표하는 경우가 거의 없고 '언제 어디서, 누구 앞에서 한 연설'이라는 표제를 달아 책자로만 전달되기 때문에 이를 그대로 믿을 수 없다는 것이 이유다.

이러한 김정일의 5·24문헌 가운데 당시 NL-PD간 논쟁이 되고 있던 남한 사회의 성격과 그로부터 파생되는 대남혁명의 성격과 임무, 동력과 대상, 대남혁명을 성공적으로 수행하기 위한 방법 등과 관련된 내용을 해설해 놓은 것이 바로 『주체의 한국 사회변혁운동론』이다.

북한은 김정일의 5·24문헌 및 주체의 한국 사회변혁운동론을 통해 먼저 남한 사회의 발전과 변화된 환경에 맞게 남조선 사회의 성격을 기존의 '식민지 반(半)봉건사회'에서 '식민지 반(半)자본주의사회'로 평가했다. 그리고 이러한 남한 사회의 성격으로부터 출발하여 남조선 혁명의 성격을 '민족 해방 민주주의 혁명'으로 규정했다.

남조선 혁명의 성격을 기존에 '민족 해방 인민 민주주의 혁명'이라고 규정했던 것과 비교하면 '인민'이라는 용어가 빠졌는데 이는 남한 국민들이 '인민'이라는 표현에 대해 가지고 있는 거부감 때문이지 남조선 혁명의 성격 자체가 변해서 그런 것이 아니라는 점을 분명히 했다.

또한 남조선 혁명의 목표를 전취 목표와 타격 목표로 구분하고 '근로민중이 주인이 되는 자주적 민주정부 수립'을 전취 목표로, 이를 반대하는 '주한미군과 반동관료, 매판자본가, 지주' 등을 타격 목표로 규정했다. 이와 함께 현 시점에서는 혁명의 준비기 전략에 맞게 남한 민중을 의식화, 조직화, 무장화하고 혁명의 결정적 시기에는 준비된 모든 혁명역량을 총동원해 남한 정권을 전복해야 한다고 강조하는 등 당시 NL계와 PD계 간에 논쟁이 되고 있던 문제들을 북한의 입장에서 정리해 NL계의 이론적 무기로 제공했던 것이다.

원래 김정일의 5·24문헌에는 남한에서 지하당 조직 즉, 간첩망을 구축하는 과정에 지켜야 할 원칙과 방법 등에 대해서도 구체적으로 명시되어 있으나 이는 보안을 요하는 내용이기 때문에 『주체의 한국 사회변혁운동론』에서는 다루지 않았다.

한편, 북한은 위와 같은 방식으로 만든 이념 서적의 내용을 평양방송의 '김일성방송대학' 강의 프로그램과 '구국의 소리' 방송 등을 통해 반복적으로 내보내는 방법으로도 국내 운동권의 이념논쟁에 개입했으며 비주사파의 대표적 인물을 아예 포섭하거나 개별적으로 공략·설득하는 방식도 동원했다.

새롭게 도입된 지도핵심반 교육과정

북한이 남한 내에서 진행되고 있던 이념논쟁에 개입하기 위해 취한 두 번째 방식은 대남공작 일선에서 활동하는 남파공작원들을 주체사상과 변혁운동이론으로 철저히 무장시켜 그들이 남한에 침투해 현장에서 제기되는 이론적 문제들을 즉각적으로 대응하도록 한 것이었다.

김정일은 남한에서 주체사상과 남조선 혁명론에 대한 논쟁이 전개되고 있다는 보고를 받고 이념 서적 제작 배포를 지시하는 동시에 일선에서 활동하고 있는 남파공작원들을 철저히 교육시켜 그들이 남한 현지에서 제기되는 이론적 문제들을 즉각 대응하라고 지시했다.

김정일의 지시에 따라 국내에 직접 침투해 공작임무를 수행하는 대남공작부서 내 공작원을 타깃으로 새롭게 만들어진 교육과정이 바로 "지도핵심반" 교육 프로그램이다.

대남공작부서에서 '지도핵심'은 말 그대로 최고의 수준과 실력을 갖춘 공작원들을 지칭하는 개념이기 때문에 지도핵심반은 실제로 남한에 침투해 공작임무를 수행하고 복귀한 공작원 또는 직접 남파 경험은 없지만 10년 정도 공작교육과 훈련을 받고 대남침투 직전에 있는 극소수의 남파공작원들을 선발해 편성했다.

이렇게 극소수의 엘리트 남파공작원들을 선발해 만든 지도핵심반 교과목으로는 당시 남한에서 전개되고 있던 이념논쟁에 대응하도록 하기 위해 주체철학과 남조선 혁명이론, 북한의 조국통일 방침과 김일성 혁명 역사, 정치경제학, 지하당 건설 등을 편성했다.

아울러 주체사상연구소와 사회과학원, 김일성종합대학과 통전부 산하 연구소에 근무하고 있던 실력있는 교수, 박사 등 북한 최고의 전문가들을 지도핵심반 전임강사로 임명했다.

교육방법은 강사로 임명된 학자들이 각 초대소를 방문해 1~2명의 지도핵심 과정 남파공작원들을 상대로 개별 강의와 토론을 진행하는 방식으로 운영하도록 했다.

특히 당시 남한 내 비주사파에서 주체사상과 한국 사회성격 및 변혁운동론, 김일성 혁명 역사, 세습 문제 등과 관련해 집중적으로 제기하고 있던 문제들을 종합해 이를 어떤 논리로 반박하고 극복할 것인가를 토론을 통해 해답을 찾는 방식으로 교육을 진행했다.

역효과를 부른 김영환의 기지교육

이와 함께 김정일과 북한 공작지도부는 1990년대 초반에 들어서면서 대남공작에서 상당한 성과를 거양하자 공작 성과를 더욱 확대하는 동시에 이념논쟁을 공격적으로 전개할 목적으로 여러 가지 조치를 취했다.

북한 공작지도부가 취한 조치 가운데 하나가 포섭된 대상 즉, 북한과 연계되어 남한에서 활동하는 주사파 간첩들을 밀입북시켜 노동당 입당식을 거행하고 김일성을 만나게 해주는 등의 방식으로 그들을 격려하고 자긍심을 심어주기 위한 작업을 진행한 것이다.

북한 대남공작부서에서는 예전부터 남한 간첩들을 공작선에 태워 몰래 데려다 산업 시찰 및 관광도 시켜주고 사상교육과 공작교육 및 훈련을 실시함으로써 간첩활동을 보다 활발하게 하도록 했는데 이렇게 북한에 데려다 실시하는 교육과정을 북한이 '혁명기지' 또는 '민주기지'라는 의미에서 '기지교육'이라 했다.

1990년대 초반에 기지교육 차원에서 불러들인 대표적인 인물이 1989년 남파공작원 윤택림에 의해 포섭된 김영환이었다.

북한 공작지도부는 먼저 1991년 2월 평양방송을 통해 김영환에게 '적당한 시기에 통신연락을 담당할 동지를 물색하여 대동하고 북에 들어오라'는 내용의 지령을 하달했다. 북한으로부터 밀입북 지령을 받은 민혁당 총책 김영환은 1991년 5월 16일 강화도에 침투한 안내요원과 접선한 뒤 반잠수정을 타고 해주를 통해 평양에 도착했다.

김영환의 평양행에는 북한의 지령대로 향후 민혁당과 공작지도부와의 연락을 담당할 서울대학교 1년 후배 조유식이 동행했다.

원래 김영환은 가장 믿음이 가는 하영옥에게 평양에 같이 가자고 권유했지만 하영옥이 거절하는 바람에 성사되지 못했다. 당시 하영옥은 김영환을 따라 평양에 갈 경우 자동적으로 김영환 밑에서 통신연락책의 임무를 수행해야 된다는 것을 알고 있었기 때문에 그것이 싫어서 거절했던 것이다. 그래서 김영환은 조유식을 자신의 평양행에 동행하기로 했다.

헬기를 타고 평양 순안공항에 내린 김영환과 조유식을 맞이한 노동당 사회문화부장 이창선과 대남공작과장은 며칠 후 김영환과 함께 승용차를 타고 묘향산에 있는 김일성 별장으로 가 이틀 동안 오찬을 같이 하면서 김일성을 접견했다.

김영환을 만난 김일성은 '남조선 혁명을 어떻게 추진해야 할 것인가'라는 주제로 일방적인 훈시를 했다.

김일성은 "남조선 인민들이 투쟁에 나서지 않는 것은 남조선이 미국의 식민지라는 사실을 모르고 있기 때문이다. 따라서 미국의 식민지라는 사실을 폭로하는 운동을 전개해야 한다.

무엇보다도 사상이 중요하다. 남조선 인민들 1천 명 정도만 주체사상으로 무장시키면 남조선 혁명은 이룩한 것이나 다름 없다.

이란의 라프산자니가 우리 공화국을 방문했을 때 어떠한 방식으로 혁명했는가를 물어보았다. 그랬더니 라프산자니 대통령은 '이란의 혁명은 혁명조직이 따로 있었던 것이 아니고 회교조직이 혁명조직이었다. 회교조직을 통한 사상의 전파로 혁명에 성공할 수 있었다'고 대답했다. 남조선 혁명도 사상조직을 중심으로 주체사상을 전파하고 조직화해야 한다.

중국공산당은 국민당 사령관이 신임하는 부관들에 대해 정치사업을 잘해서 그 부관을 공산당 세력에 끌어들인 후에 그 사령관을 공산당에 항복하도록 한 사실이 있다. 이렇게 함으로써 중국공산당은 피 한방울 안 흘리고 군인 30만 명을 끌어들일 수 있었다.

'강철시리즈'라는 김 선생이 쓴 글을 많이 보았다. 내가 눈이 나빠 글자를 확대해 보았는데 참 훌륭한 글이었다. 특히 반미투쟁과 관련된 글을 관심 있게 읽었다. 남조선에서 김 선생이 이끄는 혁명조직에 격려를 보낸다. 김 선생이 조직을 잘 이끌어 통일사업을 잘 해주길 바란다"는 내용으로 이야기했다.

김일성 앞에서는 누구도 함부로 말을 못하기 때문에 김영환은 주로 훈시를 듣기만 했고 마지막에 "수령님 뜻을 받들어 남한에서 조직활동을 열심히 하겠다"고 말할 수밖에 없었다.

그런데 북한에 들어갔던 김영환과 조유식은 북한이 감추고 싶은 것, 보여주고 싶지 않은 것을 보고 말았다.

그들이 반잠수정을 타고 해안가에 도착한 후 해주 시내로 이동하는 과정에 본 북한의 농촌 마을 풍경은 남한에서는 1960년대에도 볼 수 없었던 낡고 남루한 모습이었고, 김일성과 노동당 고위간부들의 고압적이고 관료주의적인 태도는 그들을 실망시키기에 충분했다.

결과적으로 김영환을 격려해주고 자긍심을 심어주어 간첩활동을 더욱 활발하게 진행하도록 하기 위해 위험을 무릅쓰고 강행한 기지교육이 되레 역효과를 가져다 준 것이다.

남조선 혁명의 주도권을 놓고 벌어진 신경전

북한이 김영환과 조유식을 밀입북시켜 기지교육을 실시하는 동안 북한 공작지도부를 당황스럽게 한 일이 또 발생했다.

묘향산 별장에서 김일성을 만나고 평양으로 돌아온 김영환이 대남공작부서인 사회문화부 이창선 부장 등 고위간부들과 향후 공작활동 방향에 대해 토론하는 자리에서 불쑥 이렇게 이야기했다.

> 남조선 혁명과 관련해서 당신들이 나이도 많고 오랫동안 활동을 해왔다고는 하지만 남조선 실정에 대해서는 정확히 잘 모른다. 나는 나이는 굉장히 어리지만 남조선 혁명의 전문가다. 따라서 남조선 혁명의 구체적인 전략·전술과 관련해서 내가 주도권을 갖겠다.

1970년대에 이미 김일성이 "남조선 혁명의 주인은 남조선 인민이다. 따라서 남조선 혁명은 남조선 인민이 책임지고 수행해야 한다"고 강조한 바 있기 때문에 김영환의 요구가 잘못된 것은 아니었다.

어떤 일을 진행함에 있어 주도권은 그 일을 잘 하는 사람이 갖게 되어 있기 때문에 주도권을 달라고 하는 것도 실은 유치한 발상이다. 그런 점에서는 남조선 혁명도 마찬가지다.

그러나 대놓고 대남혁명의 주도권을 달라는 김영환의 돌발 발언에 이창선 등 북한 대남공작부서 간부들은 당황스러운 모습을 감출 수 없었다. 광복 이후 지금까지 지속적으로 북한이 남조선 혁명의 주도권을 행사해왔고, 그래서 그 문제에 대해서는 누구도 이의를 제기하거나 의심을 품은 적이 없었기 때문이다.

특히 그때까지 숱한 남한 출신들을 간첩으로 포섭해 북한으로 데리고 왔지만 상부선인 북한을 향해 대놓고 남조선 혁명의 주도권을 달라고 하는 남조선 혁명가는 더더욱 없었다.

북한에 포섭된 후 밀입북했던 간첩들은 남조선 혁명의 주도권에 대해서는 한마디도 하지 않고 김일성과 김정일을 향해 "불세출의 위인"이라며 찬양하거나 충성을 맹세하고, 감지덕지해 하는 모습을 보여준 것이 대부분이었다. 그렇다고 북한 대남공작부서 입장에서 김영환에게 남조선 혁명의 주도권을 덥석 가져가라고 할 수도 없는 노릇이었다. 그래서 이 부분은 그냥 구렁이 담 넘어가듯 못 들은 척하고 앞으로 김영환과 민혁당이 해야 할 임무에 대해 강조하는 방식으로 김영환과의 정면충돌을 피했다.

이와 함께 **김영환은 북한 공작지도부 간부들에게 당시 운동권 내에서 논란이 있던 범민련 활동과 관련해서도 "범민련은 대중적인 통일운동을 방해하고 있기 때문에 범민련을 해체해야 한다**"고 주장했다.

이에 대해 북한 공작지도부 간부들은 "선생의 뜻은 잘 알겠지만 현실적으로 어려운 문제다. 우선 범민련은 우리 부서(사회문화부)가 아닌 통일전선부에서 담당하고 있기 때문에 우리가 마음대로 해체할 수 있는 권한이 없다. 그리고 범민련은 통일전선 단체를 만들어 통일투쟁을 힘있게 전개하라는 김일성의 교시에 의해 만들어졌기 때문에 해체하기는 어렵다"고 하소연했다.

이러한 모습에서 김영환은 김일성과 북한 지도부가 현실과는 너무도 동떨어진 사고를 하고 있는 데다, 이들의 관료주의적 태도가 변혁운동을 방해한다는 생각을 하게 되었다.

현지에서 민중당의 총선을 지휘한 남파공작조

김영환이 북한을 몰래 다녀온 지 6개월쯤 지난 1991년 10월 하순, 남파공작원 윤동철과 함께 침투해 활동하다 복귀했던 공작지도책 임 모가 공작조원 이 모를 대동하고 다시 서울에 나타났다.

이들은 이번에도 북한 황해도 해주에서 반잠수정을 타고 강화군 양도면 건평리 해안으로 침투한 것이다.

침투한 지 며칠이 지난 1991년 11월 초순 서울 시내 커피숍에서 김낙중을 접선한 임 모와 이 모는 김낙중으로부터 "당대표 이우재와 사무총장 이재오에게 자금을 지원하면서 우리가 의도한 대로 당을 끌어가고 있다. 잘하면 이번 총선에서 민중당이 원내 진출에 성공해 교두보를 확보할 수 있을 것 같다"는 공작활동 성과를 보고받았다.

김낙중으로부터 보고를 받은 임 모는 "당에서 김 선생의 활동에 지대한 관심과 경의를 표하고 있으니 보다 열심히 사업을 추진하기 바란다. 이번에 내려온 목적은 민중당의 총선을 지원하기 위해서이다. 꼭 원내에 진출해서 혁명과업을 수행할 수 있도록 하라. 곧 거액의 자금이 내려올 것이니 당선 가능성이 있는 후보에게 집중 지원하라"고 이야기했다.

1991년 11월 중순, 임 모와 이 모는 심금섭을 만나 그의 차를 타고 강화군 양도면 돌곶이산으로 가 왕겨 야적장 근처 무인함 연락장소에서 북한 안내요원들이 매몰해 놓고 간 연락물을 발굴했다.

당시 이들은 무인함에서 미화 150만 달러와 권총 및 소음기, 탄창과 실탄 48발, 독약 앰풀 등을 캐낸 다음 가방 3개에 담아 서울로 이동했다.

임 모는 미화 150만 달러를 김낙중에게 전달하면서 "원래 100만 달러를 지원할 계획이었는데 김일성 주석이 특별히 50만 달러를 더 주라고 지시해 150만 달러를 가져왔다"고 강조했다. 이렇게 되어 김낙중이 북한 공작지도부로부터 세 차례에 걸쳐 받은 공작금은 모두 210만 달러에 달했다. 이미 윤동철이 1차로 침투해 활동하던 시기에 30만 달러, 윤동철이 임 모와 같이 2차로 침투해 활동하던 시기에는 30만 달러를 각각 받았다.

강화도에서 공작금과 함께 파 갖고 온 권총과 소음기, 탄창과 실탄 등은 심금섭에게 건넸다.

그로부터 1개월 후인 1991년 12월 중순, 임 모와 이 모는 김낙중에게 온양온천에 같이 가자고 제의했다. 이는 물론 북한 공작지도부의 사전 지시에 따른 것이었다.

그날 밤 임 모는 김낙중과 함께 숙소에서 북한 공작지도부가 A-3 방송을 통해 내보내는 숫자 전문을 청취한 다음 해독했는데 그 내용은 '조선민주주의인민공화국 최고인민회의 상임위원회가 남조선에서 통일투쟁에 지대하게 공로가 큰 김낙중 동지에게 민족통일상을 수여한다'는 것이었다.

바로 이 내용을 방송을 통해 전달받는 자리에서 직접 알려줌으로써 효과를 극대화하기 위해 김낙중을 대동하고 온천에 간 것이다.

이후 김낙중과 심금섭은 남파공작조로부터 넘겨받은 공작금 60만 달러와 50만 달러를 각각 가지고 남대문시장에 가 암달러상들을 통해 환전한 다음 민중당 선거자금으로 사용했다.

김낙중은 민중당 후보 중 당선 가능성이 있는 사람으로 이우재(서울 구로을), 장기표(서울 동작갑), 송경평(인천 북을), 배진(강원 태백) 등 18명을 선정해 이우재에게는 2,000만 원, 장기표에게는 1,500만 원, 배진에게는 500만 원 등 총 7,900만 원을 18명에게 지원했다. 또한 민중당 대변인 정태윤과 노동위원장 김문수에게 활동비 조로 각각 500만 원씩 주었고 민중당 특별 당비와 자신의 전국구 후보 등록비 조로 2,500만 원을 내놓는 등 총 1억 1,400만 원을 민중당 선거자금 등으로 사용했다. 이와 같은 지원에 힘입어 김낙중은 민중당 선거대책본부장 겸 전국구 후보 1순위자가 되었다.

한편, 김낙중은 자신이 만든 '평화통일연구회'에도 5,000만 원을 기금으로 내놓았고 심금섭의 활동비로 7,000만 원을 지원했다. 아울러 진보 정당이 1992년 12월에 실시되는 제14대 대통령 선거에 후보를 내세울 것을 대비해 은행에 7,000만 원을 넣어 놓고 부동산 매입에 3억 3,800만 원, 사채놀이에 1억 2,000만 원을 투자했다.

1992년 3월 24일 실시된 제14대 국회의원 선거에서 민중당은 청년 층에게 상당한 인기몰이를 했으나 득표율 1.5퍼센트를 얻어 한 석도 확보하지 못함으로써 국회의원 선거법에 따라 해산될 처지에 놓이게 되었다.

이렇게 되자 김낙중은 3월 하순 서울 시내 커피숍에서 남파공작 책임자 임 모를 만나 사후 대책을 의논했다.

이 자리에서 임 모는 김낙중에게 "금번 총선에서 한 석도 얻지 못한 것은 안타깝지만 최선을 다한 것으로 평가한다. 민중당이 해산되더라도 진보적 정치 세력을 재집결하는 노력을 포기해서는 안 된다. 우리는 곧 북한으로 복귀하니 차질없이 임무를 수행하기 바란다"고 강조했다.

이와 같이 현지에서 직접 민중당의 총선 전략을 지휘한 임 모와 이 모는 총선 이후 열흘 정도 지난 1992년 4월 4일 심금섭의 차를 타고 강화도에 있는 전등사까지 간 다음 근처 해안에서 반잠수정을 타고 북한으로 복귀했다.

북한으로 복귀한 임 모와 이 모는 민중당의 총선 전략을 현지에서 지휘한 공로를 인정받아 공화국영웅칭호와 함께 국기훈장 제1급을 수여받았다. 이로써 임 모는 윤동철 다음으로 남파공작원으로서는 두 번째로 공화국 2중영웅칭호를 받은 위인이 되었다.

합법적인 방법으로 공작하라

1980년대 말~1990년대 초반은 사회주의 종주국인 소련과 동구권 사회주의가 붕괴되고 냉전이 해체되면서 사회주의를 고수하고 있던 북한의 입장에서는 체제 생존에 위협을 느끼고 있던 시기였다. 특히 서독 자유민주주의 체제에 의한 동서독의 통일은 북한이 위협을 느끼기에 충분했다.

한편, 국내에서는 1987년 6월 민주항쟁을 기점으로 본격적인 민주화가 실현되었고 1988년 여름 "이 땅이 뉘 땅인데 오도 가도 못하느냐", "가자 북으로, 오라 남으로, 만나자 판문점에서" 같은 구호를 외치며 통일의 열기를 불어넣었던 청년 학생들의 통일투쟁과 함께 대규모의 인원이 참여한 1990년 제1차 범민족대회를 계기로 통일투쟁이 최고조에 이르렀다.

이에 따라 북한으로서는 한편으로는 체제 유지 차원에서, 그리고 다른 한편으로는 남한 청년 학생들의 통일운동을 더욱 확산시키기 위해서라도 남북관계 개선에 적극적으로 나서지 않을 수 없었다.

이러한 필요성으로부터 출발하여 북한은 1988년 11월 16일 연형묵 총리 명의로 부총리급을 단장으로 하는 남북고위급 정치군사회담을 제의했다. 이에 대해 남한은 강영훈 총리 명의로 12월 28일 남북관계 개선에 관한 문제를 포괄적으로 다룰 남북총리회담을 제의했다.

북한이 남측의 제의에 동의하면서 1989년 2월 8일 남북총리회담을 위한 예비회담이 개최되었으나 팀스피리트 훈련과 문익환 목사, 서경원 의원 방북 사건 등으로 난항을 거듭했다.

그러다 1990년 7월 남북고위급회담 예비회담 실무회의에서 남북고위급회담에 대한 의제와 시기 장소 등이 전격 합의되어 마침내 남북 총리를 단장으로 하는 제1차 남북고위급회담이 1990년 9월 4일 서울에서 개최되었다. 물론 이렇게 남북 고위급회담을 논의하던 시기에도 북한은 남파공작원들을 국내에 침투시켜 운동권 인물들에 대한 포섭공작을 진행하고 있었다.

이후 제2차(1990.10.16, 평양), 제3차(1990.12.11, 서울), 제4차(1991.10.22, 평양) 회담이 이어졌다. 이 회담에서 남한은 양쪽의 체제를 인정한 상태에서의 교류를, 북한은 군사적 긴장 완화를 선결과제로 내세우며 대립했고 결국 합의문 발표에는 실패했다.

그러나 1991년 12월 서울에서 열린 제5차 회담에서는 '남북한 화해와 상호 불가침 및 교류 협력에 관한 합의서'에 양측이 서명했고 제6차(1992.02.18, 평양) 회담에서는 합의서 문건을 정식 교환하여 발효시켰다.

이렇게 남과 북이 총리를 단장으로 하는 고위급 대표단을 상호 교환하면서 남북관계 개선을 위한 회담이 한창 진행되고 있던 1992년 봄,

김일성은 대남공작부서의 하나였던 노동당 사회문화부 이창선 부장을 불러 칭찬과 함께 향후 대남공작 방향을 제시했다.

김일성은 이창선 부장에게 "최근 4~5년간 대남공작부서에서 이룩한 성과가 지난 40여 년간의 성과보다 크다"고 격려한 뒤 "지금은 해상을 통해 비합법적으로 위험하게 침투해서 공작하고 있는데 앞으로는 남측과 대화와 협상, 교류를 활발하게 할 테니 그 공간을 이용해 합법적인 방법으로 공작할 수 있게 미리 준비하라"고 지시했다.

이에 따라 대남공작부서에서는 남과 북이 회담이나 협상, 협력과 교류를 위해 합법적으로 상호 방문이 이루어질 경우 대남공작을 어떻게 전개할 것인지 대남공작 전술을 연구했다.

당시 대남공작부서에서는 남북 간에 합법적으로 상호 방문이 이루어질 경우 남한 운동권 인사들을 포섭하거나 이미 포섭된 지하당 조직 성원들과의 접선을 위해서는 북한측 인원이 남한 현지에 들어가서 하는 것보다 남측 대표단을 북한으로 불러들인 상태에서 하는 것이 유리하다고 판단했다. 그 이유는 인적교류 차원에서 북한측 인원이 남한에 나가면 방첩수사 당국이 감시하기에 유리한 반면, 남측 인원이 북한에 들어오면 남한에서처럼 모든 방북자들을 감시한다는 것이 불가능하기 때문이라는 것이다. 그래서 감시가 취약한 공간을 적극적으로 활용하자는 것이었다.

이에 따라 북측이 남쪽으로 내려가는 것보다는 가급적 남측 대표단을 북한으로 끌어들이는 방향에서 대화와 협상을 진행하도록 원칙을 세웠다.

아울러 북한을 방문하는 각종 남측 대표단에 어떤 방법으로든 운동권 인사들을 포함시키도록 한 다음 그들이 호텔에 투숙할 때 몰래 포섭 대상 또는 접선 대상이 잠자는 방에 들어가 조용히 포섭 작업을 진행하거나 접선하는 방식으로 공작하도록 전술을 수립했다.

물론 당시 활발하게 진행되고 있던 남북고위급회담이 제7차 회담(1992.05.05, 서울)에 이어 제8차 회담(1992.09.18, 평양)을 마지막으로 무산됨으로써 당시에는 위와 같은 공작 전술을 실제로 구사하지는 못했다.

그러나 2000년대 초부터 또다시 남북 간의 대화와 교류가 활발하게 진행되었기 때문에 예전에 연구해 두었던 합법적인 공간에서의 공작활동 전술을 써먹었을 것으로 판단된다.

귀순 공작원의 제보로 밝혀진 김낙중 간첩 사건

1992년 10월 안기부는 김낙중 등 124명을 검거하여 그중 68명을 간첩죄로 구속 송치했고 수사과정에 북한이 하달한 권총과 수류탄 등 각종 무기류와 무전기, 통신조직표와 난수표, 공작금 100만 달러 등 총 149종 2,399점의 공작장비와 금품을 압수했다고 발표했다.

김낙중 간첩 사건과 남한 조선노동당 중부지역당 간첩 사건은 이미 언론과 사건 관계자들의 진술을 통해 그 전모가 충분히 밝혀진 것은 물론 관련 내용에 대해서도 자세히 알려졌다.

이 책에는 해당 간첩 사건이 어떤 이유와 경위를 통해 밝혀졌는지, 동 사건과 관련해 북한 공작지도부가 어떻게 대응하고 처리했는가에 대해서만 간단히 언급하고 넘어가련다.

앞서 언급한 것처럼 지난 몇 년간 이룩한 공작 성과에 한껏 도취된 가운데 김일성 교시대로 합법적인 공간에서 대남공작을 어떻게 할 것인지 전술을 모색하던 시기에 대남공작부서 간부들의 흥분된 분위기에 찬물을 끼얹는 불길한 소식이 날아들었다.

1992년 8월 해외 연락거점에서 활동하던 노동당 사회문화부 소속 여성 공작원이 갑자기 행방불명되었다는 소식이었다.

연락거점은 북한 공작지도부의 지령에 따라 그곳을 찾아오는 북한 공작원들과 국내에서 활동하는 고정간첩들의 활동상 편의를 보장해주는 특수임무를 수행한다. 특히 **북한 공작지도부와 해외 공작원 또는 남한 간첩들 사이에 오가는 보고서나 문서, 공작금 등 각종 연락물을 중간에서 전달해주는 중계 임무를 수행하는 곳이 연락거점**이다.

사회문화부에서는 즉시 행불된 여성 공작원이 알고 있을 만한 대남공작 관련 정보의 범위가 어디까지인지 파악해 보았다. 그는 남한에 침투해 운동권 인사들을 포섭한 적도 없고 해외에서 활동하면서 북한에 포섭된 간첩들을 직접 만나 지도한 적도 없기 때문에 일단 안도하면서 앞으로 다가올 파장을 애써 외면하고 있었다.

그러나 북한 대남공작부서 간부들이 멘붕에 빠져 미적거리고 있는 순간 남한 대공수사기관인 안기부에서는 귀순해온 북한 여성 공작원이 제공한 정보에 근거해 재빨리 관련 인물들에 대한 밀착 감시에 돌입했다.

당시 안기부가 남한 조선노동당 중부지역당 간첩 사건의 발단이라고 할 수 있는 김낙중 간첩 사건에 대한 수사를 실제로 어떻게 시작하게 되었는지에 대해 한 언론매체에 실린 정형근 안기부 차장 겸 수사국장(당시)의 말을 들어보자.

이선실 사건(남한 조선노동당 중부지역당 간첩 사건)은 안기부에서 자체 첩보수집이나 인지를 통해 밝혀진 사건이 아닙니다. 이 사건의 수사 단서는 제보였습니다.

이 사건은 '은하수'라는 이름으로 안기부에서 지금도 관리하고 있는 북한 조선노동당 사회문화부의 거물 여자 공작원이 1992년 8월 중순경 귀순해 오면서 첩보를 제공하여 밝혀진 것입니다. 그 공작원은 제3국을 통해 귀순해 오면서 많은 고급정보를 제공했습니다. 그 상세한 내용을 다 말씀드릴 수가 없습니다만 귀순해서 제보한 고급정보 가운데는 '남한 조선노동당'에 대한 주요한 제보 내용이 들어 있었습니다.

그 제보 내용은 1990년 10월경 북한 노동당 사회문화부 소속 장관급 간첩 임 모 공작원과 조원이 서해안을 통해 남파돼서 김낙중과 접선해 공작활동을 하다가 1991년 3월경 복귀했고, 1991년 4월경 사회문화부 담당 부국장 임 모 장관급 공작원이 김낙중이 물색해서 보낸 심금섭(66세, 청해실업 사장)을 제3국으로 유도한 뒤 주선해 포섭했답니다. 당시 심금섭의 형이 울면서 하소연을 해 동생을 포섭했다는 것입니다.

그리고 1992년 2월(실제로는 10월)경에는 임 모 장관급 공작원 등 두 명이 서해안으로 남파돼 김낙중에게 선거자금 1백 50만 달러와 무성 권총 등을 지급하고 민중당의 14대 총선을 지도한 뒤 복귀했답니다.

특기할 만한 것으로는 간첩 김낙중의 장남 김성혁(29세)이 1990년 9월 한국고등교육재단(선경)의 미국 유학시험에 합격, 스탠포드대학 정치학 박사 과정에 재학 중이라는 사실을 제보한 겁니다. 이때만 해도 우리는 김낙중의 아들이 누구인지도 모르고 있었습니다.

1992년 8월 북한 공작원이 '은하수'에게 "미국에 유학중인 김성혁이 김낙중을 대신하여 해외에서 북한 공작원과 접선하고 있다"는 사실을 말해 주었다는 겁니다.

그리고 북한은 남한의 간첩망을 지하 하수도망처럼 거리줄 같이 깔아놓았다고 했습니다. 그 하수도망 같은 공작선이 너무 복잡해져서 자기들끼리 서로 부딪혀 노출될까 두려워하는 바람에 잠을 못잘 정도라는 겁니다.

그래서 이것을 지도하고 조정하기 위해 대남6과를 사회문화부에 신설했다는 등 충격적인 제보를 했습니다. 이 제보가 해외파트로부터 저에게로 넘어왔습니다만 모두들 너무나 황당해 했습니다. 당시 김낙중은 우리나라에서 통일문제 전문가로 활동하는 유명인사였습니다. 아마 이 사건이 밝혀지지 않았다면 김낙중은 언젠가는 통일원의 장차관 정도가 됐을지도 모릅니다.

계속되는 정형근의 진술.

저는 대공수사단장에게 청해실업을 하는 심금섭의 신원을 신중하게 파악하도록 은밀히 지시했습니다. 물론 제보 내용을 상세히 설명하지 않은 채로 말입니다. 그로부터 2, 3일이 지나니까, 심금섭이란 인물이 실제로 청해실업이라는 잠수복 제조업체를 운영하고 있고, 그의 형은 북한에 살고 있다는 것이 확인됐습니다. 그때부터 확신을 갖기 시작한 겁니다.

그래서 이 내용을 이상연 당시 부장께 보고 드렸습니다. 그때 부장은 "지금 이 사건을 깨지 말고 3년 동안 그대로 내사하면서 들여다보자. 그러면 이 사람들이 국내의 각계 인물과 접촉, 연계하는 것을 예의 추적했다가 3년 후 일망타진하자"고 지시했습니다.

저는 내심 불만이었습니다. 사람을 장기간 내사하고 미행하는 것은 참으로 어렵습니다. 특히 서울처럼 지형이 복잡한 곳에선 장기 미행 시에는 곧 상대방에게 역인지(逆認知) 당하게 됩니다. 하지만 그 지시를 그대로 받아서 수사단장에게 하달했습니다.

내사조를 2개로 편성해서 김낙중과 심금섭을 3년 동안 집중 감시하라고 한 겁니다. 그로부터 며칠 후 새벽 6시에 심금섭을 감시하는 조장으로부터 전화를 받았습니다. "북한으로부터 팩스가 왔다 갔다 하더니 서해안을 통해 심금섭이가 짐을 꾸려 튀려고 합니다."

저는 그 즉시 부장, 차장에게 이 사실을 보고 드린 후 심금섭, 김낙중에 대한 검거 지시를 내렸습니다. 그래서 심금섭과 김낙중이 차례로 검거되고 이 사건이 표면화된 겁니다.

물론 사건을 수사했던 수사관의 말에 의하면 김낙중이 검거된 데는 다른 원인도 작용했다.

김 씨(김낙중)가 결정적으로 꼬리를 잡히게 된 것은 14대 총선을 앞두고 그가 민중당 후보들에게 몇백 만 원에서 몇천 만 원에 이르는 개인 자금을 지원한 사실이 포착되면서부터였습니다.

김 씨는 그동안 변변한 직업을 가진 적도 없는 데다 중농(중간 정도의 토지를 소유하고 직접 경작하는 농민)이었던 김 씨의 부친도 "집밖으로 겉도는 자식에게는 재산을 물려줄 수 없다"며 그에게 유산을 남겨놓지 않았던 것으로 알려져 있어 자금의 출처가 의심스러웠던 것입니다. 더구나 그는 버스를 타고 다닐 정도로 자린고비 생활을 했었습니다.

또한 지난 1월(1992년) 간첩죄로 구속된 박영희 씨의 진술도 김 씨가 간첩임을 굳히는 증거가 됐습니다.

그는 "월북해 연락부 부부장에게 정선·태백·마산 등을 5대 정책지구로 정해 민중당 후보를 집중 지원해야 한다고 건의하자 부부장은 참 좋은 생각이라며 내려가면 김낙중씨를 만나보라고 말했다"고 진술했습니다.

김 씨가 총선을 코앞에 두고 한 번에 1~2만 달러씩의 거금을 명동 등지에서 암달러상을 통해 환전한 것도 수사기관에 쉽게 포착돼 중요한 단서가 됐습니다.

북한 공작지도부는 뒤늦게 행불된 여성 공작원이 김낙중 간첩망과 관련된 정보를 상당 부분 알고 있다는 것을 확인하고 비상연락선인 팩스를 통해 김낙중과 심금섭에게 신속하게 탈출하라는 지령을 하달한 것이다.

북한의 탈출 지령을 받은 김낙중과 심금섭이 지령대로 추석 이틀 전에 서해를 통해 북한으로 도주를 시도하다 검거되었고, 이들에 대한 수사로 김낙중 간첩 사건의 전모가 세상에 밝혀졌다.

남한 조선노동당 중부지역당으로 이어진 김낙중 사건

안기부가 김낙중 간첩 사건을 수사하는 과정에 제14대 총선 당시 민중당 정선지구당 위원장이었던 정운환이 김낙중으로부터 북한 공작금을 받은 사실을 파악하게 되었다.

앞서 언급한 것처럼 김낙중은 심금섭과 함께 북한으로부터 받은 공작금을 남대문시장 암달러상들을 통해 환전한 다음 민중당 후보 가운데 당선 가능성이 높은 이우재와 장기표, 배진 등에게 선거 자금을 지원한 바 있다.

정운환 역시 제14대 총선 당시 민중당 후보들 가운데 당선 가능성이 높았기 때문에 김낙중이 그에게도 선거자금을 지원했던 것이다. 정운환이 김낙중으로부터 선거자금 명목으로 북한 공작금을 받았기 때문에 안기부에서는 김낙중에게 돈을 받은 장기표 등 다른 인물들과 마찬가지로 정운환도 조사했다.

그런데 조사 과정에서 정운환은 뜻밖에도 "친구인 황인오로부터 출처가 분명하지 않은 돈을 지원받았다"는 진술을 쏟아냈다.

이에 따라 안기부에서는 신속하게 황인오와 그 주변인물들에 대한 집중 밀착 감시에 착수했다.

이러한 와중에 1992년 9월 초 김낙중이 30여 년 동안 북한과 연계되어 간첩활동을 했다는 수사당국의 중간 수사결과가 발표되었다.

중요한 것은 당시 안기부가 발표한 김낙중 간첩 사건 수사 내용 가운데 김낙중이 강화도 건평리 해안을 통해 침투한 북한 남파공작원과 접선했다는 사실도 포함되어 있었다는 것이다. 바로 이 내용이 황인오를 긴장시켰는데 그것은 강화도 건평리 해안을 통한 침투 루트는 2년 전 자신이 북한 공작원들과 함께 밀입북하고 귀환한 루트였기 때문이다.

황인오는 안기부가 본인만 알고 있는 밀입북 루트를 발표하자 "노루 제 방귀에 놀란다"는 격언처럼 안기부의 대공수사망이 자신에게까지 좁혀올 것이라고 지레 겁을 먹고 관련 사실을 북한 공작 지도부에 무전 보고한 후 잠적하기로 결심했다.

하지만 북한에 보고 후 잠적하면 가족들을 만날 수 없다고 판단, 그전에 얼굴이라도 한번 보고 가려는 생각에 대북보고 전날인 9월 9일 저녁 수유리 식당에서 아내와 만나기로 약속했다.

그는 아내와 약속한 시간보다 일찍 도착해 아내를 기다렸으나 아내는 나타나지 않았다. 안기부가 도청을 통해 황인오가 아내를 만나기 위해 수유리로 간다는 첩보를 사전에 입수하고 황인오의 아내를 미리 체포한 후 약속 장소에 황인오가 나타날 때까지 기다리고 있었던 것이다.

아내와 약속했던 수유리 음식점에서 안기부 수사관들에게 검거된 황인오는 당시 가벼운 등산복 차림이었는데 등산용 조끼 주머니에는 다음 날 북한 공작지도부에 무전 보고할 때 무전기 작동용 전원으로 사용할 건전지와 숫자로 암호화된 전문, 조직원 명단 등이 들어 있었다.

황인오가 가지고 있던 조직원 명단과 그의 진술에 의해 남한 조선노동당 중부지역당 사건의 실체가 세상에 알려졌다.

결국 해외에서 활동하던 북한 거물급 여성 공작원(일명 '은하수')의 귀순으로부터 시작된 김낙중 간첩 사건 수사, 그리고 김낙중 간첩 사건 수사 과정에서 밝혀진 정보가 남한 조선노동당 중부지역당 간첩 사건의 발단이었다는 것이다.

참고문헌

경찰청, 『좌익운동권 변천사(1945-1994)』(경찰청, 1994)
고준석, 『비운의 혁명가, 박헌영』(서울: 도서출판 글, 1992)
김남식, 『북한의 대남공작 본의』(서울: 아시아문제연구소, 1972)
김남식·이항구, 『구술로 본 북한현대사 재인식』(서울: 선인, 2006)
김동식, 『북한 대남전략의 실체』(서울: 기파랑, 2013),
       『아무도 나를 신고하지 않았다』(서울: 기파랑, 2013)
김용규, 『소리없는 전쟁』(서울: 원민, 1999)
김정기, 『국회 프락치 사건의 재발견 Ⅰ, Ⅱ』(서울: 도서출판 한울, 2008)
김질락, 『어느 지식인의 죽음(원제: 주암산』(서울: 행림서원, 2011)
김현희, 『나는 여자가 되고 싶어요』(서울: 고려원, 1991)
남북문제연구소, 『북한의 대남전략 해부』(1996)
남시욱, 『한국 진보 세력 연구』(서울: 청미디어, 2009)
동아일보, 『원 자료로 본 북한(1945-1988)』(서울: 동아일보사, 1989)
서대숙, 『북한의 지도자 김일성』(서울: 청계연구소, 1989)
송남헌, 『해방 3년사』(서울: 까치, 1985)
시모토마이 노부오, 『북조선-유격대국가에서 정규군국가로』(서울: 돌베개, 2002)
신상옥·최은희, 『우리의 탈출은 끝나지 않았다』(서울: 월간조선사, 2001)

신평길 편, 『김정일과 대남공작』 제1권(서울: 북한연구소, 1997)

안병직 편, 『한국 민주주의의 기원과 미래-보수가 이끌다』(서울: 도서출판 시대정신, 2011)

와다 하루끼, 『구술로 본 북한현대사 재인식』(서울: 선인, 2006)

유영구, 『남북을 오고간 사람들』(서울: 도서출판 글, 1993)

이정훈, 『한국의 스파이전쟁 50년 공작』(서울: 동아일보사, 2003)

정창현, 『4·19와 남북관계』(서울: 한국역사연구회, 2001)

중앙정보부, 『북한 대남공작사 1』(중앙정보부, 1972)

『북한 대남공작사 2』(중앙정보부, 1973)

한기홍, 『진보의 그늘』(서울: 도서출판 시대정신, 2012)

황인오, 『조선노동당 중부 지역당 총책 황인오 옥중수기』(서울: 도서출판 천지미디어, 1997)

황장엽, 『나는 역사의 진리를 보았다』(서울: 도서출판 한울, 1999)

『북한의 진실화 허위』(서울: 도서출판 시대정신, 2006)

후지모토 겐지, 『김정일의 요리사』(서울: 월간조선사, 2004)

『노동신문』

『평양방송』

『천리마』 및 북한의 자료와 전직 대남공작원들의 진술

김동식

1962년 황해도 장연군 목감면 광탄리(현 황해남도 태탄군 광탄리)에서 출생했다. 1981년 3월 김정일정치군사대학(일명 130연락소)에 입학한 후 1995년 10월까지 15년간 조선노동당 중앙위원회 대외연락부 대남공작원으로 활동했다.

1990년 5월 제주도 서귀포 해안을 통해 1차로 한국에 침투한 후 운동권 인사들을 포섭해 지하당 조직을 구축하는 한편, 1980년부터 서울에 잠입해 활동 중이던 거물급 남파공작원 이선실(본명 이화선, 당시 75세, 권력서열 19위, 2000년 사망)을 접선 및 대동하고 1990년 10월 북한으로 복귀했다. 이 공적으로 1990년 10월 24일 공화국영웅칭호 및 국기훈장 제1급을 수여받았다. 1995년 9월 제주도 성산일출봉 서쪽 온평리 해안을 통해 2차로 한국에 침투한 후 운동권 인사 포섭, 남파공작원 접선 등 공작임무를 수행하다 10월 24일 충남 부여 정각사에서 경찰과 조우, 총격전 끝에 다리에 관통상을 입고 체포되었다.

1999년 4월부터 2006년 12월까지 국군기무사령부에서 분석관을 역임했고, 2008년 10월부터 2020년 10월까지 국가정보원 산하 국가안보전략연구원에서 책임연구위원으로 근무했다. 2013년 1월 북한대학원대학교 박사과정을 졸업, 『북한의 대남혁명전략 전개와 변화에 관한 연구』로 북한학박사 학위를 받았다. 2013년 7월 대남공작원 양성 및 남파공작 활동과정을 기록한 자서전 『아무도 나를 신고하지 않았다』와 북한의 대남혁명전략을 다룬 『북한 대남전략의 실체』를 집필했다.